"十四五"时期国家重点出版物出版专项规划项目

主编：傅诚德　｜　副主编：高瑞祺　撒利明　章卫兵

走进石油（第二版）
Touch the Petroleum

融合现代信息技术
—— 智慧石油

曾萍　方可　刘慈　等编著

石油工业出版社

图书在版编目（CIP）数据

融合现代信息技术：智慧石油 / 曾萍等编著 . —北京：石油工业出版社，2023.12

（走进石油：第二版）

ISBN 978-7-5183-6068-0

Ⅰ.①融… Ⅱ.①曾… Ⅲ.①信息技术–应用–石油工业 Ⅳ.①TE-39

中国国家版本馆CIP数据核字（2023）第121662号

审图号：GS京（2023）1868号

出版发行：石油工业出版社
（北京安定门外安华里2区1号 100011）
网　　址：www.petropub.com
编辑部：（010）64523561　　图书营销中心：（010）64523633
经　　销：全国新华书店
印　　刷：北京中石油彩色印刷有限责任公司

2023年12月第1版　2023年12月第1次印刷
710×1000毫米　开本：1/16　印张：18
字数：220千字

定价：80.00元
（如出现印装质量问题，我社图书营销中心负责调换）

版权所有，翻印必究

《走进石油》(第二版)

丛书编委会

主　任：匡立春

副主任：傅诚德　江同文　雷　平

委　员：李　宁　苏义脑　胡文瑞　黄维和　徐春明　邹才能
　　　　高瑞祺　王大锐　撒利明　吴　奇　胡　杰　何盛宝
　　　　马宝金　闫伦江　王　震　曾　萍　李俊军　张　镇
　　　　王雪松　章卫兵

丛书编写组

主　编：傅诚德

副主编：高瑞祺　撒利明　章卫兵

成　员：（按姓氏笔画排序）
　　　　马新福　王长会　方　可　丛者峰　吕焕通　刘明明
　　　　闫建文　李　中　李　欣　张贺恩　陈朋超　武宏亮
　　　　周英操　庞奇伟　孟祥海　胡才仲　娄舒洁　崔玉波
　　　　葛稚新　谢水祥　潘玉全

本书编写组

组　　长：曾　萍

副 组 长：方　可　刘　慈

成　　员：（按姓氏笔画排序）

丁建新　于普漪　万　莹　王从镔　王选政　文　禹
邓　璇　厉彦柏　田晓岚　付　强　朱占伟　刘　英
刘　浩　刘雪莲　刘景义　米　兰　李　宁　李　璐
杨　胜　吴延强　吴海莉　邹　婕　沈　克　张　兴
张　蕾　张永杰　张建晗　陈　洪　金筱涵　赵　迎
赵轩邈　宣梓鹏　骆　潋　高　峰　郭玲玲　崔振伟
梁绍华　靳　涛　窦宏恩　潘红杰

插画绘制：连　芳

序（第二版）

石油和天然气作为世界主要能源和优质化工原料，是当今社会经济发展中最重要的生产力要素之一。目前，世界能源消费结构份额中，石油占比最大，石油与天然气占比合计超过一半。一个国家对石油和天然气的拥有量和占有量已成为其综合国力的重要标志。半个世纪前，美国前国务卿基辛格博士曾说，谁控制了石油，谁就控制了所有国家。石油的供需状况不仅在相当大的程度上直接影响一个国家的经济稳定和战略安全，而且往往成为影响一个地区乃至全球政治经济秩序的重要因素。

当前，以可再生能源＋能源互联网为核心的第三次工业革命正在快速推进，大力发展可再生能源已成为全球能源革命和应对全球气候变化的普遍共识。在国家"碳达峰、碳中和"目标背景下，石油工业面临能源结构调整的巨大压力，也迎来了推进绿色低碳转型和能源科技创新的时代机遇。据多家权威机构预测，石油和天然气仍然是人类近50~100年的主导能源，世界各国继续把发展石油和天然气，保持和增加对其拥有量和占有量作为重大战略问题。科学技术越发成为保障国家能源安全，提升石油行业竞争力的重要手段。

科技创新、科学普及是实现创新发展的两翼。许多伟大的科学家和创新者都是通过科学普及这扇大门进入神秘的科学世界。为了让国内外更多读者了解石油、走进石油，2006年由中国石油学会科普教育委员会和石油工业出版社共同组织出版了《走进石油》科普丛书。丛书由傅诚德教授主编，侯祥麟、田在艺两位院士作序，出版后受到我国石油科技界和社会大众的广泛支持和欢迎。

近年来，世界石油科技突飞猛进，新能源产业也在蓬勃发展，新理论、新方法、新工艺层出不穷，大数据、云计算、人工智能等新技术与石油工业的融合日趋紧密，因此亟待向业内和社会大众推广和普及。《走进石油》（第二版）在第一版10个分册的基础上扩充到15个分册，条目由600多条增加到1200多条，涵盖了石油石化行业完整的知识链，内容新颖，图文并茂，是一套兼具科学性、通俗性和趣味性的科普丛书。读者看到的不仅仅是一个又一个知识闪光点，还将回眸石油科技创新和发展的非凡历程，感受科技工作者创新创造的科学家精神，触摸石油工业无比璀璨的未来。

在此，谨对《走进石油》（第二版）的出版表示热烈祝贺。我相信，随着这套丛书的出版发行，一定会有更多的读者以此为阶梯，迈向石油科学技术的高峰。

时任中国科协党组书记、分管日常工作副主席、书记处第一书记
现任国务院国有资产监督管理委员会党委书记、主任
中国工程院院士

编者的话

石油,顾名思义,就是石头里产出来的油。和煤、铁、铜、金等矿藏一样,石油也是一种产于地壳中的宝贵矿藏,但它以一种流体形态赋存于地下。世界上第一个提出"石油"这一科学命名的人是中国北宋科学家、曾任陕西延安府太守的沈括(1031—1095)。在他所著的《梦溪笔谈》中记载:"鄜、延(即鄜、延二州,今陕西延安一带)境内有石油,旧说'高奴县出脂水',即此也。"他还曾预言"此物后必大行于世,自余始为之"。而在国外,直至1556年才由德国人乔治·拜耳提出石油(Petroleum)一词,Petro指岩石,Oleum指油脂,二者合在一起即石油。中国沈括命名石油比西方国家早了约500年。

无论是作为燃料,还是以它为原料制成的各种产品,石油已经渗透到人类社会的各个领域。汽车、飞机和轮船使用的汽油、航空煤油、柴油等动力燃料由石油炼制而来,人们日常生活中离不开的塑料、橡胶制品和绚丽多彩的服装鞋帽等,都与石油息息相关。因此,石油有了"工业的血液""黑色的金子"等美誉。石油如此珍贵,不仅在改变着人们的生活,也让世界上有些国家为争夺石油资源而上演一场场惊心动魄的地缘争斗。据统计,20世纪后半叶发生的地区冲突大多与石油有关。

石油工业的发展和石油科学技术的进步,不仅对国家能源安全、国民经济建设和国防现代化具有重要意义,而且与全面建设小康社会以及人们的衣、食、住、行紧密相关。为了让广大读者一探石油工业的究竟，更深入地理解石油与我们生活的关系，促进石油科技知识的传播，中国石油学会科普教育委员会和石油工业出版社于 2006 年共同组织出版了石油科普系列丛书《走进石油》（第一版），丛书由傅诚德教授主编，石油行业内 100 多位知名专家参与编写，包括《石油地质》《石油地球物理勘探》《石油地球物理测井》《石油钻井》《石油开发》《石油开采》《石油储存与运输》《石油炼制与化工》《石油经济》《石油环境保护》10 个分册。中国科学院与中国工程院两院院士、中国石油学会名誉理事长、原石油工业部副部长侯祥麟先生和中国科学院院士、中国石油学会第一届科普教育委员会主任田在艺先生多次指导并为丛书作序。《走进石油》（第一版）自 2006 年出版以来，受到社会各界读者的广泛好评，2009 年作为主要书目入选由中宣部、中央文明办、新闻出版总署主办的"全民阅读"优秀项目——中国石油"千万图书送基层，百万员工品书香"活动。丛书重印 5 次，累计发行 7.6 万余套，合计 76 万余册，多年来一直是中国石油远程培训的重要教材之一。

《走进石油》（第一版）出版至今已有将近 20 年时间。近 20 年来，石油科技迅速发展，计算机、互联网、物联网技术在石油工业得到全面应用，石油勘探、石油开发、炼油化工等专业技术与大数据、人工智能、数字孪生等数字技术深度融合，碳纤维等高分子材料、复合材料更深入地向多领域延伸，氢能、太阳能、核能等新能源技术和"双碳三新"目标的提出正在加速推动石油工业的转型，石油科技正在全面突飞猛进，石油行业的新理论、新技术和新方法层出不穷，因此《走进石油》（第一版）已经难以满足当前石油科技知识普及的需求。为此，2020 年傅诚德教授和高瑞祺教授提议对《走进石油》（第一版）进行修订，得到了中国石油科技管理部和石油工业出版社的大力支持和积极响应。

侯祥麟院士在《走进石油》（第一版）序中强调"科学的发展和技术的创新，只有被公众掌握，才能变成巨大的生产力，才能加快科技成果向现实生产力的转化"。为了更好达此目标，使《走进石油》（第二版）内容质量和展现形式更上一层楼，丛书编委会从一开始顶层设计就集思广益，聚贤汇智，由苏义脑、胡文瑞、黄维和、邹才能、徐春明、李宁六位院士和行业权威专家分别担任15个分册的主编，150多位技术专家参与编写，20余家石油石化企业、科研院所、行业学会（协会）鼎力支持。

《走进石油》（第二版）是一套理念先进、体系完整、知识丰富的科普巨制；以1200多个知识点，构成了系统完整的石油石化知识链，并依托丰富的表现形式，为读者拓宽了"走进石油"的路径。一是对知识体系进行合理扩展：将第一版的《石油炼制与化工》分册扩展为《石油炼制》和《石油化工》两个分册，增加《天然气》《海洋石油》《新能源》《智慧石油》4个分册，全景再现了石油工业全产业链的知识景观；二是对技术亮点进行有序重构：准确把脉石油行业主体学科专业新理论、新技术、新工艺、新成果以及发展趋势，突出读者关注度较高、应用效果显著的知识点，让每一分册都能够形成主次分明、重点突出的亮点结构；三是对新兴科技进行科学展望，呈现其广阔的发展前景。

为了使《走进石油》（第二版）在第一版的基础上增强文章的科普性、趣味性，丛书编委会对编写组织和图书表现手法等进行了独特的探索。在第二版中，由技术专家与科普作家深度参与协同创作，实现了内容科学性、通俗性、趣味性的统一；首次使用富媒体技术，实现了视觉空间展现与平面阅读方式的融合；首次面向全社会征集"油博士"卡通形象，让"油博士"引领读者走进石油，实现了各分册知识板块的有机结合；首次采用系列自创插图，使读者通过插图扫除文字理解障碍，引领阅读进入"读图时代"。

《走进石油》（第二版）的出版，不仅是向社会推出的一套传播石油知识的图书，更是一项提高全民科学素质的文化工程，其意义将随着时间的推移愈显重要。特别指出的是，为了这项文化工程的如期完工，编写队伍付出了巨大的努力。在三年多的创作时间里，适逢百年不遇的新冠肺炎疫情肆虐，编写组成员克服各种困难完成了撰写任务。

在本套丛书的编写出版中，中国石油科技管理部领导给予了重要指导和支持，中国科协、中国石油学会、中国化工学会、中国石油科协、中国石油大学（北京）、中国石油大学（华东）、长江大学、西南石油大学、东北石油大学、西安石油大学、中国石油勘探开发研究院、中国石油深圳新能源研究院、中国石油石油化工研究院、中国石油工程技术研究院、中国石油安全环保技术研究院、中国石油东方地球物理勘探有限责任公司、中国石油海洋工程有限公司、中国石油数字和信息化管理部、中国海油能源经济研究院、国家管网集团科学技术研究总院、昆仑数智科技有限责任公司等企业单位、科研院所、学会（协会）和高等院校提供了大力支持，在此表示由衷感谢！石油工业出版社对本套丛书的编写出版非常重视，专门配备了最强编辑力量配合作者和丛书编写组完成稿件编写和审核，向石油工业出版社提供的支持表示感谢！最后，向在本套丛书策划、编写、审稿和出版过程中提供创意、建议和意见的专家表示感谢，也向每一位不计得失、笔耕不辍的作者表示诚挚的谢意！

社会希望了解石油，石油工业的发展需要社会的支持。希望我们精心组织编写的石油科普系列丛书——《走进石油》（第二版）能为广大读者了解石油工业提供帮助，更能为我国石油工业的发展贡献一份力量！

分册前言

石油是工业社会的宠儿，是社会发展的重要物质基础。信息技术是信息社会发展的基石，是 21 世纪最具活力的技术和产业。传统石油工业与现代信息技术联姻是"两化融合"的重要领域，展现了"智慧石油"的美好前景。信息技术的高速发展和在石油诸多领域的深化应用，推动着石油工业的生产作业、经营管理、技术研究和决策模式发生重大变化。本书通过截取主要信息技术在石油工业领域代表性的应用场景，辅以技术原理阐述，为读者了解信息技术在石油工业各业务领域的应用提供了窗口。

您想知道石油组网技术有什么特点吗？想知道云计算、大数据能为石油工业带来什么吗？为什么机器人能替代人类完成石油管线的全线巡检？为什么燃气公司可以无接触地获取家用燃气量？石油币究竟是什么？数字孪生为什么被广泛应用于高精尖油气设备？工业互联网到底连着什么？智慧油田依靠的核心技术是什么？本书将云计算、大数据、人工智能、区块链、工业互联网、5G、卫星等诸多信息技术在石油工业领域中的应用进行全面盘点，让读者了解信息技术在石油工业领域的妙用。

本书由中国石油数字和信息化管理部牵头组织众多在石油信息化建设一线的信息技术人员共同编写完成，曾萍博士进行了总撰。本书的编写工作得到中国石油科技管理部、中国石油数字和信息化管理部、中国石油信息技术服务中心、昆仑数智科技有限责任公司及总体组专家领导、外审专家、《石油知识》杂志社执行主编崔玉波等的大力支持和帮助,在此一并表示感谢!

由于作者都是长期从事专业技术的工作人员,第一次尝试写作科普读物,水平有限,书中难免有许多不妥之处,敬请读者谅解并提出宝贵意见。

目录 Contents

一 现代信息技术 / 001

信息交流让人们在社会生活中息息相通,让人类的实践经验和积累的知识代代相传,并推动社会不断向前发展。经过五次信息交流的革命之后,以微电子学为基础的计算机技术和电信技术联袂出现在21世纪的科技舞台,从而形成了对声音、影像、图文等各种传感信号的抓取、处理、储存和传播的现代信息技术。

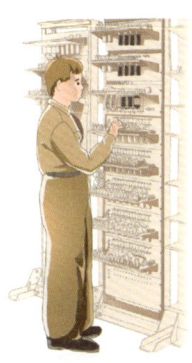

1.1 人类信息交流的五次革命 / 002
1.2 揭开现代信息技术的面纱 / 005
1.3 微电子:现代信息技术的基石 / 008
1.4 计算机:现代信息技术的门户 / 010
1.5 互联网:现代信息技术的家园 / 013
1.6 石油工业与智能时代 / 017

二 网络 / 021

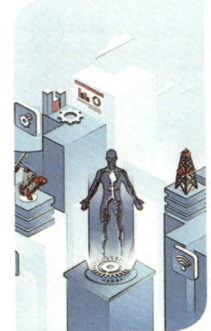

人体内的血管持续不断地将血液输送到各器官之中,确保生命充满活力。现代信息技术的血管就是网络,在计算机与计算机之间,网络是信息传输、接收、共享的虚拟平台,通过它把各个点、面、体的信息联系到一起,从而实现这些资源的共享。

2.1　组网技术：编织网络五彩线　/022

2.2　云数据中心　/027

2.3　5G 的发展和应用　/028

2.4　IPv6 的发展与应用　/032

2.5　太空中的"千里眼""顺风耳"
　　——人造通信卫星　/036

2.6　天空中最亮的"星"
　　——北斗卫星导航系统　/039

2.7　网络安全可是大事　/042

2.8　网络系统"裸奔"不可取　/043

三　云计算　/047

云计算是一种基于因特网的超级计算模式，在远程数据中心，数量庞大的电脑和服务器连接成一个云平台。用户通过电脑和手机等方式接入数据中心，就可以体验每秒10万亿次的运算能力。云计算是现代信息技术发展和服务模式创新的集中体现，催生出强大的新型产业链和产业生态，也让石油业出现了全新的生产管理格局……

3.1　云是哪儿飘来的？　/048

3.2　什么是云计算？　/050

3.3　站在彩云之上找油田　/054

3.4　看不见的"催化剂"　/058

3.5　加油站的云管理　/061

3.6　油服行业的"软实力"　/064

3.7　云计算助推一线科研　/066

3.8　天边飘来钻井的"云"　/070

四 大数据 / 075

在现代信息技术时代，数据已经成为由符号、文字、数字、语音、图像、视频等构成的全息数值系统，成为信息的表现形式和载体。从互联网奔到云平台，数据是信息世界的真正血液。在数据无处不在、无时不在产生的时代，石油工业受到了前所未有的冲击和挑战，传统的科技研发、企业管理和安全管理都在迎接一次转型与升级的蜕变。

4.1 "数据王国"——大而无形的大数据 / 076

4.2 大幕初开的大数据时代 / 079

4.3 二维码，码上见 / 081

4.4 大数据诊断老油田 / 084

4.5 大数据与地震数据 / 087

4.6 对油气储量心中有数 / 091

4.7 大炼化的"智商"哪里来？ / 093

4.8 安全储运，数据先行 / 097

4.9 ERP 离不开大数据 / 100

4.10 杂而不乱、大而有形的大数据分析平台 / 103

五 物联网 / 107

物联网是通过信息传感设备，按照约定的协议，把任何物品与互联网连接起来，进行信息交换和通信，以实现智能化识别、定位、跟踪、监控和管理的一种网络。物联网就是"物物相连的互联网"。进入信息技术时代，智慧油田建设、油气销售网络、炼化装置的运行，都离不开神奇的物联网。

5.1 万物互联，网罗万物 /108

5.2 自动化是最早的物联网应用 /111

5.3 物联网：智慧油田的感官系统 /113

5.4 油气生产物联网 /116

5.5 结在炼化物联网上的智慧之果 /120

5.6 物联网燃气表走进千家万户 /123

六 边缘计算 /127

随着云计算技术的日益成熟，以及5G和物联网技术的成熟，边缘计算开始涌现并快速发展。与中心云相比，边缘计算更靠近设备侧，更靠近数据产生和使用的位置，在降低网络延时和传输成本方面具有明显优势。而在石油行业，它的应用呈现出响应速度快、安全性更强的良好形态。

6.1 什么是边缘计算？ /128

6.2 边缘计算的起源 /132

6.3 边缘计算与云、物联网之间的关系 /133

6.4 边缘计算里有什么？ /137

6.5 发现问题的"哨兵" /138

6.6 炼化企业的智能"安检员" /143

6.7 钻井现场的"优化师" /144

七 人工智能 /147

如果把网络比喻为生命体的血管，把大数据比喻成生命体的血液，把物联网比作生命体的身体，那么就可以把人工智能比喻为现代信息技术的大脑。人工智能赋予石油工业以思维和智慧，让智慧油田、智慧炼化、智慧加油等都成为现实。

7.1　什么是人工智能？　/148

7.2　智慧油田的核心——人工智能　/152

7.3　油气勘探数据采集处理的高手　/154

7.4　人工智能会让钻井工人失业吗？　/157

7.5　大油田大视野——全景指挥中心　/160

7.6　智能救援　/162

7.7　智能监控预警：降低炼油厂作业风险的"隐身人"　/165

7.8　油气设备的好管家　/168

7.9　智能管线上的巡检工　/171

八　区块链　/175

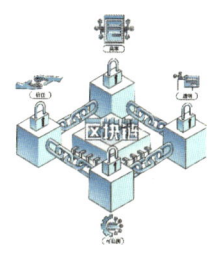

信息技术给石油工业带来了巨大变革，但技术都是双刃剑，会带来好的影响的同时也会产生一些负面的影响。将区块链技术引入可以为石油工业提供更加安全和可靠的交易环境。利用区块链技术还可以提高石油工业的效率和降低成本，实现数字化交易和数字化管理，减少人工干预和中间环节，提高交易速度和准确性，降低交易成本和物流成本。

8.1　如何理解区块链？　/176

8.2　石油币　/179

8.3　产运储销协同区块链　/181

8.4　区块链与油气勘探　/183

8.5　"区块链+加油站"　/186

8.6　基于区块链技术的石油行业数据资产管理　/188

8.7　基于区块链的能源贸易平台　/191

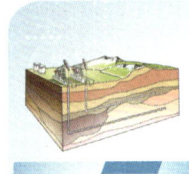

九 数字孪生 /195

油气行业一直在积极寻找如何用数字孪生这把万能钥匙解锁更多的行业应用场景，打开更多通往智慧石油的大门。通过数字孪生，可以在虚拟空间中构建一个与现实实体相一致的虚拟实体，从而优化生产和决策，提高产量和质量、提高设备可靠性、提高运营效率、提高决策精度。

9.1 镜子里的世界——数字孪生 /196

9.2 数字孪生油藏让油"藏不住" /198

9.3 数字孪生井筒 /201

9.4 智能化采油："全局洞察，局部透视，掌握未来" /204

9.5 助力油气工程设备故障检测 /207

9.6 炼油厂的数字孪生模型 /210

十 工业互联网 /215

工业互联网以网络为基础、以平台为中枢、以数据为要素、以安全为保障，既是工业数字化、网络化、智能化转型的基础设施，也是互联网、大数据、人工智能与实体经济深度融合的应用模式。工业互联网将石油工业企业的各个体系和节点连接并盘活起来，使之形成一个充满活力的有机整体。

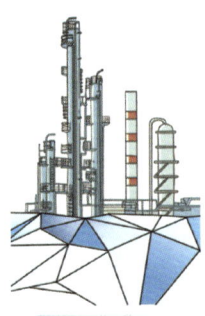

10.1 网上之网的工业互联网 /216

10.2 工业互联网有什么用？ /218

10.3 物联网、工业互联网与石油工业互联网 /223

10.4 "网住"油气谈何容易
——如何让油气生产更便捷？ /226

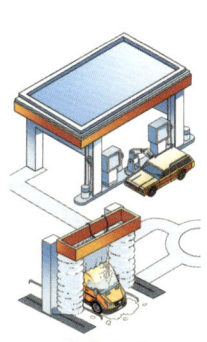

10.5 "网上"炼化炼出"真金"
　　——炼化领域中的工业互联网　/ 229

10.6 "网上"服务足不出户
　　——甘当油气服务的好帮手　/ 233

十一　未来智慧石油　/ 239

人工智能、大数据分析、卫星传输、5G和数字孪生等技术的快速迭代，促进了现代信息技术的飞速发展，为石油工业全面实现智慧化的发展目标提供了可能。智慧油田、智慧炼厂、智慧管网、智慧加油站组成的智慧石油正在一步步走进千家万户的生活与工作之中。

11.1　智慧石油的未来　/ 240

11.2　什么是元宇宙？　/ 241

11.3　石油地质工作者"得解放"　/ 244

11.4　石油地震工人大大减负　/ 246

11.5　钻井工人"外挂"多　/ 249

11.6　大会战可以天天有　/ 252

11.7　精细采油——决胜于千里之外　/ 255

11.8　千里管道明察秋毫防患于未然　/ 256

11.9　精准"保健"，炼油过程少停机　/ 259

11.10　"察言观色"确定炼化产品类型　/ 261

11.11　开关一开气就来的背后　/ 263

11.12　智慧加油站的未来：人、车、生活服务综合体　/ 265

参考文献　/ 268

一　现代信息技术

　　信息的交流让人们在社会生活中息息相通，让人类的实践经验和积累的知识代代相传，并推动社会不断向前发展。经过五次信息交流的革命之后，以微电子学为基础的计算机技术和电信技术联袂出现在 21 世纪的科技舞台，从而形成了对声音、影像、图文等各种传感信号的抓取、处理、储存和传播的现代信息技术。这种技术让人们可以在互联网上开辟新的世界，让经济飞速发展，也让世界石油工业正在迎来崭新的智慧时代。

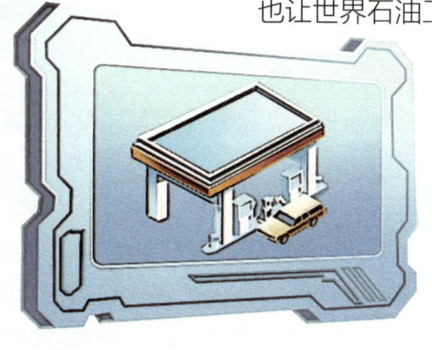

1.1 人类信息交流的五次革命

信息技术是数千年以来人类文明、社会、科技等逐步发展到一定阶段应运而生的产物。信息技术的源起与蓬勃发展，正是基于全人类对信息交流方式进步的一次又一次渴望。

遥望文字诞生时代，那时候人们信息交流的媒介只有文字和语言。而近观当今社会，除了文字和语言，信息交流还可能是邮件、数据代码、专业技术数据等。伴随着时代变迁，信息交流的效率始终在提升，"信息交流"的体系不断重构，内涵也不断加速延伸。

人类信息交流经历了五个发展阶段（图1.1）。第一阶段是语言的使用。在原始社会（图1.2），人类的信息交流内容相对简单，可能只有口语、手势等极其简单的信息交流方式。但是，谁也无法记录和储存信息，迎来今天就丢掉了昨天，宝贵的经验无法积累起来。

图1.1 信息发展的五个阶段

图1.2 原始社会信息交流

第二阶段起始于文字的出现（图1.3），人类用文字把所见所闻记下来，摆脱了语言一对一、一对多的模式，实现了一对无限，让生存生活经验得以累积、传播和延续。为此，文字被称为"人类文明的开端"，它成就了信息发展的一次重大飞跃。

第三阶段，汉代的蔡伦和宋代的毕昇分别发明了造纸术和活字印刷术（图1.4），创造了信息传播与交流的新高度。造纸术出现之前，

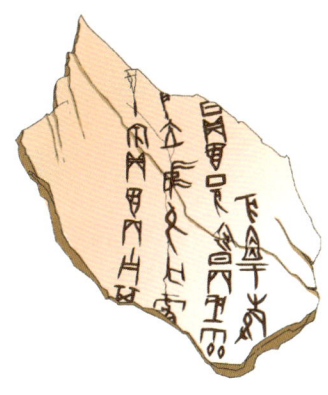

图1.3 中国早期的文字——甲骨文

人们常把文字刻在龟甲和兽骨上，或是写在帛布上，严重限制了信息的时效性和承载量。造纸术和印刷术在全世界的传播突破了这些限制，书籍的印制实现了规模化，满足了人类社会频繁交流信息的需求，同时存储了大量的历史资料、传承了古老的人类文明。

图1.4 造纸术和活字印刷术

最后两个阶段集中在了近现代，演化只用了不到二百年。多媒体和现代通信技术的出现把信息交流推进到第四阶段。适逢19世纪工业革命时期，微缩胶片、电报电话（图1.5）等新型信息技术接踵而至，颠覆性地使信息交流的广度和深度有了革命性改变。

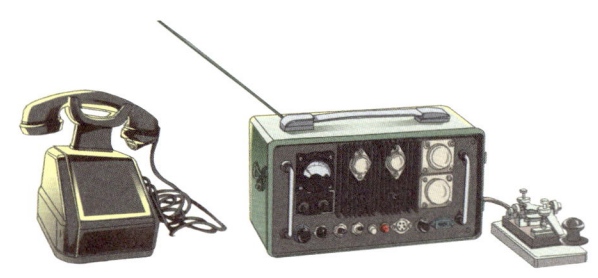

图 1.5　电话机和电报机

20 世纪中叶,信息交流迅速挺进了第五阶段——信息时代(图 1.6)。1947 年,第一个晶体管诞生;1958 年,第一个集成电路出现;1978 年,第一个超大规模集成电路被研制了出来;1983 年,第一台鼠标被搭配电脑使用;90 年代,互联网实现了商业化。这些跨时代的创新技术开始推动着信息社会的发展,改变着人类的未来。

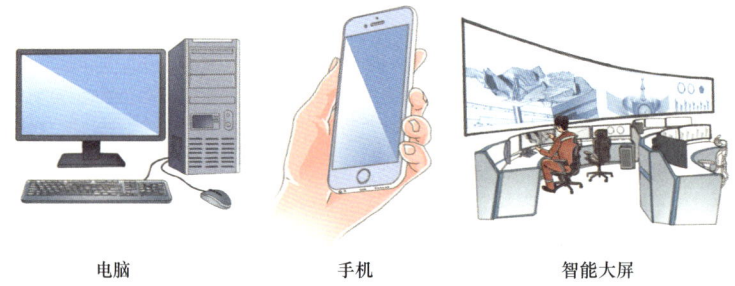

电脑　　　　　　手机　　　　　　智能大屏

图 1.6　信息时代的标志性产品

小贴士

集成电路(Integrated Circuit,IC)是指利用相关工艺将电子元器件(如电阻、电容等)以及这些元件之间的连线集成在一起制作在半导体或者绝缘体基片上,然后封装在一个管壳内构成的具有特定功能的电路,是一种微型电子器件或元件。

科技高歌猛进,时代日新月异,除了移动互联网,手机内置的光传感、热传感、压力传感、方向传感等智能感应功能改变着我们的生活生产模式,无论在城市还是乡村,无论是居家还是出行,谁不是"一部手机走天下"?现在的每一分每一秒,信息通信技术(ICT)、物联网、大数据、人工智能、数字孪生、云计算等都在冲击着信息交流的壁垒,正在构建一个全新的智慧社会。

1.2 揭开现代信息技术的面纱

现代信息技术是借助以微电子学为基础的计算机科学和电信技术结合而形成的手段，对声音的、图像的、文字的、数字的和各种传感信号的信息进行获取、加工、处理、传播和使用的能动技术。现代信息技术是一个内容非常广泛的技术群，包括微电子技术、软件技术、光电子技术、通信技术、网络技术、感测技术、控制技术、显示技术等。

今天，现代信息技术可以说无处不在，从人们的基本生活、生产，到整个人类社会庞大而复杂的分工协作，乃至人类对地球、宇宙的不断探索和开拓，都离不开现代信息技术。目前，人们日常所接触最多的现代信息技术主要涉及微电子、软件和互联网等。

微电子技术主要研究半导体材料、器件、工艺、集成电路设计等方面的基本知识和技能，进行集成电路版图设计以及集成电路封装、测试等。微电子技术的关键在于研究集成电路的工作方式及如何实际制造应用。当今集成电路发展迅猛，集成电路的集成度和运算能力呈几何级数增长。说到集成电路大家可能有些陌生，但提到芯片（图 1.7）大家一定非常了解。芯片又称微电路、微芯片、集成电路（IC），指包含集成电路的硅芯片，是一个集成电路的载体。芯片技术不断迭代更新，功能越来越强大，手机、平板电脑等各种使用了芯片的常见设备也沿着轻、小、薄的方向持续发展。微电子技术自诞生以来，与其他领域的技术不断融合，支撑着信息技术高速发展，并达到了前所未有的水平。

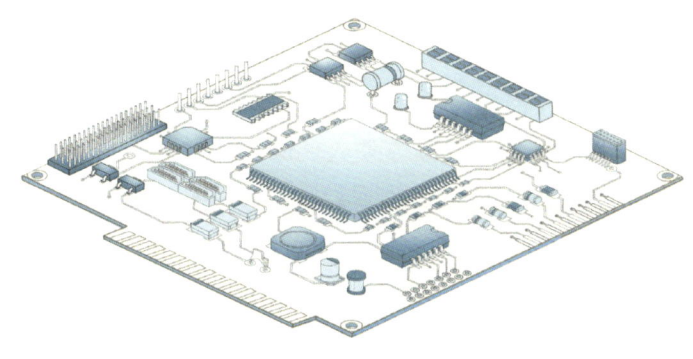

图 1.7 芯片

软件技术广为人知，人们日常所用的计算机软件、手机中的各类应用软件（APP）等都是软件技术的产物。从20世纪末到21世纪初，软件技术主要用于单一计算机程序。而网络技术的迅猛发展为软件技术带来新的运行模式，当前的软件技术应用已经从以计算机为中心向以网络为中心转变，在网络关键节点构筑软件核心运算能力，通过一条条密集而高速的网路脉络将软件应用功能传递到一部部手机、一台台电脑上进行实现，极大地提高了软件技术运行效能，以更低成本造福于更多的人。同时，软件分发和传播也更加便捷和广泛，上亿人在同一时刻在电视机前打开微信摇红包已经成为现实（图1.8）。

图1.8 "掌上"智能时代

现代信息技术的发展也离不开互联网。互联网刚一诞生，就因其高效、便利、低成本而受人追捧，日渐方便人们的生活和工作。之后，手机、电脑、电视机等多终端（图1.9）的发展趋势打破了计算机上网一统天下的局面，人们可以网上点餐、网上购物、网上娱乐。这些在人类社会极为漫长的历史时期内都看似不可思议的事情，伴随着互联网的开发和应用，在今天变成了人们的日常。

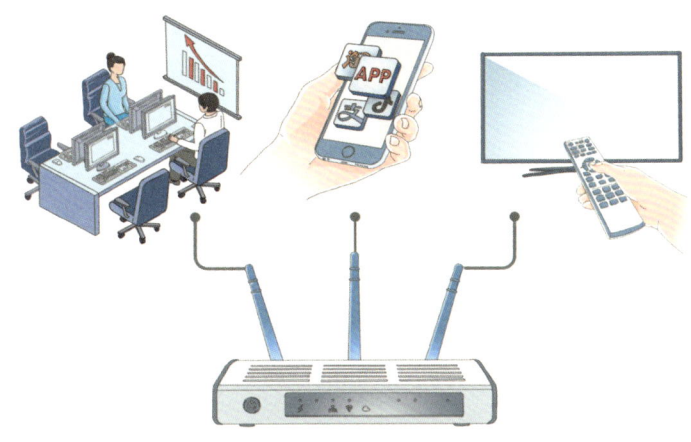

图1.9 多终端

在石油工业领域中,现代信息技术更是担当着极为重要的角色,不断促使石油工业发生革命性变革。例如,人工智能等技术已经在石油工业得到了广泛应用,在大幅度提升生产效率的同时,逐步把人们从繁重的体力劳动及恶劣、危险的工作环境中解放出来(图1.10)。

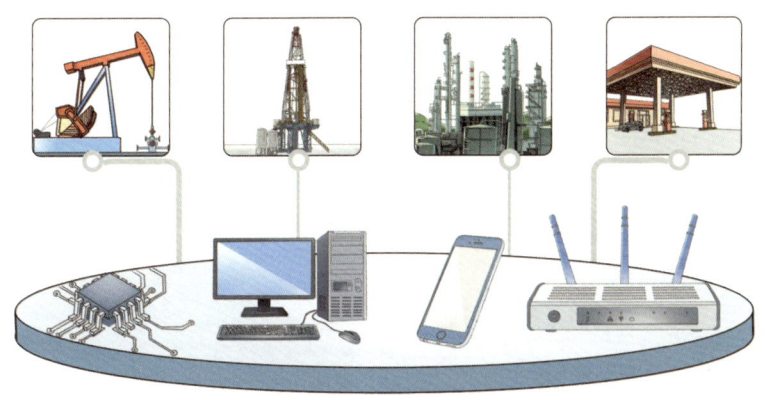

图1.10 现代信息技术与石油工业

总之,现代信息技术以微电子技术为基础、以计算机充当与人们交互的门户,消除了时间、空间的隔阂,在互联网上形成了新的家园。以计算机及其网络技术和现代通信技术等为代表的现代信息技术是当代科学技术发展的主导领域。现代信息技术正以其他技术从未有过的速度向前发展,并以其他任何一种技术从未有过的深度和广度介入社会生活的方方面面。

1.3 微电子:现代信息技术的基石

在人们的生活中处处都有微电子技术。无论洗衣机、电视机等家用电器,还是银行卡、智能手机或者笔记本电脑等,都离不开微电子技术。

> **小贴士**
> 微电子技术是建立在以集成电路为核心的各种半导体器件基础上的高新电子技术。微电子技术的主要组成部分包括系统电路设计、器件物理、工艺技术、材料制备、自动测试,以及封装、组装等。

顾名思义,微电子技术就是让电子器件微小化的一种技术,主要有以下四个特点:第一,微电子技术对信号的加工处理是在固体内的微观电子运动中实现的;第二,微电子技术的工作范围是固体的微米级甚至晶格级微区;第三,微电子技术对信号的传递交换只在极微小的范围内进行;第四,微电子技术可以把一个电子功能部件,甚至一个子系统集成在一个微型芯片上(图1.11)。所以说,微电子技术是一种独特而神奇的特种技术。那么微电子技术是如何发展至今的?

图1.11 微型芯片与硬币比较

微电子技术开始于20世纪末期,其标志就是晶体管的出现。晶体管由巴丁、布莱顿与肖克莱在1947年发明,为微电子技术的后续发展奠定了基础。

 一 现代信息技术

1958年，第一个集成电路模型研制成功。之后的一年走向大众视野，正式走向工业生产。1967年，美国仙童公司（Fairchild Semiconductor，也译作飞兆半导体公司）生产出第一个只读存储器。1972年，美国英特尔公司开发了计算机上使用的MOS结构（Metal-Oxide-Semiconductor，金属氧化物半导体结构）1024位动态随机存储器。1975年，英特尔公司推出了4096位动态随机存储器。这个时期几片集成电路就可以拼装成一台微型计算机。随着1978年超大规模集成电路的研制成功，标志着电子技术正式进入微电子时代（图1.12）。

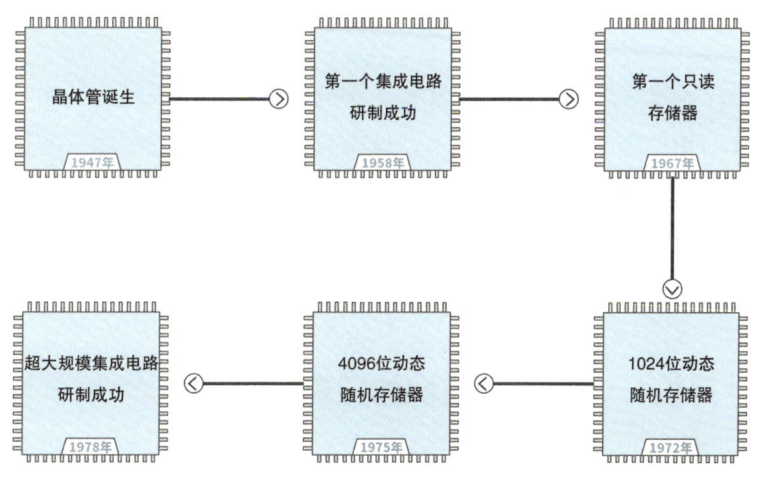

图1.12 微电子发展历程

进入21世纪，微电子技术得到了普遍的应用，逐步发展并应用到人类社会的方方面面，如常用的通信工具——手机、每天乘坐的地铁用IC卡、做饭用的电饭煲等。微电子处理技术与其发挥的功能为人们的生活带来了极大的便利，显著提高了生活品质。

微电子技术应用于工业生产，例如传统的汽车制造业与微电子

> **小贴士**
>
> IC卡，（Integrated Circuit Card，集成电路卡），也称智能卡（Smart Card）、智慧卡（Intelligent Card）、微电路卡（Microcircuit Card）或微芯片卡等。它是将一个微电子芯片嵌入符合ISO 7816标准的卡基中，做成卡片形式。IC卡与读写器之间的通信方式可以是接触式，也可以是非接触式。IC卡具有体积小、便于携带、存储容量大、可靠性高、使用寿命长、保密性强、安全性高等特点。IC卡将微电子技术和计算机技术结合在一起。

009

技术相结合，利用微电子技术制作汽车安全防盗报警系统、倒车影像系统和汽车检测等，为汽车增添了多种多样的实用性功能。在工业生产中科学合理地应用微电子技术，能够有效提高生产效率与产品精度。

微电子技术应用于军工产业，例如现代技术的无人战斗机，利用微电子技术与计算机的远程操纵和遥控，能够精准、有效地进行战斗作业。远程导弹利用微电子技术与相关现代信息技术，可以远程操作并精准打击目标。军工产业不仅能够充分利用微电子技术，更是助推微电子技术迅速发展的重要力量。

总之，随着信息时代的不断发展，微电子技术在现代科技发展中扮演着愈加重要的角色。没有微电子技术，就没有现在大容量的存储技术、高精密度的芯片技术、高精确的生物传感器，更没有信息时代的繁荣。微电子技术是现代信息技术的基石。

1.4　计算机：现代信息技术的门户

计算机被誉为20世纪最先进的科学技术发明之一。从诞生以来的70余年间，计算机广泛应用于社会的各个领域，带动了全球范围的技术进步与革新。

计算机的发展大致可以分为四个阶段。

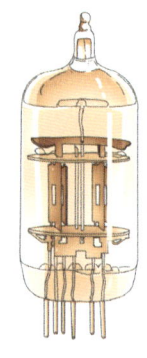

图1.13　真空管计算机

第一阶段，真空管计算机（图1.13）。第二次世界大战期间，美国和德国都需要精密的计算工具来计算弹道和破获电报而获取情报，导弹的弹道需要非常复杂的方程组进行求解，而且也只能粗略地估算近似值。当时的计算工具即使雇佣数百名计算员加班加点工作，也不能满足战争的需求。战争期间时间就是胜利，在这种大环境下，由美国军方资助，宾夕法尼亚大学的约翰·冯·诺依曼和埃克特于1946年2月14日研制出第一台电子计

一 现代信息技术

算机 ENIAC，成功地将弹道计算时间缩短到半分钟以内。这台计算机使用了 17840 支电子管，占地 170 平方米，重达 28 吨，每秒可进行 5000 次左右的基本运算。

从电子管的数量和计算机的重量可以看出第一代计算机（图 1.14）的缺点：体积大、功率高、速度慢等。但是，ENIAC 的诞生代表着电子计算时代正式开启。

第二阶段，晶体管（半导体）的出现催生出了第二代计算机。所应用的晶体管元件（图 1.15）在大部分实际应用场景中可以完全替代真空管的功能，同时兼具体积小、质量轻等优点，所以很快就替代真空管成为计算机核心组件。1958 年，IBM 公司制成了第一台全部使用晶体管的计算机。此时的第二代计算机较第一代在处理效率和存储上有了很大的进步，计算速度从第一代的每秒几千次提升到了几十万次，相当于将计算机的处理时间缩短了几百倍。

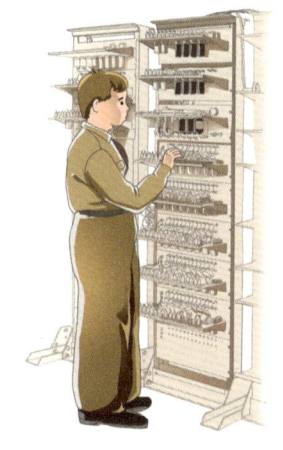

图 1.14 第一代计算机

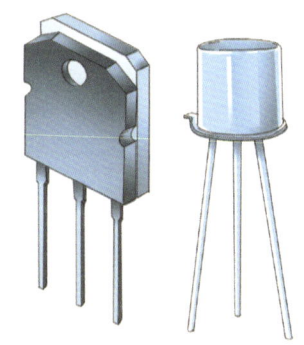

图 1.15 晶体管

第三阶段，集成电路技术的出现推动了第三代计算机的产生。1958—1959 年美国的得州仪器和仙童公司先后宣布集成电路技术研制成功（图 1.16）。集成电路技术的问世，使计算机的发展速度由"走"变成了"跑"。1964 年，第三代计算机正式研制成功，随后 IBM 公司开发的 System/360 以及 DEC 公司研制的小型计算机 PDP-8 机等相继问世。中、小规模集成电路技术帮助第三代计算机的处理速度达到每秒几百万次运算，较第一代计算机提升了数千倍，体积却小了几十倍。

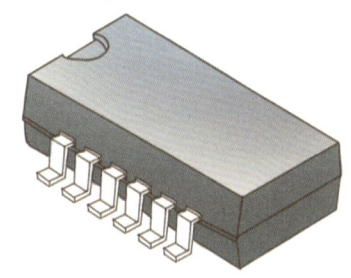

图 1.16 集成电路

011

图 1.17 大规模集成电路

第四阶段，大规模集成电路计算机的出现是以 1967 年研发的大规模集成电路和 1977 年研发的超大规模集成电路（图 1.17）为标志。1971 年世界第一台微处理器在硅谷诞生，开创了微型计算机的新时代，从此计算机发展进入快轨道，从八位机发展到而今的六十四位机，仅仅用了二十余年，相应的运算速度也由几百万次每秒提升至几十亿次每秒。换句话说，随着第四代台式计算机（图 1.18）的问世，人类可以更快更好地处理数据，也具备了面对复杂烦琐数据的能力。

图 1.18 台式计算机

如果说从上述微电子技术发展而来的硬件系统是计算机的"躯体"，那么软件系统可以说是计算机的"心脏"，其中最为重要的当属操作系统。操作系统对于计算机用户来讲可以提供各项基础的服务，例如点击某项文件可以成功弹出相应界面，调用内存进行数据处理等。在 20 世纪七八十年代，几乎没有一个完整的可以适用于大部分电脑的操作系统，直到 1990 年微软研发出 Windows3.0，成功确立了在个人计算机（PC）领域的垄断地位。近年来，随着信息安全的关注度越来越高，国内操作系统的快速迭代，影响力也越来越大，像红旗、中兴等国内操作系统已被大家所熟知。

现今社会，计算机涉及的领域十分广泛。例如，产品设计过程中，一些设计人员很难在短时间内按照需求完美呈现相应的产品，此时设计人员就可对计算机辅助设计软件加以应用，进而把相关产品造型规划出来，将产品以直观的方式呈现给客户。之后再不断完善，确保最佳产品得以完成。

再如,计算机在医疗领域也有重大帮助,其能够对大型检查设备加以控制,进而精准查找到病因,方便医生快速开展下一步治疗工作,尽快减轻患者的痛苦(图 1.19)。

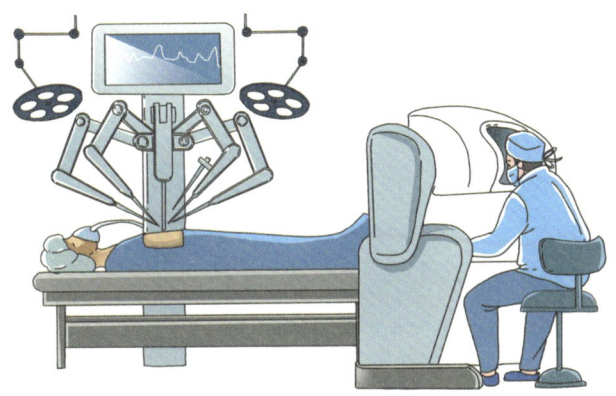

图 1.19　计算机诊断

此外,计算机联网及接入摄像头等计算机应用在当前也十分广泛。例如,借助"天网"系统这一系统应用,能够将违法犯罪事件大幅度减少,同时为公安人员抓捕犯罪嫌疑人提供极大的方便。

> **小贴士**
>
> "天网"系统:这里指天网监控系统,是指利用设置在大街小巷的大量摄像头组成的监控网络。"天网"系统是公安机关打击街面犯罪的一项法宝,是城市治安的坚强后盾。

1.5　互联网:现代信息技术的家园

现代信息技术经过多年发展,延伸出以计算机技术为基础的一种新的信息技术——互联网技术。互联网被誉为当代最伟大的发明和创新成果之一,已经融入社会生活的方方面面,"飞入"千家万户。

从 1969 年最早的互联网,即阿帕(ARPA)网诞生至今短短 50 多年间,互联网世界发生了翻天覆地的变化。互联网从最早的四台主机运行,到如今可以连接全世界绝大多数的国家和地区的计算机。

互联网的发展历程大致可以分成三个阶段：

第一阶段，最早的互联网诞生于1969年，由美国国防部的利克利德提出，并联合当时的信息技术专家，于1969年9月正式推出军方的阿帕网。当时美国全境只存在四台主机，而且四台主机只能服务所属部门，并不能相互交流和共享（图1.20）。

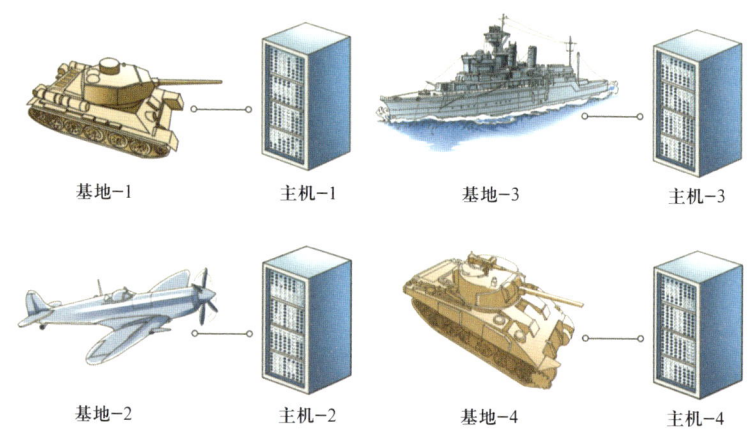

图1.20　阿帕网示意图

为了计算机间进行自由的"交流"，需要借助一些标准和规则进行资源的交互和共享。1970年开始由罗伯特·卡恩、温顿·瑟夫陆续开发研究网络控制协议（NCP）、文件传输协议（FTP）。两人于1974年提出一个经典的互联网协议，即传输控制协议/互联网协议（TCP/IP协议），并且一直沿用至今。传输控制协议的基础作用机制就像投递快递，将数据传输至"收件人"手里。为了防止数据"快递"丢失或者出错，需要核心传输控制协议来保证传输过程。首先由网络传输控制协议（TCP协议）把数据分成若干数据包，给每个数据包写上序号，以便接收端把数据还原成原来的格式。网际协议（IP协议）给每个数据包写上发送主机和接收主机的地址，一旦写上源地址和目的地址，数据包就可以在互联网上传送数据了。简言之，TCP协议负责数据的可靠性传输，IP协议负责数据的传输。1983年，正式将此协议引入阿帕网，作为网络通信的标准。

一 现代信息技术

第二阶段，阿帕网让军方的信息交流达到了一个新高度。这也就面临一个问题：这样的信息技术是不是应该应用到全社会的信息交流领域呢？互联网（Internet）的产生给出了明确的答案，美国政策的渐渐松绑帮助了互联网的快速发展，从早期的军事和科研用途到允许商业行为和交流，到互联网信息协议的多元化发展和开发，再到接入主机数量的大幅度攀升。越来越多的人把 Internet 作为通信和交流的一种新方式。伴随着互联网的发展，像通信、信息检索、客户服务等领域的明星公司也在同一时期应运而生。1995 年，微软发布了第一代浏览器 Internet Explorer 1.0。该款软件的初始功能仅仅是上网和屏保等小功能。在随后几年的发展中，IE 浏览器不仅仅优化了用户的上网体验，也添加了许多实用的组件，使其在 21 世纪初独占了浏览器行业的大部分份额。同年，杰夫·贝佐斯建立了美国最早一家电子商务公司——亚马逊（Amazon）。贝佐斯发现实体书店仅仅可以存储几万本图书，网上的图书交易可以存储海量的图书信息，供人们挑选和选择。这一想法触发了他的灵感，从而使其创办了亚马逊，发展至今，使其一度成为世界首富。

通过十几年的发展，互联网渐渐进入了人类全生活场景（图 1.21）。曾经需要几小时的线下购物流程，可以通过简单的网上点击实现线上下单，用户可以通过自己的喜好在电商平台检索自己心仪的商品，并且能够私下进行各平台的价格对比，用最合算的价格挑选到最心仪的商品；曾经查询资料需要的路程被互联网的搜索引擎轻松解决，运用

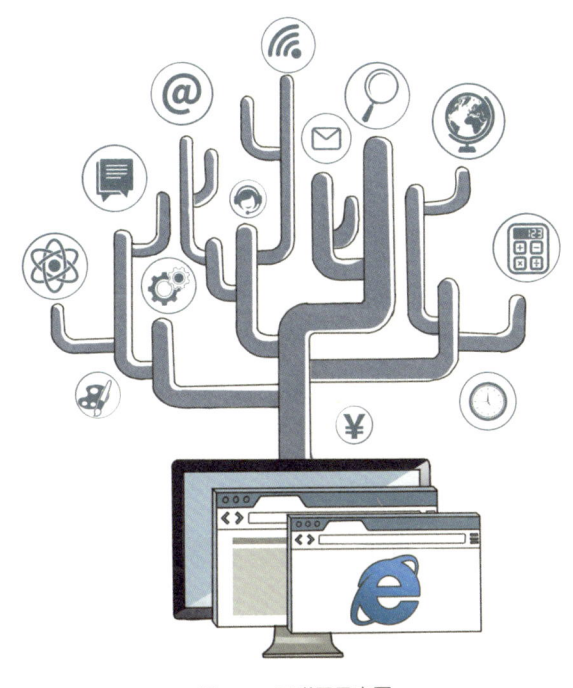

图 1.21　互联网示意图

搜索引擎可以做到足不出户博览群书，在家中就可以领略世界各国的文化；曾经不可想象的跨地区会议，通过互联网的会议平台解决了单一的面对面会议，可以实时进行沟通交流，节省了许多在路途上的时间。像这些日常的生活和工作场景几乎每天都在重复，日益凸显着互联网的重要性。

第三阶段，21世纪初，互联网的发展还在继续，移动互联网（图1.22）的出现将现代的通信技术与互联网相结合，让手机等无线设备终端能够随时随地获取信息，并由此带来了巨大的市场。各式各样的商业应用软件层出不穷，互联网的受众群体也越来越多。就国内而言，中国互联网的发展速度令人叹为观止。2003年，一位来自西安工业大学的年轻人按动了中国网上支付的按钮，中国人在互联网上完成了一次担保交易。要知道在20世纪初，人们对网上交易这种交易模式并没有完全给予信任。这一次交易撬动了中国万亿级别的消费市场。根据2020年互联网发展报告，2020年中国网络支付249.88万亿元，电子商务交易规模达到34.81万亿元。

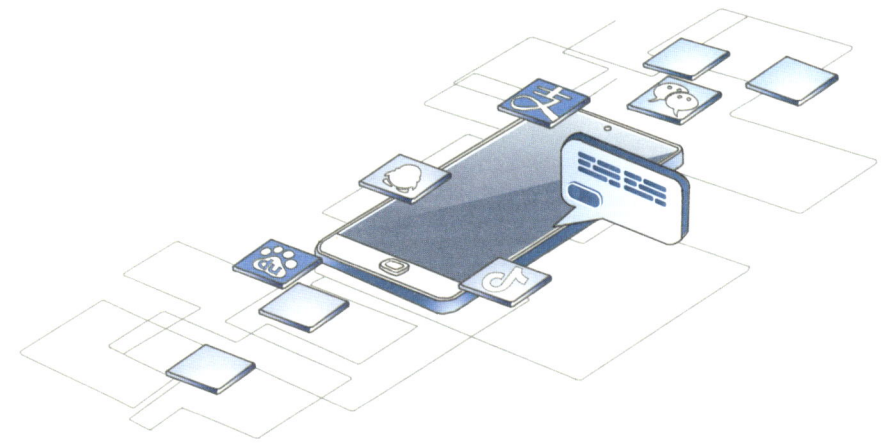

图1.22　移动互联网示意图

如此大的网上交易市场得益于移动互联的技术革新，人们摆脱单一终端的困扰，从之前的联网计算机上网可以拓展到手机自由上网。网上购物、网约车、网上订餐、网上娱乐等都可以通过手机轻松实现（图1.23）。移动互联可以说推动了互联网的又一次进步，将信息化社会带到又一新高度。

一 现代信息技术

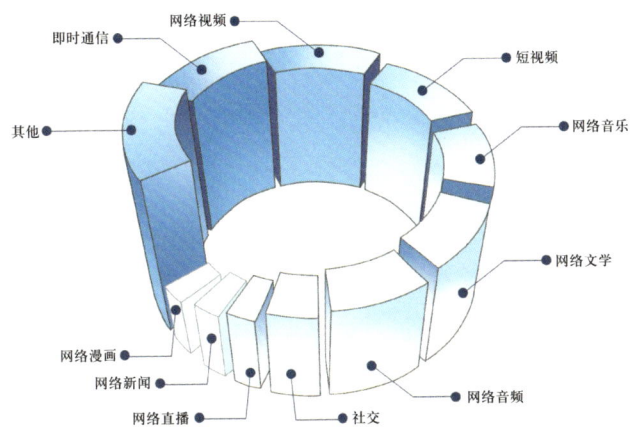

图 1.23　互联网上开展的各类活动

互联网与互联网应用在带来便利生活的同时，与现代各产业的融合正在如火如荼地进行。互联网已经可以在社会资源配置中起到优化和集成作用，提升全社会的创新力和生产力。近年来，中国对互联网及相关技术的深化应用已上升到国家战略，党和国家多次明确要坚定不移建设网络强国、数字中国；要推动互联网、大数据、人工智能等同各产业深度融合；要系统布局新型基础设施，加快第五代移动通信、工业互联网、大数据中心等建设；要推进能源革命建设智慧能源系统。这一切都与互联网的蓬勃发展密切相关。由此可见，互联网已经成为现代信息社会发展的基石，未来信息社会的发展也必然要围绕着互联网这一关键信息技术来开展。所以，互联网已经不仅仅是一门信息技术的产物，而是带给人们一把多元化发展的人人需要的关键钥匙。相信未来互联网会给人们带来更多的惊喜。

互联网将天涯海角的人们串接在一起，形成了新的生活空间，构建了现代信息技术的新家园。

1.6　石油工业与智能时代

21 世纪，人们的生活随着信息时代的到来产生了翻天覆地的变化，消费互联网极大地影响和改变了政治、经济、生活的方方面面。人工智能

（Artificial Intelligence）、区块链（Blockchain）、云计算（Cloud Computing）、大数据（Big Data）、边缘计算（Edge Computing）、物联网（Internet of Things）、数字孪生（Digital Twin）等新兴的信息技术（ABCDE IT）能力更是渗透到人们生活的每个角落，正在让人们步入一个崭新的智能时代。

人体要正常运转首先需要健全的身体、强大的消化系统、有通畅的血管、有灵敏的器官、有灵活的四肢、有健全的大脑等，而现代信息技术（ABCDE IT）也能与人体器官进行类比（图1.24）。

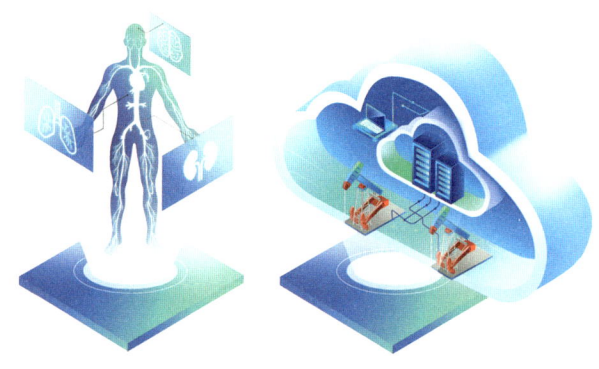

图1.24　人体与信息技术

网络技术的应用像我们的血液，给身体的各个部位输送能量；云计算技术作为躯体，可以为各类能力提供支撑，让数据、应用程序有一个可以充分运转的基础；大数据技术可以比作消化系统，让数据充分过滤和筛选，得到关键数据信息，方便日后应用；物联网技术就像人们的手指和眼睛，通过物与物之间的传导，极大地提升了收集数据效率，及时了解设备和装置的动态；边缘计算就像四肢一样，能根据指令做出动作，驱动各类设备运转并就近收集情报及时做出反应；而人工智能技术，就类似于大脑了，能像人一样去思考；互联网需要身份识别，要防止病毒侵害，有淋巴组织在起作用，信息技术中也有类似的能力叫区块链；要将身体的各个部件连接在一起动作的是什么呢，就是骨骼，而在信息技术中就是工业互联网，把各类生产要素连接在一起，支撑着整个"身体"的运转，从而将"身体"各部分完全拼接在一起。

当然，也还需要提高生活和学习技能，也会遇到很多问题，那如何避免呢？可以通过心中遐想和模拟思维来判断事物之后的发展走向，数字孪生技术也就通过分析推演另一个"自己"，发现自身的问题和发展走向，从而提高效率（图1.25）。

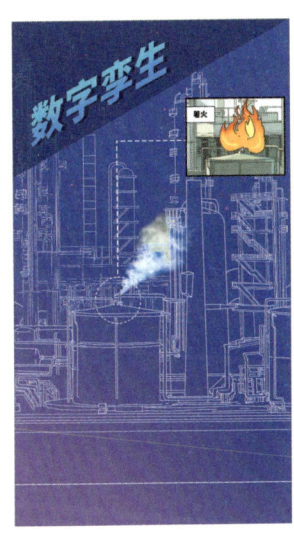

图1.25 模拟危险处置

网络信息技术的工业应用并没有想象中那么复杂，其实质上就像人的生理活动一样。就像人在遇到应急情况，总能第一时间做出反应，选择最佳的处理方式一样。比方说人在运动中受伤，大脑会立刻响应，做出处理包扎的指令。工业中的网络技术系统中亦是如此，针对不同的应急故障做出判断和响应，针对工业设备或系统进行及时处置，并将处理方案回传到云端进行指令下达，力求达到完美处置。当然这是上述各种信息技术的集成结果。信息技术可以和日常生活完美结合，那必然也可以让石油工业绽放新活力，在信息社会中进行石油工业的二次革命。石油地球物理勘探、测井、钻井、开发、集运、化工、炼制都是通过石油人艰苦卓绝的努力才有如今的繁荣景象。石油工业的特性是"三高"，即高风险、高投资、高科技。但是现代信息技术，特别是这些新兴的信息技术给石油工业注入了强劲的动力，带来了天翻地覆的影响。

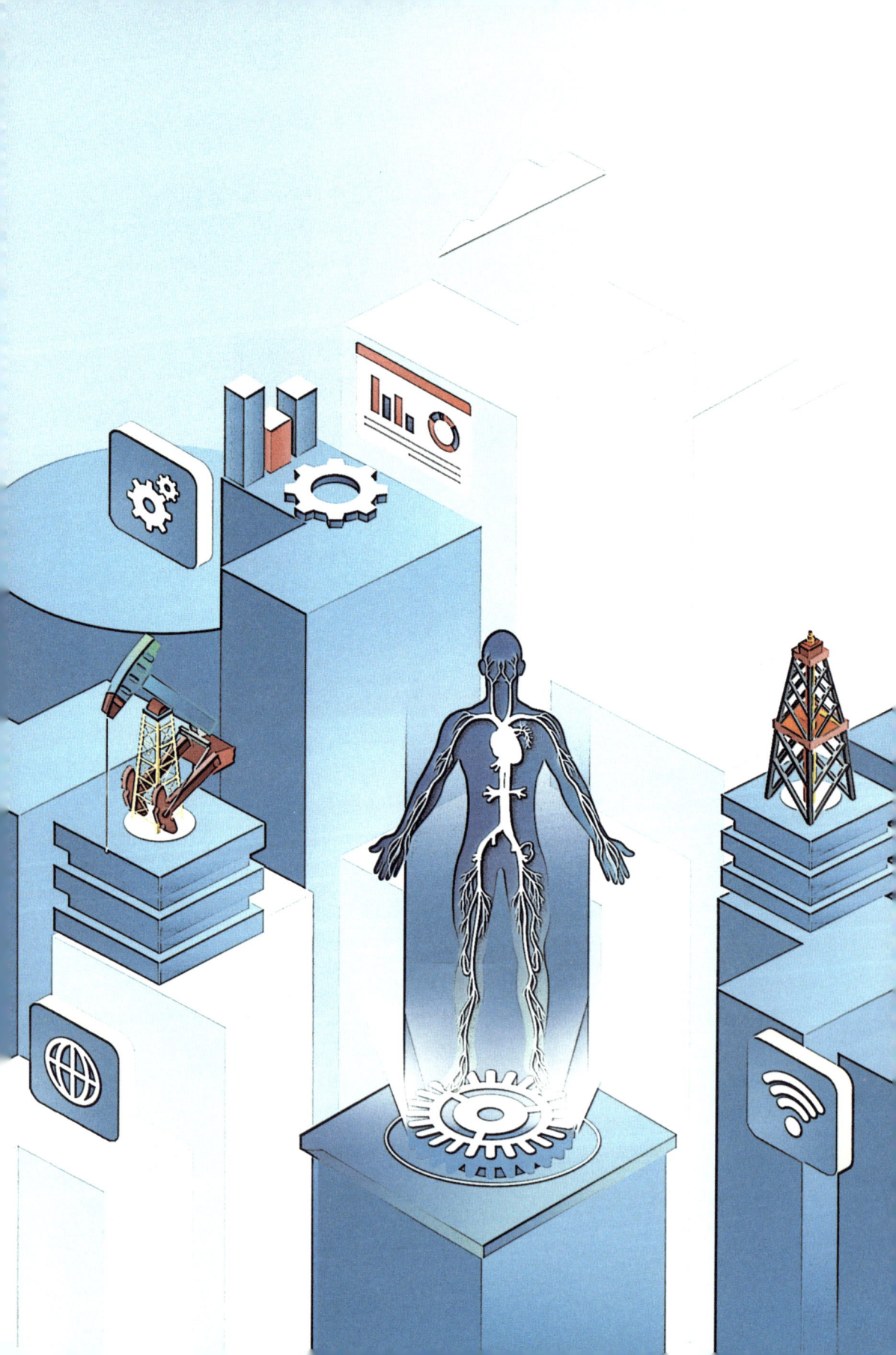

二　网络

　　人体内的血管持续不断地将血液输送到各器官之中，确保生命充满活力。现代信息技术的血管就是网络，在计算机与计算机之间，网络是信息传输、接收、共享的虚拟平台，通过它把各个点、面、体的信息联系到一起，从而实现这些资源的共享。网络不仅有局域网和广域网之分，还需要通信卫星提供跨越大洋的传播通道，需要安全手段确保网络畅通……网络不仅大大提高了社会发展的速度，也为全球石油业的发展开辟了一条发展和转型的通道。

2.1 组网技术：编织网络五彩线

网络将不同的计算设备串联起来，让人们能互相通信和交流。听起来和交通有些类似。

交通有城乡道路、高速公路、水路、航空，形成不同的交通网络。在不同的环境下有不同的交通方式。

互联网的飞速发展带动了石油企业信息化的进一步发展，根据各单位不同的业务需求、系统类型、地域位置等，组网方案也五花八门。常见的组网方式有本地网络连接、长途网络连接、无线网络通信和微波传输等。

本地网络连接（短途交通）

单位内部的网络一般叫局域网（图2.1）。石油企业的局域网一般采用传统网络架构，网络设备间的网络连接一般采用光纤和双绞线（村和村之间），网络设备到办公设备（PC、打印机等）的网络（村子内部）连接一般采用双绞线。网络设备采用光纤进行连接。

图2.1 "短途交通"局域网在单位内部

> **小贴士**
>
> 光纤是光导纤维的简称,是一种传输光束的介质。光导纤维线缆由一捆纤维组成,简称光缆。光纤中传输的信号为光脉冲信号。
>
> 双绞线(Twisted Pair,TP)是一种综合布线工程中最常用的传输介质,是由两根具有绝缘保护层的铜导线组成的。把两根绝缘的铜导线按一定密度互相绞在一起,每一根导线在传输中辐射出来的电波会被另一根线上发出的电波抵消,有效降低信号干扰的程度。双绞线通常为8芯(4对)构成一根电缆。

长途网络连接(远程交通)

远程交通自己修马路不方便,就需要借用别人的道路了。所以石油企业通常通过租用运营商的链路,来满足让分布遥远的石油单位的网络互访、各单位到数据中心的网络互访等需求。不同的区域有不同的交通方式,大海中只能坐船过去。地域不同,运营商的链路类型也各有不同。常见的长途网络链路类型有同步数字体系(Synchronous Digital Hierarchy,SDH)、基于SDH的多业务传送平台(MSTP)、多协议标签交换虚拟专网(Multi-Protocol Label Switching-Virtual Private Network,MPLS-VPN)、虚拟专用网络(Virtual Private Network,VPN)、软件定义广域网(SD-WAN)、云专线(Direct Connect)等。长途网络连接如同交织的高架路桥(图2.2)。

图 2.2 长途网络连接如同交织的高架路桥

同步数字体系（SDH）是一种将复接、线缆传输及交换功能融为一体，并由统一网管系统操作的综合信息传送网络。SDH 链路要求必须有支持 CPOS、POS 接口的路由器，常见的带宽有 2 兆、155 兆、622 兆、2500 兆。SDH 专线相当于是在私有道路（独享链路）上行驶出租车（带宽数值固定）。

基于同步数字体系的多业务传送平台专线是指基于 SDH 平台同时实现同步传输模式（TDM）、异步传输模式（ATM）、以太网等业务的接入、处理和传送，提供统一网管的多业务节点。只要支持以太网协议接口设备均可连接 MSTP 链路，链路带宽可根据单位的业务需求进行租用，不受特殊数值的限制。MSTP 专线相当于是在私有道路（独享链路）上行驶快车（带宽数值灵活多变）。

多协议标签交换虚拟专网（MPLS-VPN）业务采用多协议标签交换（MPLS）协议，结合服务等级、流量控制等技术，在公共 MPLS 网络上构建企业的虚拟专网，满足其不同城市（国际、国内）分支机构间安全、快速、可靠的通信需求，并能够支持数据、语音、图像等高质量、高可靠性要求的多媒体业务。中国石油海外单位多采用 MPLS-VPN 专线接入到国内。MPLS-VPN 专线相当于是在有多车道的公家路（运营商内部共享链路）上只能在专有车道上根据规定路线（不可调度）行驶车辆。

虚拟专用网络专线（VPN）指的是在公用网络上建立专用网络的技术。其之所以称为虚拟网，主要是因为整个 VPN 网络的任意两个节点之间的连接并没有传统专网所需的端到端的物理链路，而是架构在公用网络服务商所提供的网络平台，如 Internet、ATM、帧中继（Frame Relay）等之上的逻辑网络，用户数据在逻辑链路中传输。它涵盖了跨共享网络或公共网络的封装、加密和身份验证链接的专用网络的扩展。VPN 主要采用了隧道技术、加解密技术、密钥管理技术和使用者与设备身份认证技术。中国石油部分加油站采用 VPN 专线接入到广域网。VPN 专线相当于是在有多车道的公家路（运营商内部共享链路）上根据规定路线行驶（不可调度）车辆。

软件定义广义网络（Software-Defined WAN，SD-WAN），作为一种新兴广域网技术，源于软件定义网络（Software Defined Network，SDN）。其中，软件定义（SD），并不是让软件替换硬件，而是将硬件的更多能力抽取出来，让硬件通用化、简单化，将功能交给统一的软件管理中心（Controller）管理。

SD-WAN 整个网络架构的躯干，其实还是 Internet 和 MPLS 专线（图 2.3）。但是，在整个架构之上，多了管理中心和控制中心。同时，在分支机构、总部、云等部分多了些客户终端设备（CPE），作为接入网络的一个盒子（可理解为一个小路由器）。SD-WAN 相当于是在有多车道的公共道路（运营商内部共享链路）上的专有车道上可随意调整路线（可调度）行驶车辆。

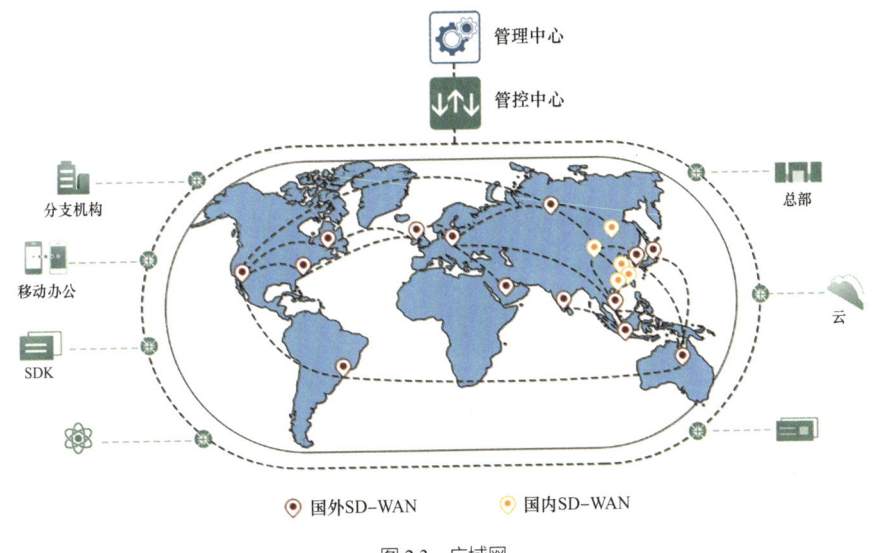

图 2.3　广域网

云专线相当于是在有多车道的公共道路（运营商内部共享链路）上只能在专有车道上根据规定路线行驶（不可调度）班车（终点固定）。

> **小贴士**
>
> 云专线（Direct Connect）是搭建在用户本地数据中心与云上虚拟私有云（Virtual Private Cloud，VPC）之间的高安全、高速度、低延迟、稳定可靠的专属连接通道。通过云专线可以将用户的数据中心、办公网络、托管区和云相连接。

无线网络通信和微波传输

如同遇河流、山谷无法直接铺设道路的地方只能换其他方式到达一样，无法直接连通网络，就只能用无线网络通信和微波传输了。当然，无线通信也给移动物体的连接带来了方便：比如手机。

油田监控是为油田生产和安全提供保障的有力措施，但是油井大多分布在沼泽、沙漠、盆地、浅海等区域，地处偏僻，交通通信不便，分布地域广泛，常常分散于方圆几十千米的区域。油田通常由许多个单井组成，而对采油井、输油管和储油罐工作状态的实时监控一直都是油田生产作业的一项重要而困难的工作。无线网络通信和微波传输技术的广泛应用解决了这一重大难题。

在油田中，常用的无线网络通信技术有数传电台、通用分组无线业务（GPRS/CDMA）、长期演进（Long Term Evolution，LTE）、多载波无线信息本地环路（Multi-Carrier Wireless Information Local Loop，McWill）、无线网络（Wi-Fi）。

数传电台：由于部分油田地理环境复杂，油井分布较广，采用人工监控设备和数据采集十分不便，实时性差，有线传输也不方便。无线数传电台是非常理想的数据传输手段，可提供实时可靠的监控数据。

通用分组无线业务公网：GPRS/CDMA 通信方式实现数据通信，可以对各油田站点的设备运行状态、设备安全、采油情况实现视频监控。

长期演进：LTE 项目是 3G 的演进，但 LTE 并非人们普遍误解的 4G 技术，而是 3G 与 4G 技术之间的一个过渡，是 3.9G 的全球标准。它改进并增强了 3G 的空中接入技术。LTE 凭借其大范围无线覆盖、高带宽、低延迟的特性，可以充分满足油田多业务的应用，如生产数据传输、集群调度、视频监控和视频会议等。

多载波无线信息本地环路：McWill 是国内自主研发的移动宽带无线接入（BWA）系统，其单载波/区段的系统速率可达 15 兆比特每秒（Mbps）。McWill 宽带无线通信系统的高带宽、广覆盖、高可靠等多种特性，可以满足油田生产物联网中的数据采集、语音调度、视频监控、应急通信等业务建设。

无线网络：Wi-Fi 基站的建立，可以实现实时井场监控，提高数据传输效率，增强数据传输实时性等业务需求。

微波传输利用无线网络视频服务器把模拟图像信号转换成通过压缩的数字信号，然后通过微波进行远程联网传输，进而实现通过无线数字微波网络远程视频监控。

2.2 云数据中心

信息化社会的本质变化越来越聚焦于数据的流动与应用程度，信息时代的发展进程已经来到了云时代。云时代听起来很陌生，却覆盖了大多数数字化、信息化应用，如

> **小贴士**
> 云数据库是指部署在虚拟计算环境中的数据库，可以轻松提供数据备份和恢复，较普通的数据库在容量、安全、性能上有了明显的提升。

人们熟知的社交平台——微信、网上购物平台——淘宝、短视频平台——抖音等。这些应用都充分运用云数据库存储着海量数据（图2.4），通过不断迭代数据应用实现各种软件应用的更新功能，从而更好地服务社会用户。

图 2.4　数据中心机房

为了实现云数据中心的部署问题，引入了新的网络架构——软件定义网络（SDN）。SDN 是网络虚拟化的一种实现方式，可以充分实现网络流量的灵活控制，为网络的智能部署提供新思路，为核心网络及应用的创新迭代提供平台。从某种角度来说，SDN 并不能被定义为某种技术，而是一个思想、一个框架。SDN 的核心思路就是通过控制与转发分离，将网络中交换设备的控制逻辑集中到一个计算设备上。SDN 通过其本身的开放性和可编程性，加上开放的网络协议，可以充分调用传统封闭的设备，达到灵活、动态的状态。网络工程师编辑一些代码就可以驱动整个系统网络，通过代码设置接口让每个单独的功能完美嵌入系统中，从而达到更迭的效果。

就使用效果而言，并不需要暂停其他软件的使用和应用，可以单纯通过下载更新包来实现软件应用的迭代。换言之，云数据中心的软件开发可以在不影响其使用的基础上，根据云上数据中心的各项应用进行分布开发，开发后通过接口介入等手段进行更新，极大地提升了用户数据的安全性，最大限度地保证"云"不会瘫痪或者失灵。

SDN 让数据能动态分配，数据不会由于地理原因出现差异，也就是说不会出现在我国南方存储的数据，在北方调用时存在障碍；同样北方进行的数据动态配置，在南方也依然可以流畅应用。云数据中心即使分布在全国几个地方，依然可以大范围为全国进行数据服务。

数据真真正正地能在网络编织的道路上畅通无阻，云数据中心功不可没，数据的通行在频繁的更迭中之所以可以不受影响，很大程度上是云数据中心像警察一样守护数据流量秩序，合理安排数据更迭计划。时至今日，云技术依然在有条不紊地发展，相信日后可以给信息社会的高效性、安全性带来更大的保障和发展。

2.3　5G 的发展和应用

移动网络已经成为人们生活、娱乐不可缺少的必备品。虽然移动网络看不见摸不着，但移动上网、视频通话等都离不开它。移动通信网络历经 1G、

 二 网络

2G、3G、4G、5G 的变革，其网速也越来越快。

1G：FM 调制传输

1986 年，1G 在美国芝加哥诞生，采用模拟信号传输，模拟式是代表在无线传输采用模拟式的 FM 调制，将介于 300～3400 赫兹的语音转换到高频的载波频率上。1G 只能应用在一般语音传输上，且语音品质低，信号不稳定，涵盖范围也不够全面。

1G 技术在石油行业主要是通过无线通信解决油田点多、面广、战线长的问题。

2G：数字调制传输

1995 年，新的通信技术——2G 成熟，国内正式挥别 1G，进入了 2G 的通信时代。从 1G 跨入 2G 是从模拟调制进入数字调制，相比于第一代移动通信，第二代移动通信具备高度的保密性，系统的容量也在增加，同时手机也可以上网了。2G 声音的品质较佳，比 1G 多了数据传输的服务，数据传输速度为每秒 9.6～14.4 千比特，最早的文字简讯也从此开始。

2G 技术被应用到钻井数据传输、油田生产监控中。

3G：时代开启

3G 同样是建构在数字数据传输上。3G 最吸引人的地方在于每秒可达 384 千比特的高速传输速度，在室内稳定环境下甚至有每秒 2 兆比特的水准，稳定的联机品质利于长时间和网络相连接，有了高频宽和稳定的传输，影像电话和大量数据的传送更为普遍，移动有更多样化的应用。因此，3G 被视为是开启移动新纪元的关键。

3G 的应用又跨进一步，无线监控、无线传输和无线办公能力，使其被广泛应用于定位、导航、计算机无线接入、视频监控、视频会议等。

4G：无线蜂窝电话通信协议

4G网络是指第四代无线蜂窝电话通信协议，是集3G与WLAN于一体并能够传输高质量视频图像以及图像传输质量与高清晰度电视不相上下的技术产品。4G系统能够以100兆比特每秒（Mbps）的速度下载，比拨号上网快2000倍，上传的速度也能达到20兆比特每秒（Mbps）。

各类物联网建设出现了大量的4G应用的场景，除了远程监视外，无线网络也被广泛应用在远程控制上。炼化企业通过无线网实现人员精准定位，加油站广泛使用了移动支付，长输管道上能通过手机查看巡线工人的准确位置和是否摔倒。

5G：划分为移动互联网和物联网两大类

5G，即第五代移动通信技术，数据传输速度有了明显大幅度的提升。往常在高铁列车上手机信号都较弱，尤其是通过隧道时，手机信号一般会暂时中断，但是在5G时代这类问题成为历史。大范围的宏基站的部署将5G信号充分覆盖到各个实际场景中，切实解决了在线浏览的卡顿现象（图2.5）。

移动应用平台视频

图2.5　5G被广泛应用到北京冬奥会上

二 网络

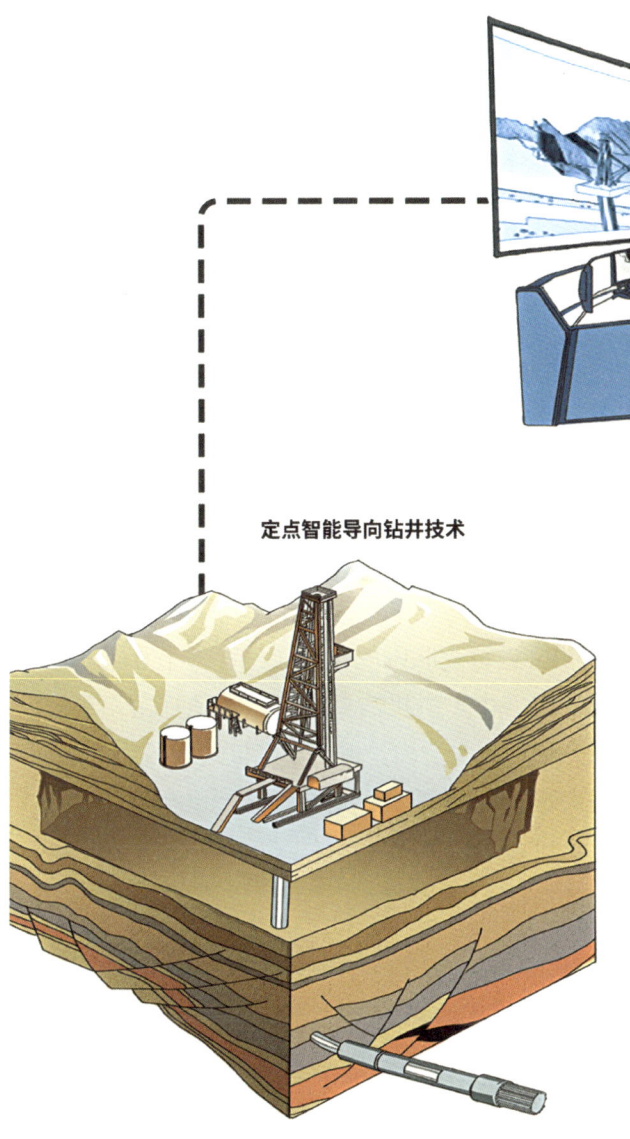

图 2.6 5G 与石油工业

目前 5G 的需求及关键技术指标已基本确定，国际电信联盟将 5G 应用场景划分为移动互联网和物联网两大类。各个国家均认为 5G 除了支持移动互联网的发展，还将满足机器海量无线通信需求，大大促进车联网、工业互联网等领域的发展。

就目前规划来看，5G 与 4G、3G、2G 有所不同，其并不是一个单一的无线接入技术，也不是几个全新的无线接入技术，而是多种新型无线接入技术和现有无线接入技术（4G 后向演进技术）集成后的解决方案总称。

在智慧石油中 5G 有用吗？答案是肯定的。复杂的地理环境催生了只能通过移动网络来进行通信和数字传递，这意味着需要更多源的数据、更频繁的数据采集要求来认识和解释油藏，对移动带宽提出了更高的要求。这就给 5G 带来了广阔的石油工业应用前景（图 2.6）。

2.4 IPv6 的发展与应用

网络上的用户和设备林林总总、多种多样,为了能精准通信,每个在网络上的设备都有一个准确的门牌号码——IP 地址(图 2.7),相当于电话号码。IP 地址的编码方式也是逐步演变而来的。

图 2.7 IP 地址如同门牌号

自从 1969 年美国国防部授权将阿帕网进行互联网的试验,就宣告了互联网的诞生,IP 地址也随之启用。开始时,由于主机数量很少,IP 地址主要用于区分不同主机,人们对 IP 地址的使用相当自由。但随着主机的增多,很多弊端也显露出来。随着许多分类协议逐步被推出,这种局面开始逐渐改观。这一阶段使用的 IP 地址可称为早期 IP 地址。

网络传输控制协议和网际协议,这个协议组一般简称为 TCP/IP 协议,缔造了网络通信的模式。基于 TCP/IP 协议,因特网开始使用 IPv4 地址(Internet Protocol Version 4 互联网通信协议第 4 版)。它主要由两部分组成:一部分是用于标识所属网络的网络地址;另一部分用于标识给定网络上的某个特定的主机的地址。为了给不同规模的网络提供必要的灵活性,IPv4 的设计者针对不同大小规模的网络,将 IP 地址空间划分为几个不同的地址类别。

随着互联网发展速度的不断加快,IPv4 地址资源会在看得见的将来很快耗尽,对下一代 IP 协议能否规划出足够大的空间的要求迫在眉睫。就像过去一样,电话号码用 5 位就可以区分了,随着电话用户增加,5 位不够用了,变成现在的 8 位了。

为了满足互联网日益膨胀的地址需求，互联网工程任务组（Internet Engineering Task Force，IETF）从 1994 年 7 月启动研究工作并在多年后提出了 IP 协议的下一版本 IPv6，即 Internet Protocol Version 6 互联网协议（第 6 版）。IPv6 是用于数据包交换互联网络的网络层协议，由

> **小贴士**
>
> 国际互联网工程任务组（The Internet Engineering Task Force，IETF）是一个公开性质的大型民间国际团体，汇聚与互联网架构和互联网顺利运作相关的网络设计者、运营者、投资人和研究人员负责互联网标准的开发和推动。它的组织形式主要是大量负责特定议题的工作组，每一个工作组都有一个指定主席（或者若干副主席）。
>
> 比特位（Bit）是信息量的度量单位，同时也是二进制数字中的位。比特位是计算机最小的存储单位，以 0 或 1 来表示比特位的值。

128 比特位构成。单从数量级上来说，IPv6 所拥有的地址容量是 IPv4 的约 8×10^{28} 倍。这不但解决了网络地址资源数量的问题，同时也为物联网的发展奠定了基础。

随着智慧石油的建设，更多设备和装置被接入企业网上，扩大网络的地址空间、引入 IPv6 迫在眉睫。

IPv6 网络的建设是一个从无到有的过程，应用迁移以及全网的 IPv6 化是一个循序渐进的工作，不能一蹴而就。IPv4 网络向 IPv6 网络演进路线需要经过一段漫长的 IPv4 和 IPv6 并存的过渡期。由于 IPv6 与 IPv4 技术不兼容，在过渡期，需要解决 IPv6 网络与 IPv4 网络相互通信的问题。就像电话号码升位一样，有的电话局升了而有些没有升。无论是否升了都需要精准定位到电话，这就牵扯到如何互通的问题。

根据业务特点，我国石油企业采用逐步过渡的方式转到 IPv6，使新建的 IPv6 网络与原有 IPv4 网络能够互通，最大限度地利用现有资源和服务。

当遇到地址固定的 IPv4 与 IPv6 终端互访场景时，采用 1∶1 无状态地址映射的方式。将 IPv6 地址与 IPv4 地址一对一映射（图 2.8），其映射方式是将 IPv4 地址作为 IPv6 地址的一部分，通过十六进制转换后与 IVI 匹配前缀结合形成 IPv6 地址；反之，可以通过前缀长度和是否采用 Ubit 等条件从 IPv6 地址反向推导出映射后的 IPv4 地址，从而将 IPv4 地址与 IPv6 地址一对一关联起来。

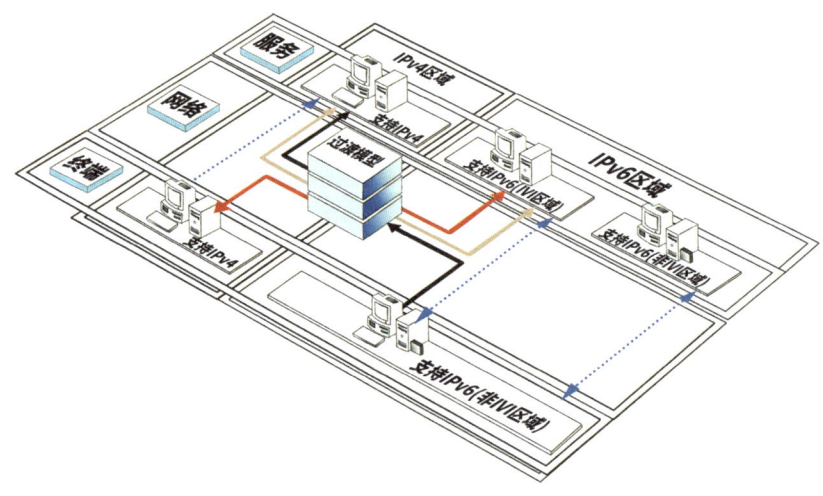

图 2.8 映射

> **小贴士**
>
> IVI 是一种基于运营商路由前缀的无状态 IPv4/IPv6 翻译技术。IVI 方案的主要思路是从全球 IPv4 地址空间（IPG4）中取出一部分地址映射到全球 IPv6 地址空间（IPG6）中。
>
> NAT64 是一种有状态的网络地址与协议转换技术，可通过 IPv6 网络侧用户发起连接访问 IPv4 侧网络资源，同时也支持通过手工配置静态映射关系，实现 IPv4 网络主动发起连接访问 IPv6 网络。

当遇到 IPv6 和 IPv4 网络双向发起的访问场景时，采用 1∶N 有状态地址映射的方式。该方式采用 NAT64 地址转换技术，将 IPv4 网络地址作为 IPv6 网络地址的一部分，通过十六进制转换后与 NAT64 匹配前缀结合形成 IPv6 地址。与 1∶1 映射的区别在于，IPv6 网络中的终端在 IPv4 网络中没有映射地址，IPv4 网络中的终端在 IPv6 网络中有映射地址，也就是说这种映射和访问是单向的，对于大量仅需从 IPv6 发起到 IPv4 的访问，采用 1∶N 有状态映射方式就可实现。

由于 IPv6 和 IPv4 的报文格式并不兼容，如何实现 IPv4 和 IPv6 的无缝结合以及无损害的平滑过渡，已经成为 IPv6 大规模部署的瓶颈。IPv4 向 IPv6 的过渡阶段所采用的过渡技术主要包括双栈技术、隧道技术和翻译技术。

双栈技术是指在网络节点上同时运行 IPv4 和 IPv6 两种协议，从而在 IP 网络中形成逻辑上相互独立的两张网络：IPv4 网络和 IPv6 网络。采用双栈技术部署 IPv6，不存在多个网络部署时的相互耦合性，可以渐进式部署。因此双栈技术目前被认为是部署 IPv6 网络的最简单方法，也被国内外企业广泛采用。双栈技术（图 2.9）可以实现 IPv4 和 IPv6 网络的共存，但是不能解决 IPv4 和 IPv6 网络之间的互通问题。而且双栈技术不会节省 IPv4 地址，不能解决 IPv4 地址用尽问题。

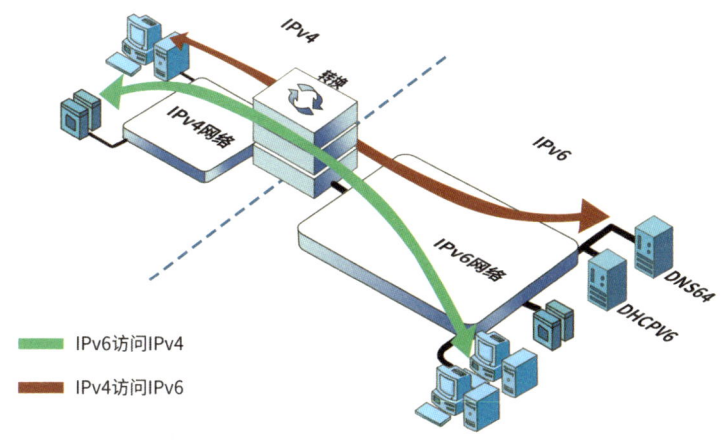

图 2.9　双栈技术拓扑示意图

隧道技术是指将一种协议封装到另外一种协议中的技术。隧道技术用于实现分布于 IPv4 网络中孤立的 IPv6 网络之间的互联，或者分布在 IPv6 网络中的 IPv4 岛屿互联。隧道技术只需要边界节点实现双栈，并通过隧道将一个地址族的数据穿越另一个地址族网络。隧道技术本质上只是提供一个点到点的透明传送通道，无法实现 IPv4 节点和 IPv6 节点之间的通信。在部署上也存在"N 平方问题"，扩展性较差，不适合全网部署，只适用于少数同协议类型网络孤岛之间的互联。

翻译技术是指将 IP 数据包从一种 IP 协议族向另一种 IP 协议族的转换，包括网络层翻译和应用层翻译。其中应用层翻译主要通过各种应用层网关（ALG）来实现，是以网络层翻译为基础的。网络层翻译的主要技术可以分为两类：一类是无状态翻译技术，另一类是有状态翻译技术。对于无状态翻译技术，其利用特定地址前缀关系实现 IPv4 和 IPv6 地址的无状态翻译。网络设备无须保留转换状态，因此，转发效率较高。但是该技术方案要求 IPv4

地址与 IPv6 地址之间实现 1 : 1 映射，因此不会节省 IPv4 地址，不能解决 IPv4 地址用尽问题。对于有状态翻译技术，则需要在网络地址转换（NAT）设备上保留转换状态，所以 NAT 设备自身性能成为网络瓶颈。翻译技术是解决 IPv4 网络与 IPv6 网络互通问题的唯一途径，但是由于受到性能、扩展性等方面的影响，翻译技术通常在网络边缘使用。

2.5　太空中的"千里眼""顺风耳"——人造通信卫星

提起"千里眼""顺风耳"，大家耳熟能详，很容易想到《西游记》中玉帝命"千里眼""顺风耳"两位天神探查孙悟空横空出世的故事。当然这只是引人入胜的神话，体现出了千百年来人类对于跨越千山万水获取信息的美好追求。

随着人类文明的进步，这种愿望已经实现。1984 年，中国代表队参加了在美国洛杉矶举办的第 23 届奥运会。比赛期间，我们每天都能在电视中看到当天的赛况。是谁把比赛的实况从远在大洋彼岸的洛杉矶传回到中国来的呢？这就是人造卫星中的通信卫星（图 2.10）的功劳。

人造卫星技术发展至今，在经历了与多种科学技术的相互融合后，产生了以卫星通信、卫星导航、卫星遥感为主的新型卫星应用技术。

在"人丁兴旺"的人造卫星家族中，比较引人注目的要数通信卫星了，它们如同人类的眼睛和耳朵，在太空中为人类提供服务。它不仅能让人们及时看到世界各地发生的重大事件，还能让各国通过电话、网络互相增进了解。过去，电话通信是靠电话线，而电视信号的转播则必须通过微波中继站进行。这在较小的范围内还行得通，如果要翻山过海，就不得不花费巨大的人力、物力才能实现。

通信卫星是利用人造地球卫星作为中继站来转发无线电波，继而实现两个或多个地球站之间通信的技术，具有覆盖范围广、通信质量好、便于实现

图 2.10 通信卫星

全球无缝连接等众多优点。除金融、证券、邮电、气象、地震等部门外,在远程教育、远程医疗、应急救灾、应急通信、应急电视广播、机载通信等海陆空领域广泛应用。

在油气行业,由于勘探开发等生产作业区域大多分布在崇山峻岭、戈壁沙漠、海洋岛屿等无信号或者信号较弱区域,对于语音、数据传输及现场监控具有迫切需求,此时通信卫星"千里眼""顺风耳"的本领正好在油气各领域"大显神威"。

对于海上高风险钻井平台来说,通信卫星可谓是钻井信息传输的"中枢神经"。卫星通信技术在中国海域首艘可燃冰试采平台"蓝鲸1号"的应用就是一个很好的典例。通过创新性采用"双备份无缝切换"卫星通信技术为"蓝鲸1号"平台开采数据实时传输、试采监控视频回传、关键钻井后台设备远程通道支持及生产办公调度指挥、视频会议等关键业务提供了链路保障，实现了系统平稳高效运行，为中国海域首次可燃冰试采创造产气时长和总量的世界纪录提供了有力保障，发挥了"定海神针"的作用。

在应急通信领域，如地震、洪水等地质灾害发生时，电缆等有线通信方式和服务与无线通信的基站被破坏时，卫星通信作为其应急通信系统主要接入手段，提供通信保障（图2.11）。

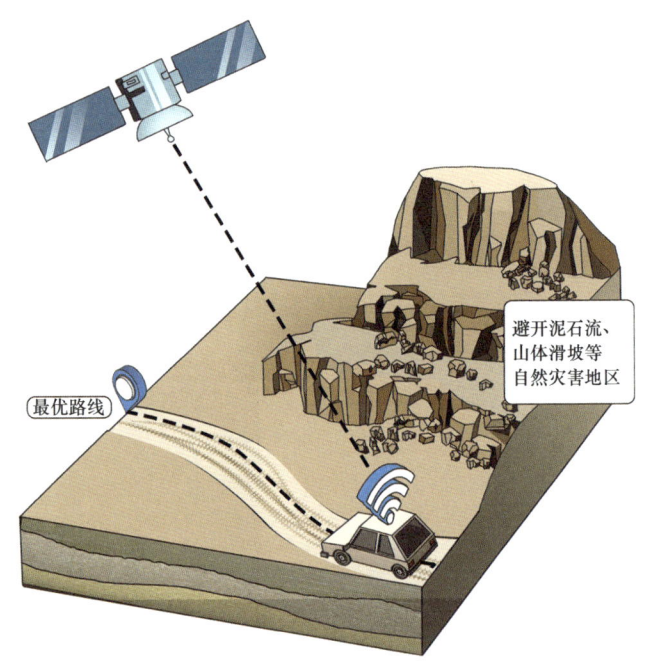

图2.11 通信卫星的优势

通信卫星技术在油气开发、工程技术服务、工程建设、天然气与管道储运等领域，同样发挥着"千里眼""顺风耳"的重要作用。利用卫星通信实现各作业队伍及偏远分支机构与总部之间的联系已经成为一种比较经济的选择，有效地解决了公司总部与各个项目分部、作业队伍之间的通信问题，使各个作业队伍能够与总部进行音频、视频通信，使公司管理者和专家能够及时掌握各个项目分部及现场的工作状况，解决现场存在问题，将原来无法进行通信联络的"信息孤岛"与总部结成一体，降低了办公成本，提升了企业安全管控水平，提高了工作和生产效率。

随着卫星技术应用的深入，通信卫星"千里眼""顺风耳"的功夫也需要不断加强，低频段频谱资源的不断占用以及人们对于高速通信需求的不断提升，现有的C、Ku等高频段资源也难以满足巨大的频谱需求缺口。目前美国等国家和地区正在对频率更高的Q频段和V频段进行开发，高通量卫星

> **小贴士**
>
> C、Ku等高频段资源：目前卫星业务最常用的频段是C（4～8吉赫兹）、Ku（12～18吉赫兹）频段和Ka（27～40吉赫兹）频段。C频段使用比较早，频率低，增益也低，天线口径较大（通常1.8米以上），雨衰较小，最大雨衰一般在1分贝左右，即信号功率衰减不会超过1.5倍。Ku频段频率高、增益也高，天线尺寸较小，便于安装；最大雨衰较大，信号功率衰减会超过100倍以上，信号会被暴雨衰减殆尽。Ka频段的特点类似于Ku频段，雨衰更大，但可用频段带宽也更大。

（HTS）、卫星互联网、低轨卫星等技术必将成为下一代卫星通信的主要发展方向。

2.6　天空中最亮的"星"——北斗卫星导航系统

在人造卫星中还有一种特殊的星，即用来指路的星。夜晚，当人们抬头仰望天空时，常发现有许多会"发光"的星星，而"小七"也是其中的一员。小七的大名叫"北斗"，全称为"北斗卫星导航系统"，英文名字为"BeiDou Navigation Satellite System"，英文简称为"BDS"，是中国自行研制的全球卫星导航系统，也是继地理信息系统（GPS）、格洛纳斯（GLONASS）之后的第三个成熟的卫星导航系统，结合伽利略（GALILEO），共同组成全球卫星导航系统F4（图2.12）。

图2.12　全球卫星导航系统

"北斗"具有很强的生命力和分身功能,至今已经有三个"分身"了,每次出现新的分身,它的功能都会被"丰富"。

第一分身称为北斗一号(图2.13)。1994年启动第一分身建设;2000年发射两颗地球静止轨道(GEO)卫星并投入使用,开始为中国用户提供定位、授时、广域差分和短报文通信服务;2003年发射第3颗地球静止轨道卫星,进一步增强系统性能。第一分身是中国卫星导航系统实现从无到有,使中国成为继美、俄之后第三个拥有卫星导航系统的国家,也是探索性的第一步,初步满足中国及周边区域的定位导航授时需求。

> **小贴士**
>
> 广域差分:在一个相当大的区域内,较为均匀地布设少量的基准站组成一个稀疏的差分网,各基准站独立进行观测,并将观测值传送给中心站,由中心站进行统一处理,以便将各种误差分离开来,然后再将卫星星历改正数、卫星钟差改正数以及大气延迟模型等参数播发给用户接收机,这种差分方法称为广域差分。

第二分身称为北斗二号(图2.14)。2004年启动第二分身建设,2012年完成14颗卫星,即5颗地球静止轨道卫星、5颗倾斜地球轨道卫星(IGSO)和

图2.13 北斗一号

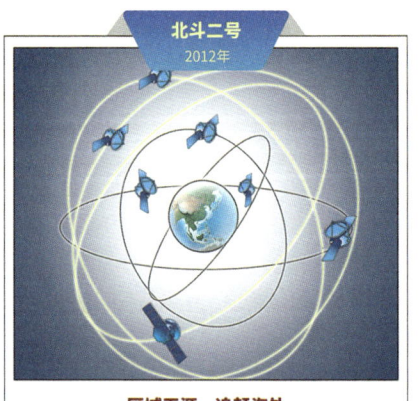

图2.14 北斗二号

4颗中圆地球轨道卫星（MEO）的发射组网。第二分身在兼容第一分身技术体制基础上，增加无源定位体制，为亚太地区提供定位、测速、授时和短报文通信服务，为全世界卫星导航系统发展提出了新的中国方案。

第三分身称为北斗三号（图2.15）。2009年启动第三分身建设，2020年已经全面建成。第三分身是三种轨道混合导航星座，抗遮挡能力更强，更精准，全球覆盖，全球服务，既为全球用户提供基本导航（定位、测速、授时）、全球短报文通信和国际搜救服务，同时又可为中国及周边地区用户提供区域短报文通信、星基增强和精密单点定位等服务。

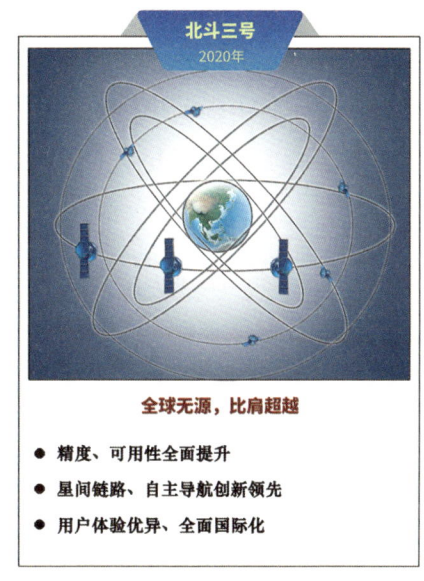

图2.15 北斗三号

中国的石油企业油气设备设施数量多，分布区域广，地处环境特殊，或涉及多种特殊环境以及多个安全形势不稳定的国家和地区，需要对油气设施的相关设备状态、人员、车辆、船舶、管道等进行全面监测，对油气生产的各个业务链进行管控，为油气勘探、管道安全、工程施工、人员作业、海上安全监测等作业生产提供全面的精确位置、授时、导航、通信服务，提升无缝、立体、全时的安保管控手段和应急处置能力，保障国家能源安全。"北斗"已被成功地应用到石油行业的多个业务领域，仅从中国石油来说北斗终端应用容量已经超过8万套。

随着"北斗"功能的开展和应用的深入，中国将构建更高精度、高可靠、高安全的新一代信息时空技术体系，在应用和产业化方面也在不断迈上新台阶，其对石油工业的影响势必更加显著。

2.7 网络安全可是大事

网络安全无小事。一个不慎就有可能造成数据损毁、生产停顿、公司形象被破坏等重大损失。企业受损的同时,相关责任人还可能面临公安机关处罚,企业有关负责人也会因领导责任而被处分或处理。

▰ 首先就是立规矩

没有规矩,不成方圆。建立安全组织机构,明确安全责任,逐级落实。建立规章、制度、标准、细则,制订应急预案,严格落实国家法律、法规、方针、政策要求,做到有章可循。

▰ 然后是建体系

按照体系化思路,评估安全风险,缺啥补啥,制订从上到下的总体安全保障方案,要"一竿子插到底",不留死角。建立技术保障体系,确保"武器"精良。建立运行维护体系,加强日常监控,建立流畅高效的处理程序。遇到突发事件,来之能战,战之能胜。建立运行机制,确保人员、资金、设备、物资等保障措施到位。

▰ 必须要强能力

持之以恒加强能力建设,包括检测、分析、预警、处置等多个方面。通过教育、宣传、培训、征文、比赛等各种方式,提高全员网络安全意识、知识水平和操作计算能力,人人参加安全管理,形成企业网络安全文化。

▰ 还要重监督

组织企业开展检查、测评、演练、考核、奖惩等,发现问题,及时整改,持续提升保障水平。监督如同医生,诊断发现问题,及时告知。企业如同病人,切忌讳疾忌医,有病不治,错失良机。

"没有网络安全就没有国家安全"。网络安全防护不仅关乎各类智能化信息技术的应用,也与企业组织、管理体系密不可分。只有石油企业内部多方协同,才能真正建立起网络安全防护立体架构,发挥最大的效能(图2.16)。

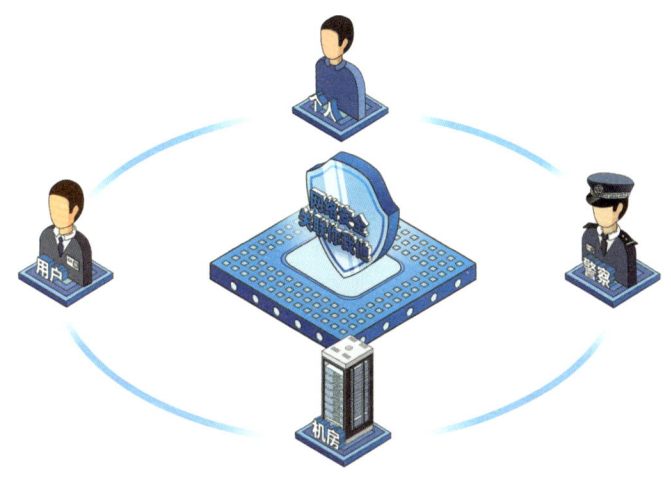

图 2.16　全面安全防护

2.8　网络系统"裸奔"不可取

网络安全的激烈对抗每天都在上演。比如，某公司下属单位邮件系统存在漏洞，攻击者成功获取该系统控制权，获取数千用户及项目敏感信息。又如，某单位销售系统存在管理员弱口令漏洞，攻击者获得了访问和使用权限，进而取得服务器的控制权限，攻陷了数据库数据，并且部署恶意程序，埋下"炸弹"，甚至能够关停网站服务！那么，如何从技术方面加强安全防护呢？

落实"实名制"。现实中，人们都真名实姓。互联网网络环境下，用户大多隐匿真实身份。如果在生产、经营、管理等领域，不能明确用户身份，网络存在重大风险。实名制从技术上确保身份不能够假冒，用户不可以对行为进行抵赖。身份认证是解决"实名制"的重要技术（图 2.17）。它主要采用密码学原理，针对每个人生成一对密

图 2.17　实名制登录

码,实现对数据的签名和加密。签名保证数据完整性,有效防抵赖。加密确保数据不被未授权人员获取,保证机密性,防止数据被盗窃。身份认证技术与访问控制技术、授权管理配合使用,让不法行为无处遁形。

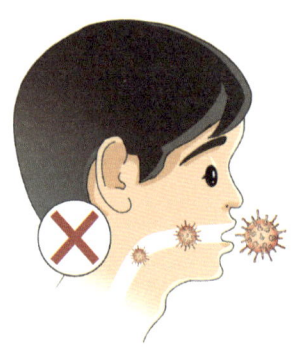

图2.18 常做病毒检测

"防止病从口入"。每个人进入网络的设备叫做终端设备,可能是台式计算机,也可以是手机等移动设备。终端是信息的产生、处理、存储等行为的主要发起者,企业须监测终端的安全状态,发现安全风险和漏洞,提高终端计算机的安全效率。主要技术包括终端违规接入监测、补丁检测与漏洞修补、防病毒、资产识别、应用程序管控、实名制注册、文件加密/销毁、行为审计等(图2.18)。

图2.19 数据传输分层分级管控

数据传输分层分级管控(图2.19)。企业网络不同,信息系统传输通道也会不同。企业内有相同的安全保护需求,相互信任,并具有相同的安全访问控制和边界控制策略的子网或网络可以划归一个"域"。各个边界之间,采用网络冗余、防攻击、访问控制等安全措施进行检测与控制。网络冗余主要是确保网络性能和功能留有余量,使得服务持续可用。防攻击主要是对攻击行为进行检测,一旦发现数据报文为网络攻击行为,及时阻断。访问控制主要是过滤不守规则的访问者的数据。网络监控主要是发现硬件和软件故障。每个操作步骤都产生相关的日志。日志分析可以帮助提早地发现风险趋势,及时进行预警和防范。当出现安全事件时,安全审计可以提供有效的信息,便于追溯攻击源。

防止数据泄密。数据逐渐成为企业的核心资产,数据安全已成为企业网

络安全的重要组成部分，内容监测是数据检测的一部分。对信息泄露问题，从信息泄露的起点着手，先进行敏感信息的梳理，让受保护的信息"找得到"；再监控信息的对外出口，让这些敏感信息"看得住"；最后对信息进行加密（图2.20），确保敏感信息"打不开"。信息安全内容监测包括数据分类分级、数据内容审计、数据加密以及相应的通报处置程序。实践中，有了内容审计，大幅降低了无意识泄密的问题，同时对有意识泄密进行有力阻断。

图2.20　数据加密

提前打好"预防针"。网络安全问题具有很强的隐蔽性。一个技术漏洞、安全风险可能隐藏几年都发现不了，结果是"谁进来了不知道、是敌是友不知道、干了什么不知道"，长期"潜伏"在那里，一旦有事就发作了。感知网络安全态势是最基本最基础的工作。态势感知技术综合对安全情报、系统监测、事件分析和风险处置，提升事件风险的预警响应能力以及对安全宏观态势的掌控、分析和评估水平，形成运行监控中心、检测分析中心和事件统一指挥处理中心，对未知安全威胁做到提前响应，降低风险，实现最佳的安全防护。

安全无小事，因此在智慧石油建设中要建立全面防护的信息安全保障。

三　云计算

　　云计算是一种基于因特网的超级计算模式，在远程数据中心，数量庞大的电脑和服务器连接成一个云平台。用户通过电脑和手机等方式接入数据中心，就可以体验每秒10万亿次的运算能力。云计算是现代信息技术发展和服务模式创新的集中体现，催生出强大的新型产业链和产业生态，也让石油业出现了全新的生产管理格局：在云计算模式下，石油专家们可以在云平台上寻找油田，可以远程进行加油站管理，可以透视到地下油井的开采情况……

3.1 云是哪儿飘来的?

现代生活中,从数据的存储、计算到分析,从学习、生活到办公,人们时时刻刻都在和一个字打交道,它就是"云"(图 3.1)。

图 3.1 云与日常生活

自然界中的云是水蒸气遇冷液化形成的可飘浮的聚合物,而现代信息技术中的这朵"云"却看不见、摸不到。真的是"只在此山中,云深不知处"。

想要知道信息技术中的云是什么,先要捋清云从哪儿来。现在,云技术已经衍生出了很多的概念,比如说云存储、云办公、云平台等,五花八门。这都是因为有了云计算,才带动了各种云技术的发展。

在云计算出现之前,分布式计算、网格计算等已经提出了把大量计算机整合成一个虚拟的超级机器给分布在世界各地的人们使用的观念,并付诸实施。这是云计算出现的基础。正因为这一点,很多人认为云计算并不是一项新的现代技术,而是一种全新的概念,实现了对云技术的覆盖。

三 云计算

关于云计算的诞生,谷歌(Google)公司的宣传文案中记载了一个离奇的故事:云计算创始人克里斯托夫·比希利亚的母亲曾经梦见一朵云,然后云飘过来,然后落在了她怀里,然后她生下了比希利亚。宣传文案虽然离奇,但比希利亚的云计算计划却是实打实的。2006年的一天,比希利亚在一次会议间歇时找到了公司首席执行官埃里克·施米特(Eric Schmidt),提出他将利用谷歌分配给员工的20%时间,来启动一门课程——Google 101,引导学生们进行云系统的编程开发。所谓20%时间,就是员工可用80%时间做公司设定的项目,而另外的20%的时间可以根据自己的兴趣、想法和灵感来创造个性化新产品。这块时间是谷歌为那些有创造力的员工准备的。

施米特同意了这项计划,并迅速将其升格为公司一项重要战略。2006年8月9日,施密特在搜索引擎大会上首次面向世界提出了"云计算"(Cloud Computing)的概念。2006年11月10日,排列成阵的计算机群出现在华盛顿大学计算机科学学院的教学楼里,标志着Google101计划正式启动。

这门课程大受学生们欢迎。一直希望部署云系统来为企业客户提供数据和服务的IBM公司大感兴趣。2007年10月,Google与IBM两公司联合宣布,在华盛顿大学、加利福尼亚大学等6所大学启动"云计划",为他们提供在大型分布式计算系统上开发软件的课程和支持服务。2008年3月,清华大学开始将云计算引入教育领域。至此,云计算的概念逐渐风靡世界。

关于云计算名称的来历,有人说是因为用户觉得虚拟的空间看不见抓不到,因此命名之为"云";也有人说是因为以前的程序在绘制服务器图标时会加一个圆圈,多个服务器便会形成多个相互重叠的圆圈,看上去就像云彩一样。

名称到底怎样而来也许并不重要,重要的是谁首先将云技术进行了最大的商业化应用。多数专家认为,谷歌是云计算概念的发起者,但将云计算首次成功地大规模运用于商业领域的是美国电子商务公司亚马逊。

2005年,亚马逊推出亚马逊云服务平台(Amazon Web Services)。2006年3月,又推出了简单存储(Simple Storage Service,S3)和弹性云计算(Elastic Cloud Computer,EC2)两种服务。简而言之,这两款产品让用户不再需要繁多的硬件和架构部署，只通过浏览器便可直接进行操作。

云平台的出现，已经将云计算、物联网、大数据等多种现代信息技术囊括其中，形成了一个全新的解决问题的方案。不过，对于初识云计算为何物的人来说，可以认为云计算只是一大堆高性能服务器搭建了一个无边际的空间，用户租来存东西，这就是云存储，如百度云盘；如果进行产品分析等，那就是云计算。

阿里云平台以其强大的计算能力为用户提供网站建设、大数据分析、弹性计算等服务。中国石油的梦想云平台 2.0，融合了物联网、大数据等技术之后，研发功能强大的后台不仅可以为用户提供软件服务，还允许部分用户在通用底台上进行产品研发。

不管如何使用，"云"已经的的确确地飘来了。云雾缭绕，看似风光无限却也让人茫然；是在云上翻筋斗取得真经，还是弄得一头雾水，取决于如何驾驭它。

3.2 什么是云计算？

云计算是分布式计算的一种，指的是通过网络"云"将巨大的数据计算处理程序分解成无数个小程序，然后通过多部服务器组成的系统进行处理和分析这些小程序得到结果并返回给用户。云计算早期，简单地说，就是简单的分布式计算，解决任务分发，并进行计算结果的合并。因而，云计算又称为网格计算。通过这项技术，可以在很短的时间内（几秒钟）完成对数以万计的数据的处理，从而达到强大的网络服务。现阶段所说的云服务已经不单单是一种分布式计算，而是分布式计算、效用计算、负载均衡、并行计算、网络存储、热备份冗杂和虚拟化等计算机技术混合演进并跃升的结果。

因此，云计算就是指通过计算机网络(多指因特网)形成的计算能力极强的系统，此系统可存储、集合相关资源并可按需配置，向用户提供个性化的服务。

因此，云计算是一种资源利用模式，能以方便、友好、按需访问的方式通过网络访问可配置的计算机资源共享池（包括网络、服务器、存储、应用软件和服务），能在上面部署各式各样的系统让大家使用。在这种模式中，可以快速供应并以最小的管理代价提供服务。

通俗易懂地讲，云计算就像人的身体一样承载各类器官，把各种信息技术能力装在身上，并成为一种类似于水电一样的基础设施，客户可以像用电一样使用 IT 资源，网络就相当于电线，发电厂的电通过电线输送到千家万户供使用，而云计算则是通过网络将 IT 资源提供给用户使用。有了云，可以不用关心服务器、存储、网络等让人头疼的基础软硬件问题，不用自己去买软件自己安装，这些都可以交给云服务商来解决，人们只需要像使用一个工具一样来用云服务。

云计算有三类最常见的部署模式，即公有云、私有云和混合云。

公有云是把应用部署在公共的数据中心里，不需要花钱建数据中心、买设备，在别人搭建好的云服务体系中，只需要注册一个账号就能使用，因此价格也相对便宜。公有云可以同时由多个不同的用户使用，不同用户之间逻辑隔离（图 3.2）。

私有云只为一个客户服务。需要投入大量的资金建自己的机房，购买 IT 软硬件基础设施，将云部署在自己的机房里，因此私有云的建设成本相对较高，但私有云只给自己用，安全性更高（图 3.3）。

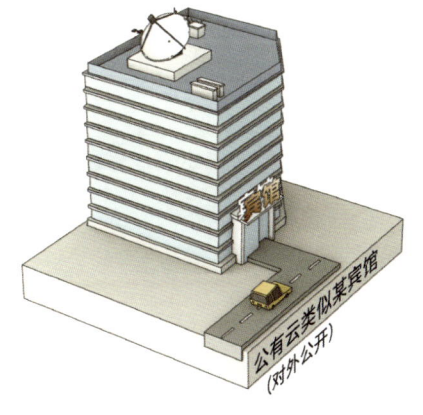

图 3.2 公有云类比宾馆

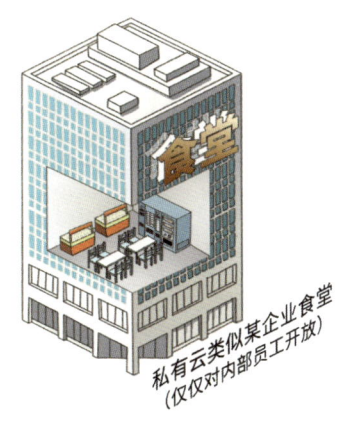

图 3.3 私有云类比企业食堂

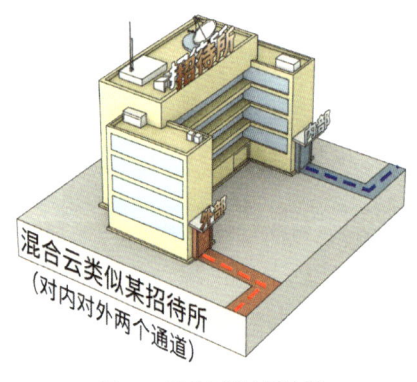

图 3.4 混合云类比招待所

混合云则是在综合考虑安全性和成本的基础上,同时使用公有云和私有云,不用特别关注数据安全的通用型业务选用成本低的公有云,数据安全性要求高的核心业务则选用私有云。这类似于饭店和食堂,饭店是大家都可以去吃饭,食堂只有本单位人能去吃。而同时拥有食堂和饭店功能的还有招待所,既对外服务也对内服务(图 3.4)。

按照云计算服务的类型,即为用户提供什么服务,云计算可以分为 IaaS(资源即服务)、PaaS(平台即服务)、SaaS(软件即服务)等服务模式。

IaaS 提供计算、存储和网络资源,用户需要完成环境配备、应用程序开发。以建房子为例,IaaS 相当于提供的是盖房子的各类原材料(图 3.5),比如各类砖头、水泥等,用户利用这些原材料完成房子的搭建。

PaaS 提供一个软件开发和运行环境的整套解决方案,用户自行开发部分或全部的应用程序,PaaS 相当于提供墙面、楼板等预制件及不同需求的组装方案,用户自行根据需求组装完成房子的搭建(图 3.6)。

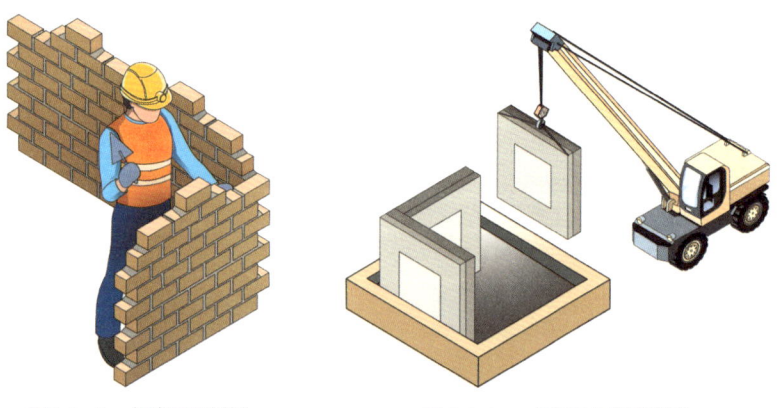

图 3.5 Iaas 相当于原材料   图 3.6 Paas 相当于提供预制件

SaaS 提供完整可直接使用的应用程序,通常通过浏览器即可打开软件，微信小程序就是典型的 SaaS 服务，相当于直接按使用需求为人们提供一个完整的房子（图 3.7）。

说了这么多，是不是仍然觉得云计算离我们很远？其实每个人都用过云计算，例如现在智能手机都会自动分配云空间，这就是提供的存储资源，手机的照片、短信等都会在联网时自动上传到云空间里。当出去旅游拍了大量的视频和照片，手机提示云空间不足，这时只

图 3.7　Saas 相当于整装设施

需要点升级云存储空间就能立刻拥有更大的云空间，将所有的视频和照片都上传到云空间里，不用随身携带硬盘来存储。除此之外，浏览网页、购物、地图导航和玩游戏时，背后都有云在计算，根据最近浏览的新闻计算你最感兴趣的信息，根据平时的购物习惯计算你什么时间段可能需要哪些物品，根据导航搜索计算哪条路径时间最短，根据游戏记录计算与你水平相当的对手……甚至可以通过用户在手机、平板电脑、台式电脑等方式上网留下的信息，通过云的计算后知道你是谁、你喜欢什么、你讨厌什么、你想要什么，仿佛能看透你，甚至比你自己还要更了解你。

如果这些信息被坏人利用，是不是很可怕？这时云安全的重要性就凸显出来了。随着云的使用量快速增长，不可避免地会有大量敏感内容暴露在风险当中。目前云安全最突出的问题是数据泄露和数据丢失，如 2022 年 2 月 28 日，社交媒体平台 Facebook 用户账号信息泄露，被窃取 5000 万用户详细信息，包括姓名、出生日期、宗教信仰、联系方式、跟踪页面及最近搜索和位置登记等；又如某云盘曾被用户吐槽存储的视频和照片被清空。

随着云计算技术的发展和深化应用，人们已普遍了解并接受，越来越多的石油企业也搭建并应用了云计算，开启了上云之旅。云计算的应用范围越来越广，能力也越来越强，人们的生活、工作也随着云计算发生了巨大的改变，足不出户地购物、学习和交流已成为一种生活方式，就像天空中的云一样，不论身处何处，只要抬头就能触目可及。

3.3 站在彩云之上找油田

飞机从蓝天白云之间呼啸而过，汽车在柏油马路上川流不息，穿衣吃饭，手机电脑……在我们的现代生活中，几乎无时无刻不跟石油及其制品打交道。可以说，没有石油，现代人享受的舒适生活就是空中楼阁。可是，你知道吗？传统的石油勘探非常复杂艰苦，工作人员需要常年背井离乡奔波在荒山野岭、沙漠戈壁，需要夜以继日奋战在堆积如山的地质资料和岩心样品前。

现在，"梦想云"来了，曾经挽起裤脚跋山涉水的找油人，瞬间"站在云端之上，用火眼金睛"，将深埋地下几千米的石油"尽收眼底"。然后"金箍棒轻轻一捣"，石油就唱着欢快的歌曲，奔向我们现代的生活，奔向需要它的每一个角落。

一定有小伙伴会说，"梦想云"这么神奇，我也想要买一朵。不过，"梦想云"不是天上飘来飘去的云朵，也不是高科技飞行包带着你在油田上空飞来飞去，而是于2020年11月27日正式问世的国内油气行业最大的智能云平台——勘探开发梦想云平台。这个平台以统一数据湖、统一技术平台为核心，构建勘探开发协同研究及应用环境，把涉及石油勘探开发相关的纷繁复杂的八大业务全部囊括到这个平台上。只要打开电脑，登录平台，就可以足不出户处理石油勘探业务链条中的绝大多数业务。是不是很神奇？

> **小贴士**
>
> 统一数据湖，是把石油上游业务中，成百上千个信息系统的数据，都汇集在梦想云的数据湖里，包括物探、钻井、地质、测井等15个专业48万口井、600个油气藏、7000个地震工区、4万座站库、PB级的数据资产，从而实现上游业务核心数据全面入湖共享，构建国内最大的勘探开发数据湖。

你虽然知道了梦想云不是天上飘云，而是个类似阿里钉钉的数字技术平台，但脑海中也一定充满了很多问号：统一数据湖是什么？统一技术平台是什么，它究竟能干什么……

统一数据湖通过"主湖+区域湖"的连环湖概念，打造出上游勘探开发数据生态环境。专业人员只需通过梦想云提供的数据服务获取专业数据，也就是只要你有权限，就可以任意遨游在数据的海洋里，而不需要了解数据来自哪个单位、哪个信息系统，从而有效解决了勘探开发数据孤立、获取流通困难、产生及应用地域分散等问题，保障了数据资产的有效共享与安全存储。

不仅如此，这个统一数据湖还实现了前所未有的高效率，录入几万条数据仅需数秒，查询数十亿条记录只需要几毫秒，与原来数据管理方式相比，相当于写文章时人人手写升级到现在的电脑键盘输入。同时，数据湖构建的勘探开发知识图谱、数据洞察与充实、智能语意搜索引擎等，为勘探开发工作者创造了更为高效和友好的数据研究环境，将石油企业长期沉淀的海量数据价值激活，为勘探开发用户创建了前所未有的知识宝藏（图3.8）。

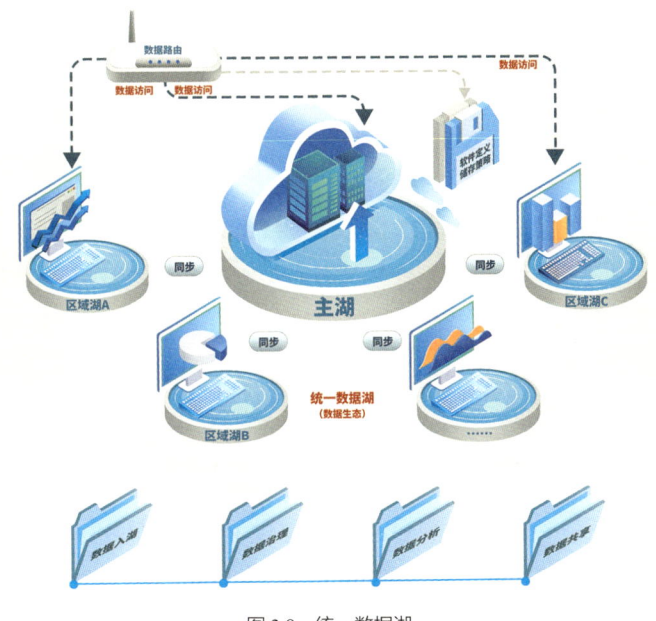

图3.8 统一数据湖

如图3.9所示，统一技术平台，也就是PaaS云平台，包括通用底台和服务中台。其中通用底台有容器平台、微服务框架、中间件及软件开发工具链，服务中台则涵盖地震服务、井筒服务、图示服务、用户服务、油藏服务等勘探开发业务通用共享能力。

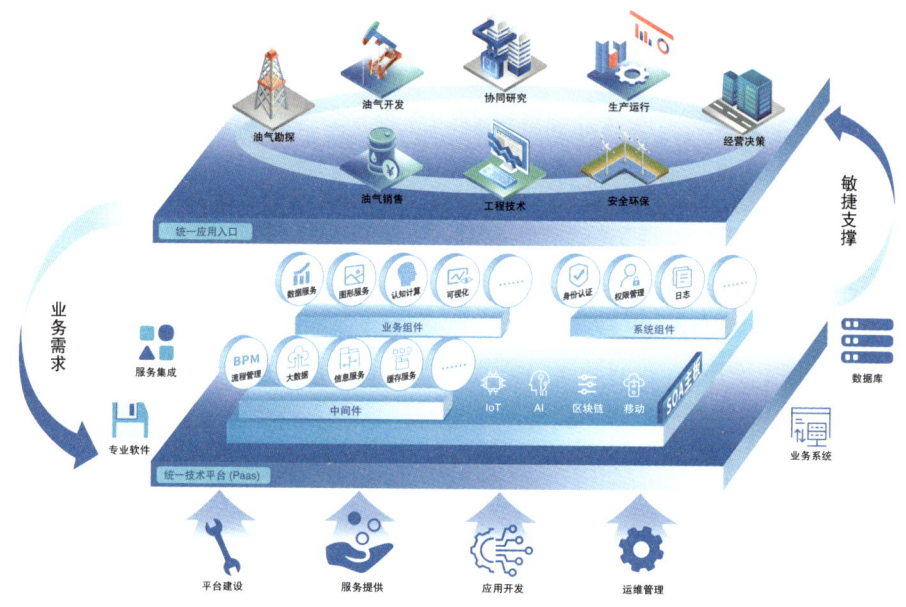

图 3.9 统一技术平台

统一技术平台就像是容纳了石油勘探开发相关服务的"大仓库"。假如有一个团队打算开发一套地震数据管理系统,以往他们需要调研分析,需要相关的软件开发工具及硬件存储等,更为关键的是要考虑用户管理、地震工区管理及数据录入、数据管理及统计分析等功能设计及开发测试。而通过梦想云平台提供的用户服务、地震服务等共享服务能力,可以像搭积木一样快速定制开发出系统,即时响应用户需求,大幅度缩短开发周期和节约成本。另外,还可以通过平台提供的开发流水线打造自己的专有应用(云原生)。

梦想云应用商店视频

统一技术平台通过提供 PaaS 能力,可以把握系统的集成、运维,提供智能 AI 创新、高性能计算、边缘计算服务,支持进行更深入的研究;还可以提供更多共享、交流与销售的机会,为勘探开发业务用户和合作伙伴提供 APP 共享平台,打造上游业务技术生态。单位和个人做的 APP,可以通过梦想云的应用商店(相当于手机的应用商店)发布与运营管理。

梦想云平台最重要的能力之一就是协同研究环境。它能够支持勘探开发研究工作全线上开展，实现跨地域、跨专业、跨学科协同。勘探开发研究业务涉及专业领域多、方法多、研究手段多样，以往科研人员的资料数据准备还是需要花费大量时间在各系统间人工查找和搜集数据、人工分类整理、计算汇总、读入专业软件等。同时，油田不同部门各项目组工作呈"条带"分割状态，彼此间必要的数据交互依靠人工协调和手工拷贝，没有一个总控协同机制和软件环境，使得中间成果的流转效率低，造成勘探开发研究成果的流转效率低。

协同研究平台（图3.10）只需要点几下鼠标，就可以很方便地从数据湖中框选到大部分要用到的数据，还可以随时访问全盆地数据，借鉴前人研究成果，从而更方便地在线查看钻、录、测、试等数据，搜索钻井设计、完井报告等各类成果文档；通过数字井史等综合展示功能，实现对单井从设计、钻井到生产全生命周期各类信息的在线查看。数据准备由90多天缩短到1~2天，效率提升60多倍。

协同研究平台可使跨组织用户方便使用50多款专业软件，在线调用各类主流勘探开发专业软件，并支持研究数据"一键式"推送到专业软件，研究成果"一键式"归档到平台，将研究人员熟悉的工作环境搬至线上，使研究人员只需专注于研究即可。梦想云还提供了多款常用工具，供研究人员灵活取用，是研究人员的"百宝箱"。另外，它还支持科研项目全线上管控、一站式数据服务、多图联动井位部署、多媒体与平台联动汇报、甲乙方一体化协同、流转区块数据共享等。

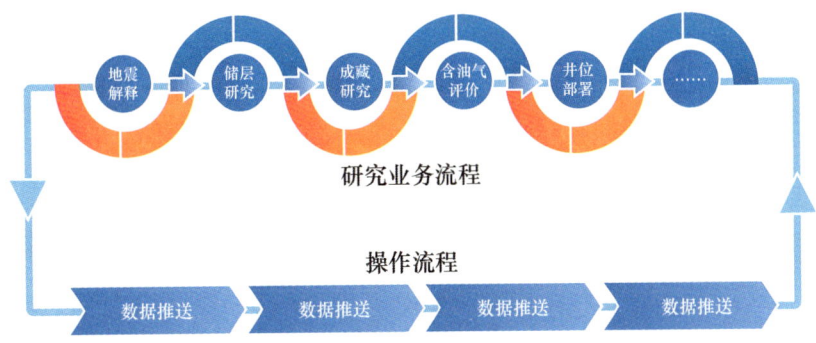

图3.10　协同研究平台

另外，梦想云通过云原生与云化集成一系列应用APP，支撑勘探业务、开发业务全线上协同管理，支持生产现场自动化感知及操控和工程作业实时监控远程指挥。譬如，某一口井在钻进的过程中，钻到的目标层位出现了新情况，现场钻井工人不知道怎么处理，但是现场十万紧急，需要汇集分散在不同地区的钻井专家、地质专家、油藏专家紧急"会诊"做出判断，通过梦想云协同研究环境平台就可以解决这个问题。各路专家通过梦想云连线到钻井现场的信息系统，实时跟进钻井动态资料并做出综合研判，给出进一步操作指令，不会因为跨区域和跨专业而导致延误。

梦在云端，云上起舞。梦想云平台将持续深耕油气行业，助推世界一流智能油气田建设。

3.4 看不见的"催化剂"

炼油化工行业大量应用催化剂，催化剂呈现出球形、条形、环形、菱形和粉末等多种形态。它们看起来其貌不扬，却像"魔术师"一样具有令人惊奇的魔力：能加快或者减慢其他物质的化学反应速度，而自己的质量和化学性质却不发生变化。可以说，催化剂具有高度的奉献精神，只讲奉献，不求回报。

在智慧工厂建设中，云计算就是智能化领域的"催化剂"。云计算名字很浪漫，却是一个拥有高科技血统的新鲜事物，是并行计算、分布式计算、网格计算的进一步发展，推动着信息技术的快速进步。有了云计算，能加快智慧工厂建设的进程。

云计算的一个重要应用场景是云桌面（图3.11）。使用云桌面，办公桌下没有传统的电脑主机，桌上只摆着一台显示器和一个像电视机顶盒一样的黑色小盒子。员工按下黑色盒子上的电源按钮，显示器上出现登录界面，输入用户名和密码，一个与以往台式电脑一样的网络办公环境出现了，中央处理器（CPU）、内存、硬盘等组件样样俱全，只不过它们是在后端服务器中虚拟出来的。一台高性能服务器可以虚拟1～50台主机。

当员工编写文档时，输入的每一个字符出现在桌面上的同时，也都即时上传存储到云上的服务器中，再也不用担心丢文件了。当员工去基层办事或到总部汇报工作，只要随便找一台终端，登录自己的云桌面，就能查阅资料和办公了。基于分布式云计算存储技术，依托高度加密算法，采用虚拟桌面基础架构搭建出的云桌面，为智慧炼油厂各层用户提供着简便、丰富、安全的服务，让员工实现了办公的移动化、便捷化和高效化，春风化雨般"催化"着员工的办公效率。

图 3.11　云桌面

在云桌面的后台管理上，云计算也"催化"着后台维护的工作效率。信息维护人员统一安装程序、统一杀毒、统一升级、统一备份数据，不用一台电脑一台电脑地去维护了，节省了大量工作时间。在后台还能给每个员工分配不同权限，比如普通员工不能 USB 拷贝、不能外发资料等，从而强化网络安全管理。

云桌面只是云计算在桌面办公领域的应用场景，在智慧炼油厂建设的主战场上，云计算更是施展着自己魔术般的"催化"能力。利用云计算技术构建出的虚拟服务器，整合网络中多种存储设备，提供云存储服务，解决本地存储的缺点，降低数据丢失率，实现数据的存储、备份、复制和存档，就像一个数据的海洋或者说数据的图书馆，为智慧炼油厂建设提供大数据资源。

根据安排，智慧炼油厂建设要应用数字孪生技术，搭建三维工厂系统，按以往模式，需新增 3 台物理服务器。通过依托云计算搭建的虚拟化服务器平台，只需虚拟出与物理服务器具有同样功能的 3 台服务器，缩短了四个多月的招标采购时间，还解决了机房没有空间的问题。虚拟服务器平台避免了原来搭建物理服务器平台去机房接线、插电等现场作业，管理人员在办公电脑上就能完成服务器的所有配置，工效大幅提高。此外，虚拟服务器平台还规避了物理服务器可能出现的掉电、硬件损坏、数据丢失等风险。可以说，云计算给智慧工厂的建设插上了高速翅膀。

在开发测试环节，云计算能通过友好的 Web 界面，能预约、部署、管理和回收整个开发测试的环境；通过预先配置好（包括操作系统、中间件和开发测试软件）的虚拟镜像，快速构建出异构的开发测试环境；通过快速备份/恢复等虚拟化技术来重现问题，利用云的强大的计算能力对应用进行压力测试。例如，在日常系统维护中，经常会碰到系统存在高危漏洞的问题，需要给系统打补丁。利用云计算技术的可复制性，克隆出服务器，在克隆出的服务器上开展补丁测试，检测和规避测试风险后，再在正式系统环境开展补丁修复，降低了因修复补丁造成的系统崩溃风险。

系统运行中会产生大量数据，给服务器、计算机负载带来严峻考验。传统物理机、服务器只能通过购买新硬件予以扩容，调优。利用云计算技术，可以动态分配 CPU、内存、存储等资源，减少了系统风险。

云计算已经从云端走入工厂一线，在智慧炼油厂建设过程中，云计算呈现出多姿多彩的应用场景，为智慧炼油厂提供着基础但高效的"催化"服务（图 3.12）。

图 3.12　云计算应用于炼油厂

3.5 加油站的云管理

油田和炼化企业云能发挥大的作用，云对加油站有用吗？上了云的加油站能干什么呢？

拿出手机，打开石油公司 APP，获取定位或直接搜索地址，主界面展示出附近加油站信息（图 3.13），可以一键导航获取选定加油站的路线。现在的加油站提供更多自助服务，可以自助加油、自助洗车、自助购物等，而且逐渐由传统的加油服务，向非油品服务扩展。例如，加油站增加了咖啡、汽服、特产等多种新品类服务，并可以提供保险、旅游定制等第三方合作业务。智慧加油站更像是汽车生活的综合服务驿站，借助互联网、云计算、大数据等技术，通过融合、共享、跨界，实现"加油站+互联网+N"综合服务功能，全力打造"人·车·生活"生态圈。2021 年 9 月 10 日，国内首款智能加油机器人在中国石化广西南宁石油南站西加油站投入试运行（图 3.14）。

加油卡会有限定使用范围，因为不同地域的加油站管理系统没有打通，跨省市基本无法通用。但现在有了云技术平台的支撑，可以打通加油站底层数据链，整合加油站各渠道会员信息，打造贯通油品、非油品、第三方合作业务的统一全会员体系，实现"一卡在手，全国加油"。

图 3.13　石油公司 APP 上的加油站

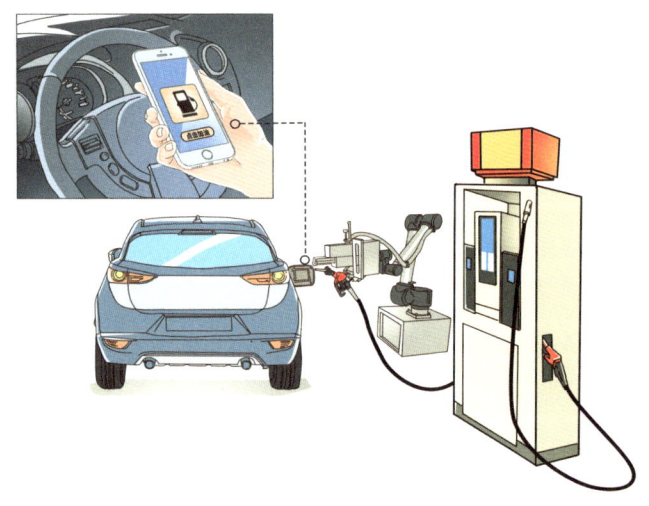

图 3.14 机器人智能加油

以前需要通过办理加油卡才能成为会员；现在注册会员操作更便捷，通过 APP、办卡、网站等多种渠道可以一键注册成为会员，实现一处注册，各处使用，而且轻量化应用，不用下载 APP 也可以通过微信小程序、支付宝等一键完成会员的注册、登录。客户通过石油公司的 APP/微信公众号/支付宝生活号，可以接收活动通知，比如积分活动、交易活动等；同时也可以接收消息提醒，包括动账提醒（充值、卡消费）、交易提醒、会员等级和权益提醒、积分/电子券过期提醒、折扣合同优惠到期提醒等。总之，账户各类信息变动及优惠可以随时获取、查询，而在这便捷的背后，是云在为多个加油站提供算力、存储和网络。

移动互联网时代，智慧加油机上增加移动支付，同时增加人脸识别、自动识别车牌号（图 3.15）、刷脸付款等。在云计算、大数据等技术支撑下有了各类电商的营销实践，加油站也利用云计算和大数据建立了会员识别、精准营销推送等功能。会员识别可以通过线上线下多渠道、多平台，根据会员码、手机号、身份证、车牌号、指纹人脸、微信/支付宝等渠道 ID、设备 ID 等信息，建立全方位客户视图，确保客户数据的全面、完整、唯一。不论会员换车还是换支付方式，加油站的会员管理系统都能识别出这是某会员，并将消费记录到该会员的账户上，增加权益积分。精准营销是建立在会

图 3.15 加油站自动识别车牌号

员识别基础之上的,通过整合会员基本信息(性别、年龄、生日、爱好、职业、收入等)、油品及非油品消费信息、加油频次、加油时间、加油金额、常用加油站、偏好的营销活动、偏好的会员权益等,建立客户画像,推算出客户的消费喜好和消费习惯。如某一客户在加油站便利店内购买大米类食品较多,且每次消费金额较高,当便利店对五常大米进行促销时,便可通过食品偏好标签+高客单价标签筛选快速圈定目标,将五常大米的优惠券精准定向地推送给该客户;当推送咖啡体验券时,便可通过经常使用优惠券且喜欢咖啡的消费偏好,如优惠券敏感标签+商务精英标签,筛选出目标客户群体,并根据客户偏好自动匹配优惠券,智能推送给客户。

自从建立了线上线下多服务渠道,加油站能为客户提供更为便捷、贴心的服务。比如新冠肺炎疫情期间,加油站就及时推出了"加油不下车、购物不接触"服务。车主进入加油站后,可以通过加油站 APP/ 微信小程序等选择自助加油,或将开卡密码和手机接收到的动态验证码告知加油员,由加油员给车辆加油,车主全程无须下车。在加油的同时,车主可以通过 APP/ 微信小程序等线上自助下单购买便利店商品;支付成功后,加油站便利店服务人员将商品打包好后放到指定地点,车主加完油自取完成购物。

智慧加油站以客户为中心,更加关注客户体验。在云计算的强大算力和统一底层平台支撑之下,加油站从加油服务向用车服务、生活服务延伸。未来,加油站除了可提供上面已提到的基础服务外,还将基于加油站云管理平台建立以车主为核心的"人·车·生活"生态圈,通过加油站连接各类车主需求,对接各类第三方服务商和车主客户,购车租车、保养维修、代驾、娱乐休闲和文化旅游等都将可以从加油站获取服务,这将成为有车一族去线上线下加油站的新动力、新选择。

3.6 油服行业的"软实力"

汽油是由埋在地下的原油加工炼制而成的。是不是地下到处都是原油,随便一挖,油就呼呼往外冒呢?不是的。原油很淘气,经常藏在沙漠、戈壁、大山、海洋底下。"油服"是什么呢?有一个叫油田技术服务的企业(简称"油服")专门负责找油找气。油服家族有"五个儿子",按照在油田勘探开发中出现的顺序,可以排序为:老大叫物探;老二叫钻井;老三叫录井;老四叫测井;老五叫井下作业(图 3.16)。为了实现找油找气,油服坐镇在工程技术云平台上为"五个儿子"提供支持。工程技术云平台就是油服的软实力,主要提供数据的集中存储,为"五个儿子"和客户提供数据共享服务和工作协同,并提供各种智能化的云应用远程支撑业务运营。

智能地震队视频

油服老大物探首先登场。通过把炸药埋在地下,然后引爆,或者通过震源车击打地面,用声波扫描一下地下,形成地层照片。老大物探把原始资料放到云平台上,在云平台上熟练描绘地下的结构,合成三维立体模型,从地下模型上模糊地看到了原油的藏身之处,然后把成果发到云平台上,并给老二建议在哪儿打洞,把原油"抓"出来。

老二钻井从云平台上打开了老大给的三维立体模型,并在云平台上查询云知识库,找到老三录井在原油藏身处附近曾经打过的井的测井资料,并把钻井设备和人员情况输入系统,利用智能钻井设计应用自动生成了钻井设计。老二钻井结合自己打井的经验,修改了几处不合理的设计,然后就准备干活了。把钻井平台安装好,让智能钻机开始按照设计打井。老二钻井最怕

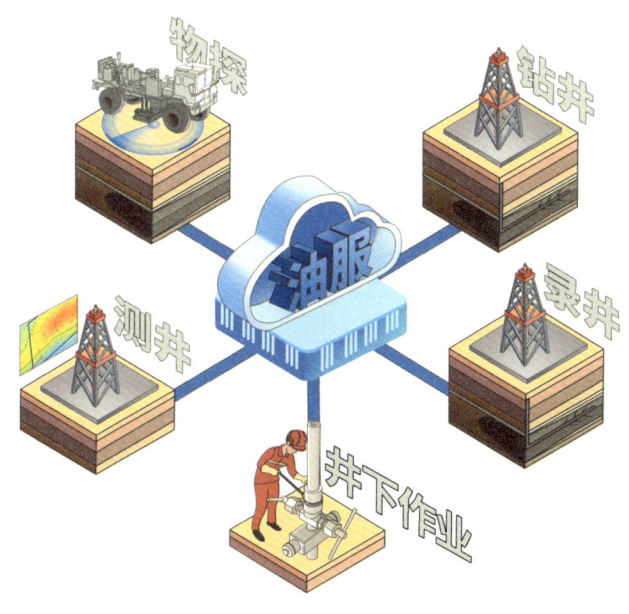

图 3.16　油服家族示意图

两件事，一是钻井出安全事故，尤其是严重的安全事故，可能会导致钻机被烧毁，甚至井废了，而且还会污染环境；二是钻机进度慢了，赚不到钱。老二打开云平台的钻井事故复杂智能专家系统，心里稍安。该系统会根据历史发生的海量事故的复杂程度和事故复杂模型进行云计算，一旦发现事故复杂的征兆，会以红色的报警信息提前通知老二。事故复杂预报警的计算量非常大，历史的事故复杂资料很多，而且需要支持分布在全球所有成千上万口井的并发预报警，并要求实时计算。这个云计算能力要求很高。老二又看了一下井的健康情况，进度正常。如果想加快进度，可以打开云平台的钻井实时优化系统，根据系统建议优化各项参数，提高钻速。注意参数优化后系统必须没有事故复杂的提示。

老三录井和老二钻井形影不离。老三干活兢兢业业，一是帮助老二盯着井下安全，发现事故复杂也会及时地提醒老二注意；二是通过综合分析地下返出的岩屑和钻井液，通过云平台的岩屑智能

> **小贴士**
> 岩屑指钻井过程中钻头破碎岩石产生的碎屑。

分析系统分析岩性情况。云平台中存储了已知的各种岩性，通过图像比对和特征分析，可以自动识别出岩性。另外，需要看是否钻到油气层了，评价一下油气层和老大物探建的三维模型中是否一致。如果发现不对，可以实时更新一下老大物探的地质模型。老二再根据最新的模型，微调施工方案，精准钻井。

当钻到目标井深后，老四测井来了。老四和老大的工作内容有点相似。如果说物探是集体照，测井就是单人照。老四测井利用岩层的电化学特性、导电特性、声学特性、放射性等地球物理特性获得地质资料，就类似对单井拍了个 X 光，进行精细描述。老四通过云平台的智能应用进行岩性自动识别，判断油气是否真的藏在老大标记的地层中，计算有多少油气。老四和老三在岩性方面可以取长补短，相互验证。一般来说，老四更靠谱一些，它会把单井的资料更新到三维地质模型中。

老二钻到目的层后，需要进行固井，就像打水井要在井壁浇灌水泥类似。老五井下作业琢磨怎么让油快点出来？老五从云平台查看最新的三维地下模型，以及老大物探、老二钻井、老三录井、老四测井的资料以及历史资料，应用智能压裂设计软件进行增产方案设计。老五根据自己多年在压裂方面的经验，修改一下系统自动生成的压裂方案，然后开始施工。在压裂之前要先进行射孔，连通井筒和油气层。在压裂过程中可以在三维模型中形象地看到裂缝的展布情况及油气的运移模拟情况。有时候复杂的井需要两周时间才完成施工。

整个过程都是在油服的工程技术云平台上运行的。工程技术云平台实现了各业务的协同，提高了工作效率，降低了作业风险，增加了企业效益。

3.7　云计算助推一线科研

油气田科学技术研究细分领域非常多，涉及地球物理、综合地质、油藏工程、钻井工程、采油工程、地面工程等多个学科（图 3.17），同一地理区

三 云计算

块几乎都要涉及这些领域的研究,同一个区块的各个领域数据是相互影响和相互补充的,而且这些领域之间有着标准的业务流程。在没有云计算之前,各个领域的数据是相互孤立的,业务流程之间的衔接也都是通过手工来完成的。

> **小贴士**
>
> 油气田科学技术研究(课题)是指围绕油气田勘探开发、石油工程等方面的技术难点确立的,在一定时间周期内开展并在油田年度科学技术进步计划中安排实施的科研项目,包括科技攻关、高新技术产业化、新技术推广应用、科技情报调研等。

云计算技术为勘探开发研究及决策人员构建了一体化的协同研究工作环境,支撑跨地域、跨专业、跨学科的数据共享、专业软件共享、工具共享、成果共享,成为勘探开发、工程地质、钻采工艺、生产经营横向共享、纵向贯通的一体化协同工作平台,为研究人员提供了基础数据一框式选择、专业软件数据一键推送、研究成果一键归档、专业图形一键成图、解释质量一圈验证、多图联动井位部署等常用功能。

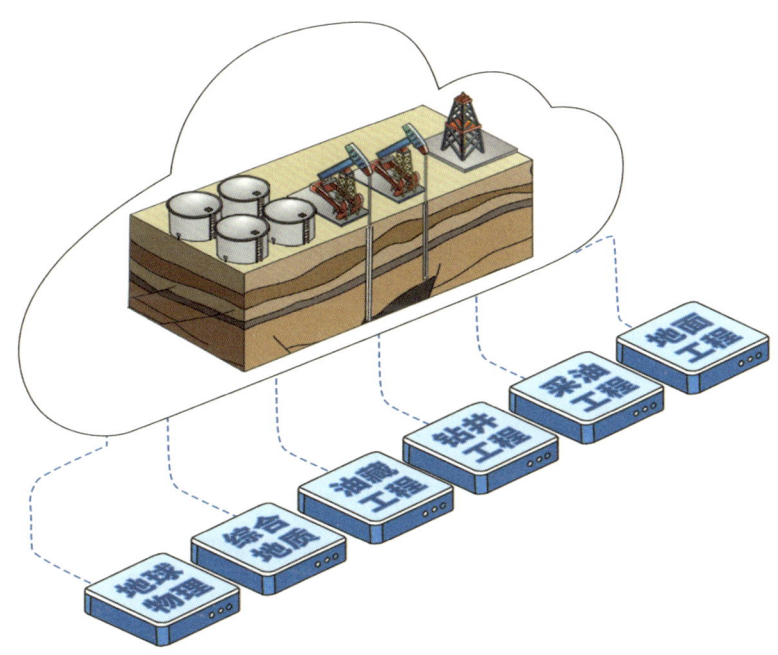

图 3.17　油气田科学技术研究的多个学科

图 3.18　一体化协同研究工作平台示意图

一体化协同研究工作平台（图 3.18）基于业务流程，按工作岗位或是决策主题构建工作场景，能够支持前后场景间的衔接与成果继承，多场景的串联形成了对业务流程完整的支撑，实现任务、数据、软件的共享与协同。

在油气行业的勘探开发领域，专业软件的应用是核心，特别是大型专业软件，通过建立项目库应用模式，能够支撑共享地下模型、先进工作流的多学科协同研究。因此，一体化协同研究工作环境提供统一的专业软件接口框架，与主流专业软件进行对接和数据通信，并通过云平台进行共享，应用效率与工作效果双提升。

一体化协同研究工作平台大大地提升了一线科研工作的效率，项目研究工作模式实现了由线下到线上、由手工到自动、由单兵向协同的巨大转变。

基于协同研究工作环境，石油工人创新采用多媒体与云平台交互联动汇报模式，实现了从"我汇报什么，领导就只能看什么"到"领导想看什么，我们就展示什么"的转变；基于云平台实现前后方异地协同、甲乙方一体化质控、处理解释一体化开展，实现了异地协同的生产组织新模式；多个油田基于数据湖和云平台实现目标区块业务数据的跨单位授权，有效解决了矿权流转区块数据资产的共享应用问题。

在一线科研工作中，会用到很多专业软件，比方说用于地震处理和地震解释的软件、压裂研究的软件等。专业软件的数量也有约 500 多款，每个油田每年的专业软件使用投入可达上千万元。石油专业软件除了投入费用高之外，还存在专业软件类型多、版本多、许可不足、应用效率低下等问题。

云专业软件共享平台（图 3.19）基于云计算技术和共享模式构建，就像是使用共享单车一样，专业软件通过云平台可以实现使用的共享，可将传统的购买软件模式改变为租赁和计量计费模式，科研人员可以根据项目的研究内容需求在平台上灵活地选择软件,可以根据项目的时长需求选择租赁或是计量计费模式。租赁模式即按月租赁软件使用,先付费后使用,而计量计费模式是先使用后付费,即用多少给多少钱,就像是用水用电一样。同时,专业软件共享平台利用区块链技术,将用户的使用计量数据上链,实现计量数据的不可篡改和安全加密。通过区块链技术能力,保障了软件供应商、平台与用户三方的互信。

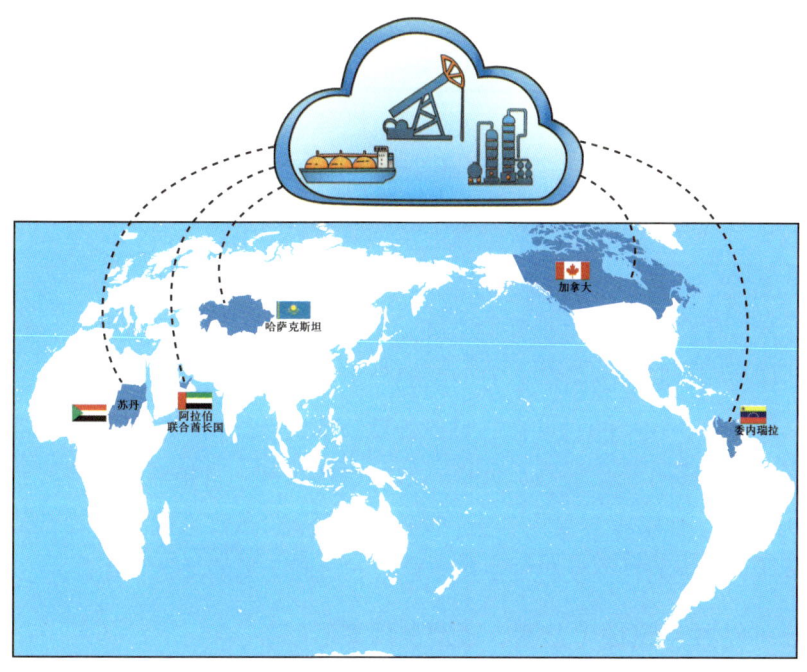

图3.19　云专业软件共享平台——云上科研

云专业软件共享平台,既能够保障共享软件的最新版本,也能够解决许可不足的问题,还能够提高软件的使用率,并最终实现专业软件使用费用的降低,而专业软件供应商能够降低销售成本、提高产品单价,从而实现产品销售利润的提升,所以云专业软件共享平台实现了油田用户与软件供应商的利益双赢。

云计算为一线科研带来的好处远不止这些。传统石油行业离不开数字化技术的加持,只有通过进一步融合最先进的IT技术,才能寻求更大的油气资源突破，赋能更高效的油气开采，驱动企业的业务模式重构、管理模式变革、核心能力提升，期待以"云"的力量重新定义石油产业，带来智慧的石油。

3.8 天边飘来钻井的"云"

一提起云，大家都会想到云的飘逸、浪漫、多姿、壮观和盛多，但是谁又能想到"云"的智慧呢？

当然，这个"云"是环绕某种物体的一种假定介质，它虽然高远，但于无形中透出有形的边界，好像太极中的八卦，将有形的信息与各种无形的应用融合一体。

钻井工程技术是一项业务工作量大，作业环节多，涉及人员广，包括油田、钻探公司、服务支持等方方面面的复杂系统工程。当油气行业逐渐步入深井、超深井、致密油、页岩气等各种复杂地质条件，只有利用信息技术手段，通过建立多方统一协同、便捷高效的工作机制和管控流程，科学合理调配各种资源，有效应对复杂作业问题，才能降本增效。这时云的迅捷、聪明、灵活、强大的特性就起到了运筹帷幄、决胜千里的关键作用。

◆ **云 + 钻井 = 迅捷（监测、预警及预案形成）**

钻井工程技术赋能云计算后，可以随时随地工作。一旦在钻井过程中出现问题，即使钻井工作人员身处远方度假，也可以在及时收到钻井智能终端的呼叫后，立刻打开终端，并穿戴上虚拟现实（VR）井控专用眼镜和手柄，井场实时状态便在眼前漂浮的应用云中清晰展现出来，各种现场参数不断变换（图3.20）。通过手柄操控着应用云中的各点，认真查看数字孪生井场的各种仪器和设备的运行状态后，从推荐的选项操作中选择最佳方案，并点击推送到周边的应用云中。后面可以一直通过智能终端及相应VR配套设备在云端远程跟进项目过程，不断与现场进行交流，提出优化建议。与此同时，钻探公司项目负责人的智能终端就会收到此信息和提醒及时查看的提示音。

三 云计算

图 3.20 随时随地了解钻井动态

▰ 云 + 钻井 = 聪明（生产组织）

钻探公司项目负责人值班时听到智能终端的提示音后，同样穿戴上 VR 井控专用眼镜和手柄，眼前出现现场实景和数字孪生的两朵应用云，结合前面员工推送提交的方案，数字孪生云中正在替换方案中的设备，调整设备参数，模拟钻进过程，负责人借此从多角度验证方案的可操作性和最优化，针对云端计算软件预测可能出现的问题，不断进行修正和细化方案，最终形成了现场实施方案。于是可以拖拽手柄将最终方案发布到公有云，反馈给相关人员。

与此同时，相关服务公司的员工在智能终端也收到来自钻探公司项目负责人发布的最终方案。赶紧戴上 VR 智能仓储管理眼镜和手柄后，眼前便出现了设备仓库的虚拟云，可以对实施方案中涉及的设备和工具进行数量和位置盘点，根据实施方案开始制订相应的物流方案，以确保及时交付。

油田现场钻井队长在严格监控钻探进度的同时，通过井场大屏幕的数字双胞胎，对所提出的实施方案进行钻前动态模拟和优化，并通过 GPS 系统、智能物流系统了解近期天气和路况信息，制订物流计划，确保物流按时抵达井场。

最后，钻井队长确认所有信息无误后，将最终情况发送到油田智慧指挥云端进行请示和汇报。在得到批示后，项目按计划开始实施（图 3.21）。

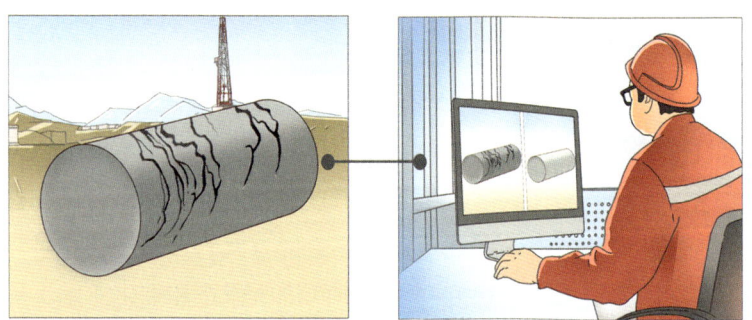

图 3.21　生产组织——油田智慧指挥生产

云 + 钻井 = 灵活（钻中优化）

油田钻井队长按照方案监督钻探进度，应用混合现实技术（MR）、虚拟现实（VR）、增强现实技术（AR），在井场智慧指挥中心大屏幕，实时动态模拟井各类工控和设备工作状态，根据模拟数据不断调整钻头角度、钻进速度、钻井液流速等参数，以便达到钻井过程中的最优化。

云 + 钻井 = 强大（钻后分析）

在云端、智能系统和智能装备的支持下，无论钻井遇到多高强度的岩层都能在各方配合下顺利穿越，取得圆满成功。每解决一个难题，后台业务的云端并没有结束工作，依然正忙着进行各类数据的归类、分析、处理、清洗、传输，一个新的数字孪生体正在进行重塑和新生，为未来完成更多更艰巨的任务打下坚实的数字基础。

"云"在钻井中的应用充当了"千里眼""顺风耳"，把千里之外的钻井现场转变成了即时、即刻、当下的现场，所有的决策都是在协同和互助下开展的，所有的操作都是可模拟和可控的。

钻井迎来了云时代，让人不得不惊叹于云的迅捷、聪明、灵活和强大。

四 大数据

在进入信息化时代之前,数据仅仅是由数字构成的进行各种统计、计算、科学研究和技术设计等所依据的数值而已。但是,在现代信息技术时代来临后,数据的定义发生了质的变化,它已经成为由符号、文字、数字、语音、图像、视频等构成的全息数值系统,成为信息的表现形式和载体,大数据的时代也真正来临。从互联网奔到云平台,数据是信息世界的真正血液。在数据无处不在、无时不在产生的时代,石油工业受到了前所未有的冲击和挑战,传统的科技研发、企业管理和安全管理都在迎接一次转型与升级的蜕变。

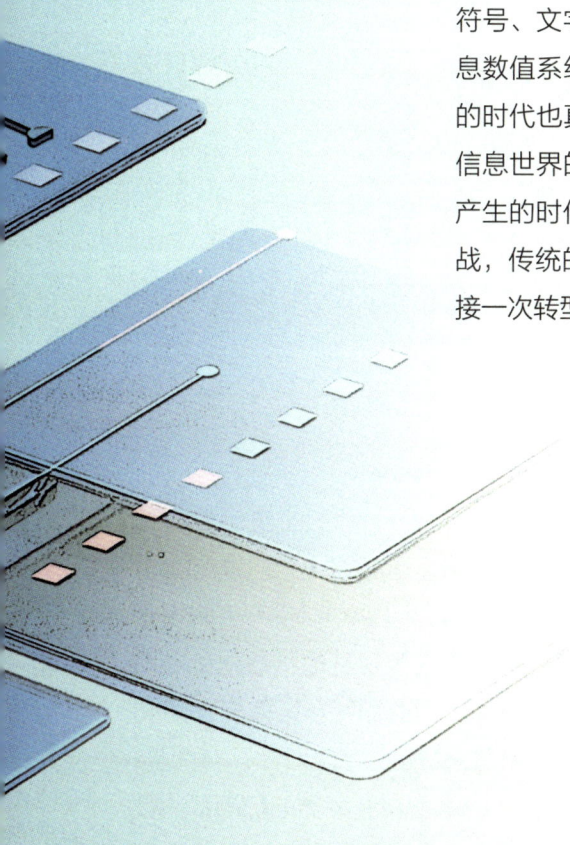

4.1 "数据王国"——大而无形的大数据

现在是数据王国的时代,数据王国的"公民"由数字、文字、图像、声音任意组合,千人千面。

地球上的每个人及其所做的每件事,都意味着数据王国诞生数不清的新"公民",可谓"海量"。为此,有人把数据王国的"公民"数量称为"大数据"。

大数据到底有多大?仅从数据规模无法定义大数据。2008年,聪明的人类用"4V"概括了大数据的特征(图4.1):Volume(数据规模:大量)、Variety(数据类别:多样)、Value(数据价值:低价值密度)、Velocity(更新速度:高速)。

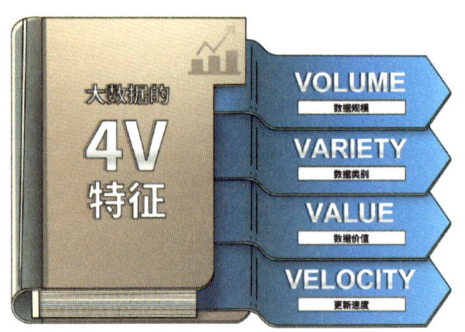

图 4.1　大数据的特征

Volume
大数据的第一个特征是数量巨大。

数据每天都在激增,一个省的月通话记录数据高达 0.5~1 拍字节(PB),有一些网站每天处理网页的数据达到 10~100 拍字节(PB),还有些购物平台的交易数据量高达 100 拍字节(PB)。历史上全人类说过的话数据量大约是 5 艾字节(EB),需要 500 万台万亿字节(TB)量级个人计算机才能装下。以 1024 为倍数的等比数列数据量单位如图 4.2 所示。再看看石油行业,几十万口油井的监测设备实时产生的数据、炼油化工企业各类分析测试的数据、加油站产生的数据、考勤系统产生的数据等,总量非常巨大。

四 大数据

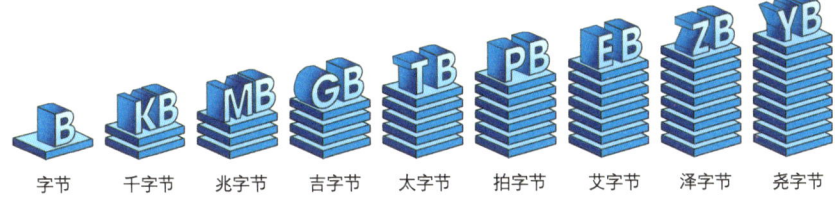

图 4.2 以 1024 为倍数的等比数列数据量单位

Variety

大数据的第二个特征是种类繁多。

数据被分为结构化数据、半结构化数据和非结构化数据，易于存储的文本形式是结构化数据，而音频、视频、图片订单、地理信息等都属于非结构化信息，后者对数据处理技术提出了更高要求。例如，油藏数值模拟（图 4.3）中涉及的数据种类繁多，包括物探、测井等测试数据，也包括油井生产数据，还有井口和地面的各类测试数据、地面和井筒装置数据、油价等市场信息。

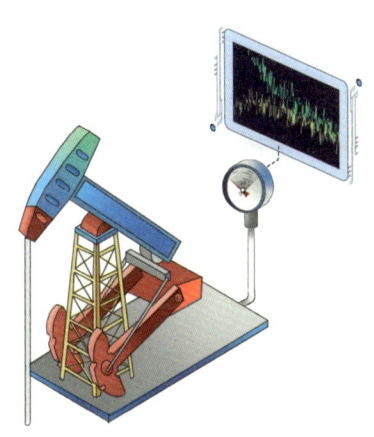

图 4.3 油藏数值模拟示意图

Value

大数据的第三个特征是价值密度低。

价值密度高低与数据总量大小成反比，时长为一小时的监控视频片段可能仅含一两秒有用数据。就像油井井口的监控数据，正常生产时数据一直稳定不变，只有出现问题时才会有波动。因此，要想在海量数据中找到自己想要的数据，就需要通过强大的算法迅速完成数据的价值提纯。

Velocity

大数据的第四个特征是处理速度快。

中国信息通信研究院预测，到 2035 年，全球数据产生量将达到 2142 泽字节（ZB）。面对如此海量的数据，"天下武功唯快不破"，因而处理速度快是大数据最显著的特征之一。

077

讲起数据王国的故事，一定绕不开云计算。云计算是提供基础架构平台支撑大数据的应用和运行。具体而言，大数据需要的云计算技术包括虚拟化技术、分布式处理技术、海量数据的存储和管理技术，还有非关系型数据库（NoSQL）、实时流数据处理、智能分析技术等。在企业应用中，大数据偏于业务层，云计算偏于技术层。

大数据和云计算如同一对血脉相连的双胞胎，总是形影不离。如果说大数据是油，云计算就是燃油发动机。没有大数据的信息积淀，云计算的能力再强大，也难有用武之地；没有云计算的处理能力，大数据的信息积淀再丰富，也终究是无用之才。大数据和云计算一结合，既能提供更多基于海量业务数据的创新型服务，又能通过云计算技术的不断发展降低大数据业务的创新成本（图4.4）。

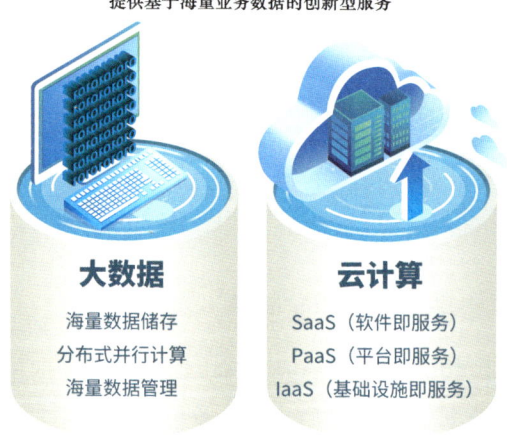

图 4.4　大数据与云计算相结合

数据王国在不断壮大，人人都是数据的生产者，更是使用者。生逢大数据时代，基于大数据做决策，更注重全样本而非粗糙的抽样，更聚焦效率而非准确性，更在意相关性而非因果性。例如，沃尔玛在分析销售记录时发现一个有趣的现象：在美国的飓风季节，蛋挞和防灾物品的销量同步剧增，看

四 大数据

似相差十万八千里的两类商品竟有了千丝万缕的关联。工作人员把蛋挞货架转移到了防灾物品销售区域，蛋挞销量再度提高。如今，加油站销售预测、医院挂号预判、网站好物推荐、企业售后优化等，都在借助大数据分析实现精准预测。

地壳的运动是数据，油田的生产也是数据，数据无处不在，数据王国无国界。大数据时代，人们要做的就是学会与数据相处，通过吸收大量的数据产生新的智慧。

4.2 大幕初开的大数据时代

数据正在以前所未有的速度呈现出爆炸式增长。随着各类电子终端设备的普及，社交媒体、电子竞技和电子支付等网络服务愈加丰富，再加上智能手机和可穿戴设备的助力，一个人在哪里、做什么，甚至连身体的轻微变化，都被一一记录和分析着。

在大数据时代，人们对于事物的认知，正在从管中窥豹变成洞若观火，因为全量数据能帮助人们最大程度上接近真相。石化产品的研究本质是分子排列的创新组合和重构，在传统的石化企业，新产品的研发依赖研发人员的学识和经验，企业要承担这样的风险：研发人员提出的 200 个可能性组合，经过漫长的实验，可能颗粒无收。在大数据搭配人工智能的"黄金时代"，通过构建由分子属性、反应规则等非结构化数据组成的全量"知识库"，运用机器学习联动全量"知识库"就能探索几乎所有可行的分子组合，进而在若干个可能方案中诞生出一个新产品。

在从"小数据"转向"大数据"的时代，一群臭皮匠比一个诸葛亮更珍贵。在"小数据"时代，想要发现真相，最基本、最重要的就是减少错误。例如，若想知道本周一到周三某石油指数的收盘价格，那么每个价格都至关重要，可谓"失之毫厘，差之千里"；在大数据时代"精确"不再那么重要了，人们都在学着拥抱"混乱"，因为在分析、处理和运用大体量数据时，一个变量无法改变全局，正如无法在淡水湖中撒一把盐就把它变成大海。"混乱"是多样的数据格式带来的，银行可以远程开户，社保可以在线办理，出行可以人脸识别入闸，数据纷繁复杂，拥抱"混乱"是拥抱"智能"的先决条件。

在大数据时代，有时知道"是什么"就够了，没必要知道"为什么"。那么，如何知道"是什么"？通过分析海量看似不相关的数据，就能发现数据间的相关关系，即一个数据的数值变化时，另一个数据是不是同步变大或变小。如产品推荐分析，专注于在个人看似不相关的行为数据中建立内在联系，而为个人带来意想不到却正中下怀的推荐，计算机可能不明白他们为什么相关，但它知道人们购买的概率更大（图4.5）。

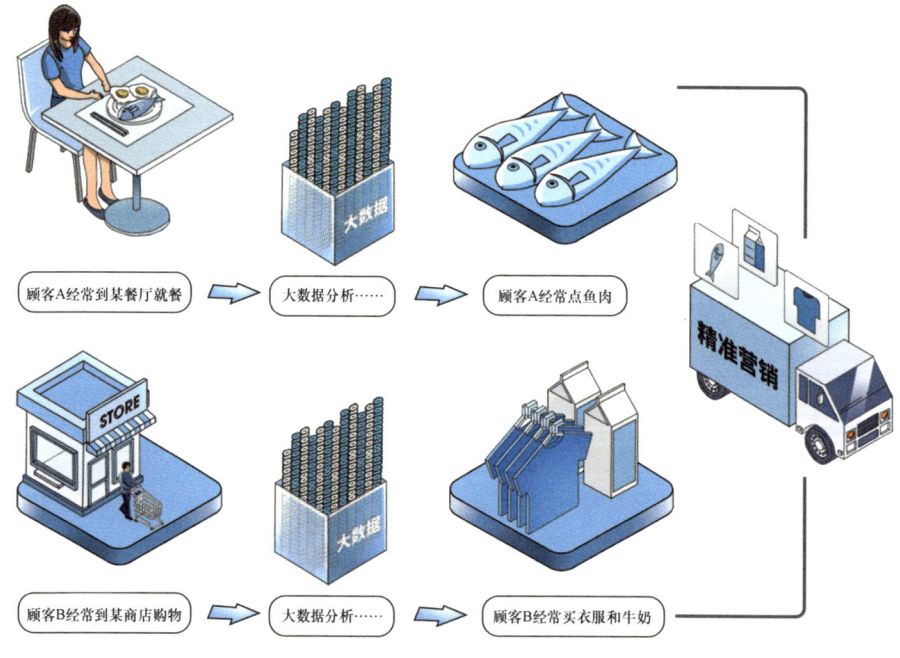

图4.5 大数据的分析过程

在大数据时代，万事万物皆可量化。几乎所有领域都可以"采集信息—存为数据—利用数据"，进而深度挖掘数据中蕴藏的商业价值。拿电子书阅

读器来说,它捕捉到单个用户的文学喜好和阅读习惯等数据——浏览一页的时长、是否划线做笔记、略读还是放弃等,通过聚集和量化分析,可以获取一些意想不到的信息。有了大数据,人们描述世界的方式不再是"我们认为""自然规律"或"这是一个社会现象的事件",而是意识到世界在本质上是由信息构成的。

值得注意的是,让数据主宰一切会带来许多风险。人们会担心自己时刻被监视,比如淘宝不断监视着用户的购物习惯、百度监视着用户的网页浏览习惯,而在微博里人们似乎没有只属于自己的"心事"。大数据的价值是在二次分析和挖掘中产生的,现在亟待构建完善的个人隐私保护体系。个人隐私保护和信息网络安全的课题被重新推上了历史舞台。

大数据时代并非只是数字和机器的冰冷时空,而是人与数字互动、人与机器互动的新世界。大数据重新定义着人们的生活和工作,重新塑造着人们的思维方式;反过来,人们的生活、工作和思维又推动着大数据的演进变化。大数据的全貌尚不可知,好比使用司南的春秋战国时代无法看到2000年后的全球定位系统。正如维克托·迈尔·舍恩伯格在《大数据时代》中说的"大数据为我们提供的不是最终答案,只是参考答案,帮助是暂时的,而更好的方法和答案还在不久的未来。"

4.3　二维码,码上见

说到大数据,就不得不说大数据中的一个重要应用——二维码(图4.6)。二维码是什么?一千个人眼中有一千个二维码。小学生可能会说:二维码是我的健康码,学校门卫叔叔每天挨个检查。老爷爷可能会说:二维码是菜市场各摊位的收款码,老伴不会用智能手机,买菜任务就落在我身上了。中青年的回答应该会更全面:一码在手,衣食住行,万事无忧。

二维码,作为大数据中的一个重要应用,已深入人们生活工作的各个场景,也进入石油工业的若干环节中⋯⋯

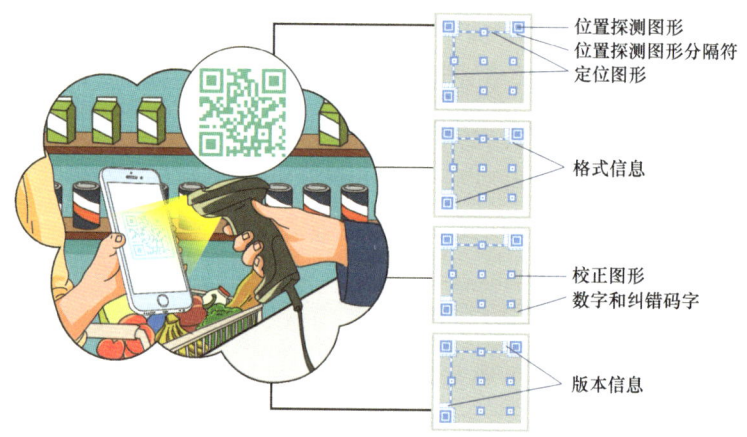

图 4.6 二维码示意图

二维码，厂区见

作为高危行业，石油工业的若干工作场所具有严格的管控要求。相较于以往核验身份证明、盖章材料等烦琐手续，如今，管理人员借助机器设备识读二维码（图 4.7），"一扫"即可做到心中有数——是否被允许出现在该作业区、能允许出现在什么区域、着装是否符合要求等，都能被明确检验到。一旦出现危急情况，通过扫码记录的信息了解人员分布、位置，能迅速做好安全撤离工作。

图 4.7 厂区身份识别

四 大数据

🔹 二维码，井场见

管理员给井口各类设备编码，把设备的名称、规格、参数、材质、批号、生产日期、维护厂商信息等相关数据都记录到对应的二维码内。等到维修或保养之时，维修人员不用翻看纸质材料或者到处询问情况，直接扫描二维码即可，井场管理真正实现了准确、高效（图4.8）。

🔹 二维码，仓库见

石油化工企业的物料管控是比较传统的，这容易拉低准确率和灵活度。比如，有一种用于机械设备的槽钢，由于产品规格、型号繁多，

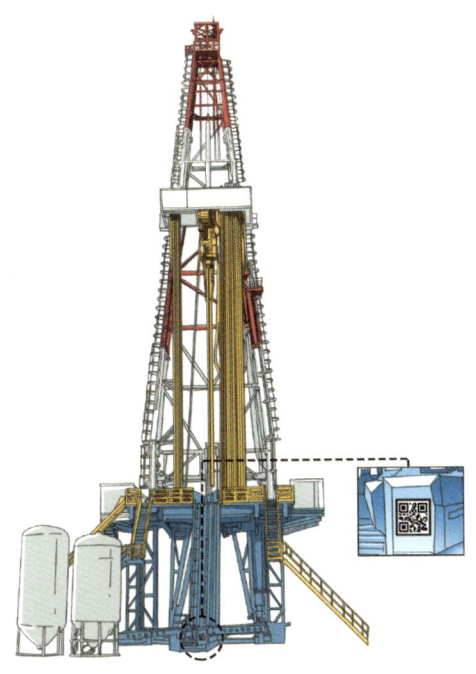

图4.8 井场设备识别

大家经常靠钢材表面的手写或喷漆标注来分辨品类，但在户外存储的槽钢饱受风吹、雨淋和长时间的日晒，表面的字迹常常掉色和模糊，工作人员总是费尽周折才能识别槽钢的"真身"、找到需要的品类，既耗时又误事。在大数据搭配云存储的"黄金时代"，喷码技术既能解决人工标记费时、不持久的问题，又能让产业链各环节对产品信息（批号/班次/生产日期）、流通信息实现全链溯源，分布在产业链上的海量数据汇聚到数据池，有权限的访问者可以不限时空地读取（图4.9）。如今，物料从采购入库开始就可以实现线上跟踪位置，管理人员在线动态掌握库房资料，灵活调配物资，减少了随意替换、遗漏等情况的发生。

二维码这种借鉴了0、1比特流概念的编码几何图形识别容易、成本低廉，能够实现信息获取、账号登录、网站跳转、广告推送、防伪溯源、优惠促销、会员管理、手机支付等一系列功能。它随处可见，电子购物、电子点菜、电子票务、电子表单、电子停车、电子签到……它悄悄地"攻城略地"，慢慢地钻进街头巷尾，不声不响地提升着人们的生活品质。

图 4.9 仓库材料识别

> **小贴士**
>
> 比特流（Bit Torrent）是一种内容分发协议，由布拉姆·科恩自主开发。它采用高效的软件分发系统和点对点技术共享大文件（如一部电影或其他视频），使每个用户像网络重新分配结点一样提供上传服务。一般地，下载服务器为每一个发出下载请求的用户提供下载服务，而比特流的工作方式则是分配器或文件的持有者将文件发送给其中一名用户，再由这名用户转发给其他用户，用户之间相互转发自己所拥有的文件部分，直到每个用户全部完成下载。这种方法可以使下载服务器同时处理多个大文件的下载请求，而无须占用大量带宽。

4.4 大数据诊断老油田

杂乱无序的海量数据被大数据技术"点石成金"。在数字油田的建设路上，大数据技术"扛起重任"，以一副新面孔来支持老油田发展。老油田的特点是油少、产值低，投资、产量、成本之间的矛盾大。可采储量减少，资产折耗上升，直接危及老油田的生存和发展。

油井量大面广，生产系统复杂，精益管理困难。中国石油现有采油井23.5万口，其中机采井23万口，同时年增1万多口；近10万名采油/作业人员，机采井生产管理工作庞杂；生产能耗巨大，2021年机采系统耗电111亿千瓦·时

四 大数据

（简称度，1度=1千瓦·时），机采系统用电约占油气生产业务总耗电量的39%，采油和作业成本占总操作成本的58%。换句话说，对于老油田来讲，真正能控制的，只有占成本四成左右的动力、维修、措施等费用，而这些又是油田正常运行的基本保障。大数据技术能不能缓解老油田的两难处境呢？

答案是肯定的。大数据不在"大"，而在"有用"。在石油石化企业的生产经营环节，充分利用自控系统和信息系统获取的数据，重新认识现有未开发或未利用的数据资产，持续挖掘规律和趋势，全面助力生产经营决策分析、策略调整，进而提质增效，必然会提升企业的核心竞争力。

大数据技术内功深厚，在数字油田的建设中频频出招，收效显著。

▶ 绝招一：一拳击中异常井

采油有"三怕"：一怕出现异常井，二怕出现异常井却未能及时发现，三怕发现异常井却找不到位置！

> **小贴士**
> 异常井现象是指油井单位时间的产量与历史记录存在较大差异、超出油井正常生产的波动范围，拉低产量。

为了防范这"三怕"，工作人员费心费力地监测油井，但是从遇到问题到解决问题始终存在延迟。有了大数据技术，则可以实时监测油田的当前生产数据，对比历史数据，并精准筛选出异常油井。

首先在井内部署传感器采集油井生产运行的数据。在区分出作业井、调开井、停用井、停电井和常关井的前提下，接收数据的系统实时监测着每一口油井。一旦数据异常，系统就会锁定异常井的位置并发出警报（图4.10）。

▶ 绝招二：管控宝典手中握

许多老油田地质条件和储层条件十分复杂，一些油井已经供液不足，还有一些油井甚至间歇出油。如果还是按图索骥、依照开采初期那样安排生产计划，一定会浪费人力、物力和财力。解决这类问题，传统方法是凭经验制订油井间采计划，但是这种计划不准确也不灵活。如今，大数据技术得以大显身手！

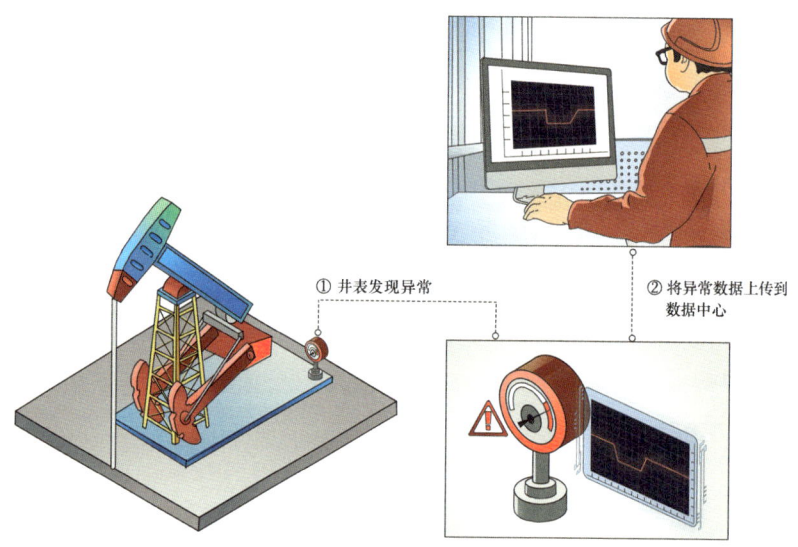

图4.10　油井诊断

大数据分析平台可对传感器采集的数据展开变量分析，通过因子分析找到影响间抽井的主要因素，再结合间抽井发生概率展开回归分析，得出历史趋势和初步模型，进而结合沉没度、动液面和液面上升速度等，预测未来发生间抽井的概率，预判科学合理的间抽井开关时间。另外，模型在不断训练之后得到优化，最终实现油井的自动化控制，从管控角度降本增效（图4.11）。

绝招三：智取"电老虎"

为了老油田的降本增效，工程师们绞尽脑汁。

华北油田采油一厂的西柳油田是砂岩油田，原油物性差、供液能力低，而且油井泵挂深、负荷大，耗电量是全厂平均水平的3倍。工程师采集到西柳油田100多口油水井的能耗数据，通过大数据技术分析发现，抽油机系统的效率跟耗电量呈现负相关，即系统效率升高、耗电量下降；又通过对比皮带、连杆、电动机等地面设备的效率和抽油泵、抽油杆、油管等地下设备的效率，惊讶地发现：1/3的抽油机井耗去了总电量的1/2，却只采到总量1/6的原油！

图4.11 油井管控

大数据通过海量采集、精准计量,发现了两项指标之间千丝万缕的联系,一举揪出藏在深处的"电老虎",迅速调整了抽油机参数之后,西柳油田的系统效率得以提高。得益于这一操作,采油一厂随后打了70口新井,却没多用一度电!

大数据技术给老油田注入了新活力。随着油田数字化、智能化进程的深入,异常监测将越来越灵敏,生产规划将越来越高效,成本能耗也将越来越低!

4.5 大数据与地震数据

地震能在刹那间摧毁一座城市。因为海底扩张和大陆漂移,地球的六大板块相互挤压碰撞,快速释放能量,就会产生地震波。从地下到地表,地震波一路越过重重阻碍、穿过不同岩层,较弱的地震波无法克服这些阻力,而较强的地震波则势如破竹、摧城拔寨,造成巨大损失乃至演变为灾难。

上述特指天然地震，如果把强震和弱震都算上，地球上每年发生大概 500 万次地震，不到 10 秒就会发生一次。地球物理勘探过程中还有一种地震，不是天然地震，而是为了透视地下油气藏使用的人工地震（图 4.12）。

> **小贴士**
>
> 人工地震是由爆破、核试验等人为因素引起的地面震动。在油气勘探领域，物探人员通过人工地震生成的数据，更精准地锁定石油、天然气的藏身之处。

作为观测类科学，地震学的理论研究离不开大量的观测数据。那么，物探人员如何获取人工地震的数据呢？

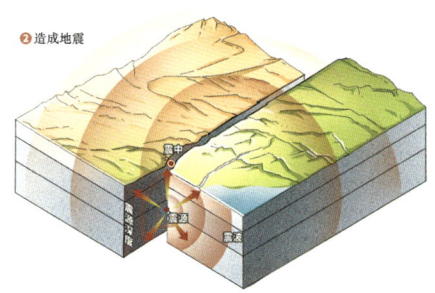

图 4.12 人工地震示意图

物探人员在地表以人工方法激发地震波，地震波随即向地下传播，途中遇到岩层分界面，会发生一系列的反射与折射，释放出一系列的地震信号。通过地震检波器、地震记录仪（或地震勘探仪器）捕捉到这些地震信号，经过物探人员的分析处理，就能轻松"揭示"深埋地下的地质构造，石油、天然气等资源的位置也就一目了然了（图 4.13）。

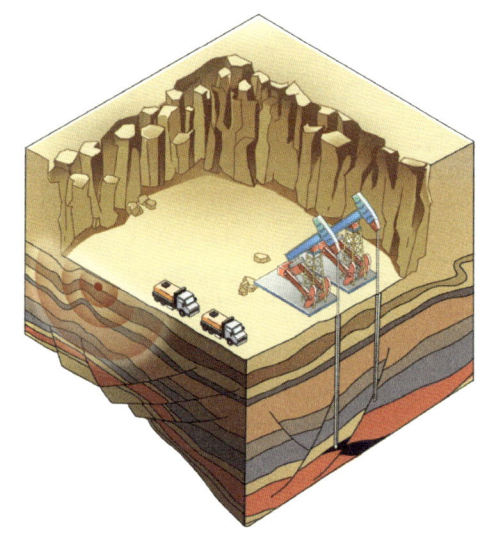

图 4.13 地震作业示意图

四 大数据

> **小贴士**
>
> 地震检波器是把传输到地面或水中的地震波转换成电信号的机电转换装置，是地震仪野外数据采集的关键部件。陆上地震勘探普遍使用电动式检波器，海上地震勘探普遍采用压电式检波器。
>
> 地震记录仪：亦称"地震记录器"，是指地震仪的记录部分，通常与地震仪放大器连为一体。按放大记录方法，可分为直接放大式地震记录仪和间接放大式地震记录仪。

物探装备正向大容量、轻便、有线/无线兼容的地震仪器，数字检波器，大吨位、宽频带可控震源发展，推动宽频带、宽方位和高密度地震数据采集和五维地震数据应用的发展，奠定了地震大数据＋人工智能技术应用的基础。石油物探数据涉及面积大、学科多，而且数据累积得越来越多。一块300平方千米的三维空间采集的数据量以T计量。那么，1T的数据有多大呢？如果以统一格式存储这1T的地震数据，那么一台电脑连续不断工作2.4小时可以读取完毕。只是数据往往不连续且格式复杂，读取就得消耗更多时间。

那么，如何储存石油物探的地震数据呢？用于石油物探的地震探测数据保存在磁带里，总量逐年累加，读取耗时逐年拉长，而宽频带、宽方位和高密度地震数据采集和五维地震数据应用等物探业务又要求"低时延"和"高效率"，设计合理的数据存储结构和共享方式迫在眉睫。

大数据解了燃眉之急。应用大数据的分布式存储技术（HDFS），将前面20T的数据分散存储在17万台计算机上，仅需1秒就能读取完毕（图4.14）。不过，地震数据也分"江湖地位"，访问频次越高，江湖地位越高，"管家Namenode"负责给数据"排资论辈"，安排到对应"房间"。

> **小贴士**
>
> 分布式存储技术：与目前常见的集中式存储技术不同，它是指通过网络使用企业中的每台机器上的磁盘空间，并把这些分散的存储资源构成一个虚拟的存储设备，让数据分散地存储在企业的各个角落，而不是将数据存储在某个或多个特定的节点上。

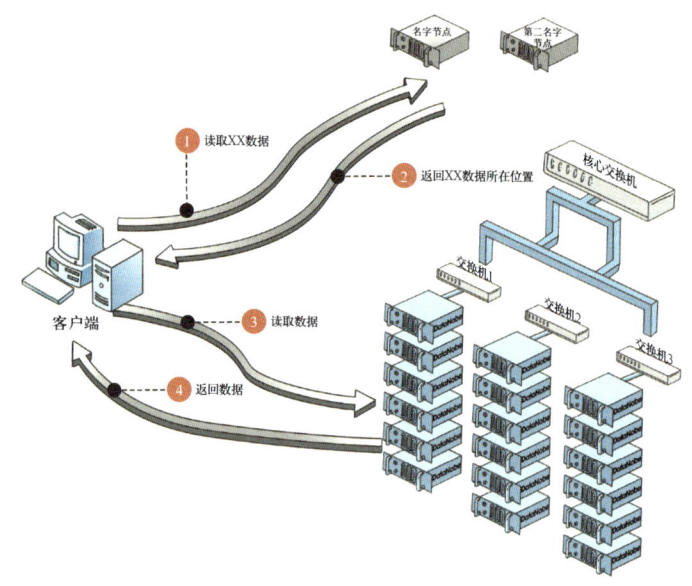

图4.14 地震数据的分布式存储

基础数据身份尊贵，会被安放在"贵宾室"——固态硬盘（SSD）中，读取速度快、耗电少、可靠性高，但造价相对高；运用于特定细分领域的数据只有特定的访客，它们被安置在"普通房"——通常为7200转的机械硬盘中，读取速度略慢于SSD，价格更低廉；那些年代过于久远、鲜有人拜访的数据则被安排在"地下室"——磁带和光盘中。

访客要拜访数据时，管家就把数据的门牌号——数据地址发送给访客。通过分布式存储技术，可以在较为低廉的普通硬件机器群上，两小时之内一次写入多次读取PB级的数据。PB级的数据量相当于连续播放2000年平均时长为4分钟的歌曲。

此外，地震数据来源各异、格式多样，在空间参考、时间尺度、存储记录等方面存在诸多差异，对分散地理空间数据进行集中管理和应用，就得联袂云和大数据。云存储把原来看得见、摸得着的机房和分布式计算等技术细节从台前拉到了幕后，为其披上了隐身衣，为多个用户提供访问共享存储池的能力。对于任何一个经授权的合法用户，云存储都是"黑箱"，用户无需了解系统是怎么构成的,也不需要了解系统怎么提供存储,却在任何地方都可以通过网络享用云端的数据和计算、分析等应用服务。云存储是未来地震大数据存储的发展方向,它将为敏捷的、打破空间限制的地震数据共享使用保驾护航。

4.6 对油气储量心中有数

油气是全球公认的宝藏,它们喜欢待在地壳上自然形成的"藏宝阁"中。这些"藏宝阁"具有统一的压力系统和油气水边界,科学名词叫"油气藏"。油气藏中的油气数量就是油气储量(图 4.15)。

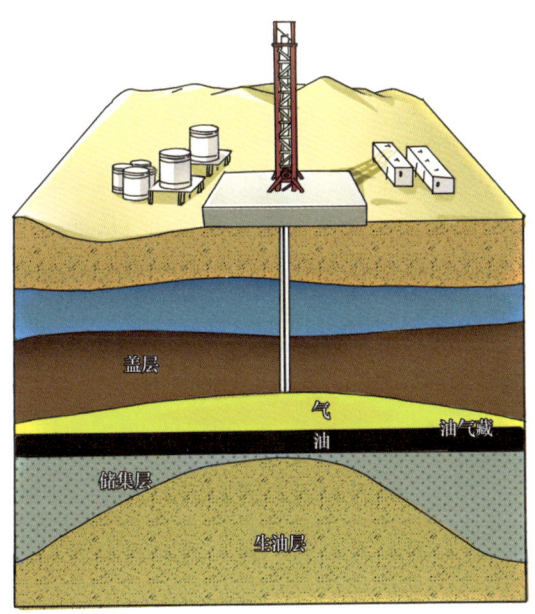

图 4.15　油气藏示意图

大数据能支持地质研究人员改进获知地质结构的工作效率,从而对储量做到心中有数。拿地层对比工作来讲,以前,研究人员费心费力地收集邻井各类数据,从档案室借阅纸质测井蓝图手工对图,根据标志层约束实现地质分层。现在，研究人员只需利用大数据分析就能选择出目标井，通过专业软件可以接收到包含井位坐标、邻井分层、测井等信息的数据包和连井测井曲线剖面，技术人员借助标志层和测井曲线旋回分析，就能完成地层对比，从而清楚地计算出地下储量分布。

全球能源短缺的根本原因不在于油气资源的匮乏，而在于快速准确获取油气资源能力的匮乏。在大数据时代，石油工业对数据的依赖程度非常高。石油公司持续挖掘和应用数据，结合分布式传感器、高速通信系统等监控调整远程作业，加上实时数据，精准预测产量和预警事故，进而实现新的油气增产。据统计，完全优化的"数字油田"至少提高了6%的采收率和8%的产量。为此，一些大型国际石油公司发力数字化建设，把积累的大数据应用经验推广到上中下游。据《油气经纬》（2017-08-30）报道，俄罗斯天然气工业股份公司的子公司俄气石油公司（Gazprom Neft）与IBM公司合作建成数据分析平台，把油气采收率提高了1.4%；而沙特阿美石油公司早已建立起数据中心管理油田运作。

负责"寻宝"的勘探人员如果想找到油气藏，光知道储量还不够，还得想方设法分析油气藏的构造和类型，确保把油和气从地下引出来。

油气藏的开发讲究"量体裁衣"。油气藏不同，适用的开发方式也可能不同，还关系着开发效果和经济利益。到底选哪种开发方式，是石油开发的大学问。油藏分析平台的出现，让这门大学问不再那么高深！油气业务的数据源以Excel、Las等非机构化数据为主，平台先收集整理开发静态、开发动态、开发试验等各类基础资料和前人研究成果，通过专业软件整理与补充数据，实现数字化与规范化，在计算整合、比对校核之后导入标准数据库，形成开发技术方案，方案实施产生新数据，平台再进一步分析。这虽然不是储量分析的职责，但能更好地把储存的石油开采出来，让油气储量产生效益。

随着油气储量的逐步减少，石油石化行业产业链中的勘探开发难度系数日益增大，大数据的深入应用必将为更精准地获取到地质储量助力，从而帮助优化各类勘探开发方案，为石油公司降本增效、降低勘探开发难度尽一份力量。

4.7 大炼化的"智商"哪里来？

汽车"喝掉"的汽油、机器"磨掉"的润滑油、公路铺掉的沥青，还有服装里的纤维面料、手套里的合成橡胶，甚至是购物用的塑料袋，全都源于石油。炼油（图 4.16）化工（炼化）企业如同魔术师，把黑乎乎的原油变成人们的生产生活必需品。

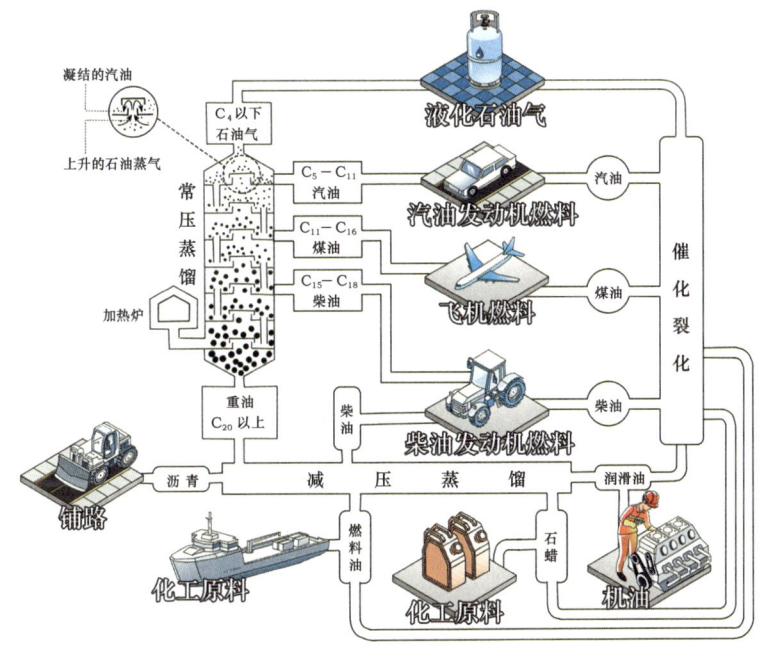

图 4.16 炼油工艺示意图

炼化企业这位"魔术师"紧跟时代、持续自我修炼，结合大数据技术把"智商"提高了一大截！物料采购、产品性能、设备运行、财务核算、员工出勤……炼化企业每一天都会生成大量数据。这些数据诞生于原料、中间产品、成品的物性分析等繁复的步骤里，汇聚一处，它们的格式有文档、图片、音视频等，在日积月累后，就形成了"魔术师"的"私人图书馆""知识后花园"，里面装满了"魔术宝典"。如果只是简单储存、偶尔查询，就是资源浪费。但是，炼化企业的环境复杂，数据质量参差不齐，这让"魔术宝典"有的清晰完整，有的缺页缺角，尤其是那些旧数据，它们如同从远古流传至今的典籍，需要耐心修复才能发挥作用。

通过大数据技术，炼化企业逐渐把这些来源复杂、格式多样、质量参差不齐的数据利用起来。这位"魔术师"不光可以快速阅览每本宝典，还可以发现不同宝典的关联，从而融会贯通、举一反三，挖掘出"新魔术"。换句话说，将炼化生产各个环节的数据连接起来，就能够揭示出更多的规律，"智慧"炼化使得提质增效不在话下。

炼化的过程存在多种物理、化学反应，任何一次产品优化都要多方考虑。比如，想为产品增产，就得从千丝万缕中找到关键指标，并且这个指标更改了会不会对其他造成影响也必须好好考虑。在导入大数据技术之前，这项工作是非常有难度的，需要花时间一点点摸排，一点点尝试，现在却可以一招制敌。

大数据可以从过往的海量数据中发现其中有用的联系，这些联系可能是我们之前根本没有想到的。随后，通过超强的计算能力，大数据平台用不同的模型计算出这些联系到底哪个是最关键的因素。这大大缩短了尝试的时间，准确率还更高了。举个简单的例子，我们经常强调"操作条件"很重要，那到底怎么重要呢？凭借经验我们可能想得到，操作条件应该会影响产品的产量和质量。但大数据测算出来发现，这还能影响工厂的运行、设备的寿命、生产的成本以及环保排放。这还不够，大数据还能清晰地告诉我们工厂的运行到底哪些地方具体受到影响，受到的影响还能排个名，比如某个设备出水口排第一，某个反应器排第二，等等。我们只要动动手指，大数据就帮我们瞬间搞定！

炼化企业的隐患排查是个大工程，传统方法是设置巡检岗位，耗费大量人力、物力和财力。现在，大数据技术通过设备的历史数据和运行规律，分析出不同工况下的潜在问题，据此预测检修时间。出现突发情况之时，大数据技术还能通过实时监测数据快速锁定事故地点，及时采取应对措施。

现在智能炼化企业的智能实时诊断已经初具规模，总的来讲分为三步走。

第一步，仪表设备实时监测。炼化企业中设备的控制阀在生产过程中起到至关重要的作用，一旦出了差错将造成不可估量的损失。现在给每个控制阀上加一个诊断软件，就好比安排了一位"主治医生"，全天守在控制阀身边，不光实时监测它的运行情况，一有问题立刻发出警报，还能给出维护、维修的建议，预防"疾病"的产生。例如，某炼油厂建立覆盖全厂 430 台套设备的智能机电仪管理平台（图 4.17），实现设备在线监测、不间断智能巡检、故障诊断、预知性维修和技术在线分析。该系统的设备在线监测故障识别率达 95%～99%，可提前两到三周发现设备潜在故障，将设备的可靠性提高 20% 以上。该系统还具有自学习功能，可依托自身检测数据建立庞大的数据特征库。

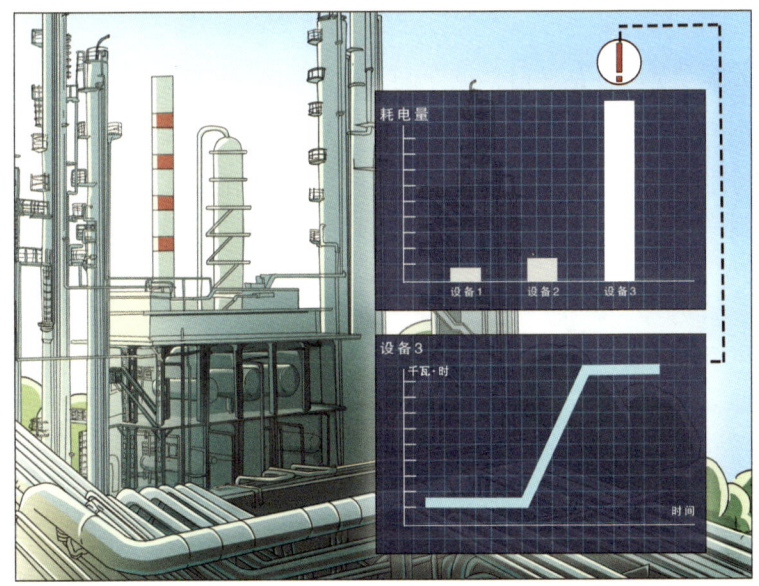

图 4.17　智能机电仪管理平台

第二步，无线专家诊断系统（图 4.18）。如果说仪器仪表实时监测是"主治医生"，那么这里的系统就是专家名医会诊了。大数据汇聚了各种针对疑难杂症的治疗方案，遇到更困难的问题时，立刻启动无线专家诊断系统调取方案，最大程度上保障炼化企业安全平稳地运行。

图 4.18 无线专家诊断系统

第三步，无线巡检实时反馈（图 4.19）。生产操作人员和维护人员每天定时巡查一下，再采集一遍数据，确保万无一失！例如，某炼油厂建立智能辅助巡检路线，巡检人员借助三维数字化平台，可随时随地调取现场高清实景，查询异常参数的相关历史数据并实时报警，有效提高了生产运行的受控管理水平。

图 4.19 无线巡检

平时有"主治医生"全天候监测,后边有专家系统随时提供治疗方案,定点还有人工巡逻,这样的安全保障是不是很让人安心?

在炼化企业,生产管理是一个很有挑战性的工作。市场的变化、原料的供应、设备的状态、人员的调配等错综复杂,单凭管理者的个人经验做决策可能放大管控风险。大数据技术擅长整合分析,拓宽了管理的广度,让管理者有了"千里眼"和"顺风耳",助力管理者制订精准高效的管理计划。

大数据平台实时监测工厂的设备运行,一有风吹草动就立刻拉响警报。当然,警报也分级别,严重的立刻就有响应,各种智能系统齐上阵,不解决誓不罢休;但那些非常轻微的,很可能暂时被忽略了。这个时候,大数据还能发挥一个很大的作用,那就是"告状"。如果发过警报的小问题当时被各种原因忽略了,超过一定的时限,系统就要给管理人员发信息。要是还没反应,就会一层层往上"告状"了!毕竟对于一个炼化企业来讲,再小的问题都不能拖着,不然都可能是日后的隐患。

除了"告状",大数据平台由于记录处理了非常多的数据,还能给管理者提供很多信息。比如哪个厂区的故障处理最及时,哪个厂区的生产质量最高,哪个厂区员工的出勤率最高,等等,便于让管理者适当进行奖惩安排。

另外,大数据平台还能观测各种原材料的市场情况,结合库存数量,在合适的时候提出采购建议,保障工厂在较低成本下平稳运行。当设备快到使用年限的时候,系统还能提前下单,避免出现老设备下岗了、新设备还遥遥无期的尴尬局面。

炼化企业这位"魔术师"的自我修炼不会停止,它从大数据中汲取营养,不断提升智慧化生产能力,让石油产品成就一个更加千姿百态的世界!

4.8 安全储运,数据先行

从油田到炼化企业,油气怎么运过去呢?

在我国960万平方千米的沃土下,埋藏着一座"地下长城",长达14.4

万千米,而且它一直在延伸。预计十年之内,新增加的主干线和支线长度可能再绕地球一到两圈。这座"地下长城"就是油气管道,是它将油和气从油田送到炼化企业。油气管道跨越江河、穿过大漠,蔓延神州大地,供养着14亿国人的生产生活。

别看油气管道埋在地下默默无闻,它可是一个天然的暴脾气,稍有不慎就会出现重大的事故。据不完全统计,2003年至2016年年底,中国城镇发生天然气管道安全事故119起,影响范围波及67个市县。以上数据暴露出油气管道这座"地下长城"存在安全隐患和环境风险。

在油气管道运行的各个环节引入大数据战略,可有效规避传统方法中潜藏的风险(图4.20)。

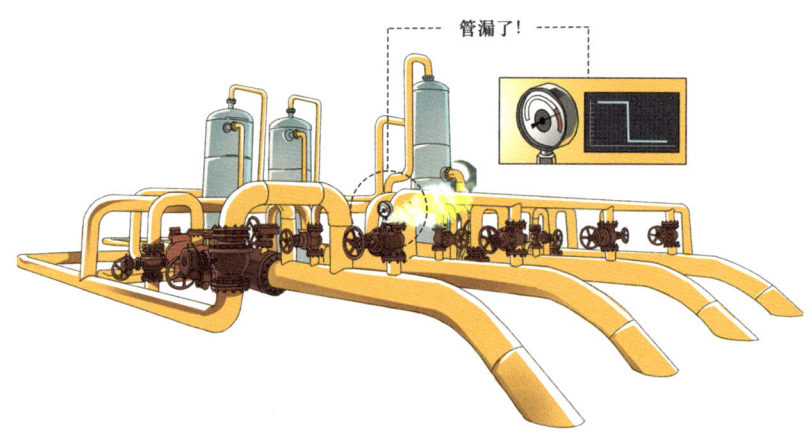

图 4.20 油气长输管道

在对油气管道相关的海量数据的采集、管理、分析和呈现过程中,大数据技术可谓一个有力的工具,能明察秋毫,及时发现问题。大数据技术配合传感器和移动设备能够随时采集油气运输系统中的原始数据。

数据采集好了,需要好好管理。常用的数据管理有抽取技术、清洗技术和存储技术。数据抽取技术类似于草莓的品质分类处理,打算做成果酱的草莓得是甜度稍高,打算做成果盘的草莓可以提前切好形状,即把数据处理或

四 大数据

转化为用户需要的结构，方便其分析使用。数据清洗技术类似于把坏掉的、未成熟的草莓挑拣出来，也就是过滤错误信息或异常信息，保证后续数据分析的准确性。数据存储技术类似于把处理好的草莓放到密封罐、保鲜柜里保存，想吃时就直接拿出来；对于油气管道而言，即存储保管经过处理筛选的数据，方便后续访问或重复利用。

管好数据是为了更好地分析数据。正如借助仪器分析草莓成分，总结出草莓的甜度、含水量、维生素C含量等，高血糖患者就可以直接查看成分表，能不能吃一目了然。对应到油气管道上，就是借助数据分析技术挖掘信息，常用的数据分析技术有布隆过滤器、散列法、索引、并行计算等。最后再通过数据呈现技术简洁直观地展现分析结论。

> **小贴士**
>
> 布隆过滤器（Bloom Filter）是1970年由布隆提出的。它实际上是一个很长的二进制向量和一系列随机映射函数。布隆过滤器可以用于检索一个元素是否在一个集合中。它的优点是空间效率和查询时间都比一般的算法要好得多，缺点是有一定的误识别率和删除困难。
>
> 散列法（Hashing）或哈希法是一种将字符组成的字符串转换为固定长度（一般是更短长度）的数值或索引值的方法。由于通过更短的哈希值比用原始值进行数据库搜索更快，这种方法一般用来在数据库中建立索引并进行搜索，同时还用在各种解密算法中。

我国已经形成了多元化、网络化、集约化的油气管网运行格局。油气管道运输作为特殊的资源运行行业，极具危险性和风险性。而在大管网的油气管道格局下，对可靠性、安全性有着近乎百分之百的指标要求。为此，在油气管道运行过程中，迫切需要大数据技术全面采集与监控系统信息，保证工作人员在最短时间获取内部生成的动态信息，通过分析与解读，迅速做出判断和决策。

安全储运，数据先行。一般在线路截断阀和站场工艺设备上安装大量的传感器和数据变送器，实时监视输送介质的流量、压力、温度等工况，并按照一定的规约实时采集运行中的每个参数。再借助人工智能技术，以及布隆过滤器、散列法、索引、并行计算等其他技术分析运行指标所需的数据，同时通过大数据人工智能解读技术，把监控系统与控制系统相结合，寻找数据的关联性。

关联数据往往具有隐蔽性，却常常关系到油气管道能否安全运行。例如，某输气管道有个监视阀室的截断阀门发生泄漏事故，可管理人员并未监视到预警信息，难以追溯事故原因。后来才发现，与阀门数据相邻的下游监视阀室的压力曲线出现了异常数据；如果当时能够及时收集分析这些关联数据，对比正常情况与异常情况，就可以发现潜藏的风险了。大数据可以为油气的安全储运提供有力的支撑。

4.9　ERP 离不开大数据

说到企业经营，就不得不提到 ERP。ERP 的英文全称是 Enterprise Resource Planning，中文名是企业资源计划，是一种全球领先的企业管理模式，即把企业现有资源信息化，实现降本增效。

追溯起来，ERP 有一部发展史。20 世纪 40 年代，计算机系统尚未出现，为了解决库存控制问题，有人提出订货点库存控制法——别等到原料用光才订货，库存量降到订货点就下订单。如此一来，库存告急之前正好到货，互不耽误。这一主张极具开创性。后来出现的计算机系统让大量数据的短时间复杂运算成为可能，就此催生了基本物料需求计划——MRP Ⅰ、迭代出 MRP Ⅱ。20 世纪 90 年代初，美国一家公司提出整合企业内部和外部资源，在 MRP 基础上延伸出 ERP。ERP 既是软件更是管理思想，它把企业的人、财、物、产、供销及相应的物流、信息流、资金流、管理流、增值流等汇集一处，实现资源优化和共享（图 4.21）。

> **小贴士**
>
> ERP 即企业资源计划（Enterprise Resource Planning）是建立在信息技术的基础上，利用现代企业的先进管理思想，为企业提供决策、计划、控制与经营企业债评估的全方位、系统化的管理平台。它集成了企业管理的各方面功能（除销售、生产、财务外，还包括质量管理、人力资源管理、设备维修管理、项目管理等），是以财务管理为中心的企业管理信息系统。
>
> MRP 即物料需求计划（Material Requirements Planning）理论，主张企业内部信息共享，形成一个集采购、库存、生产、销售、财务、工程技术等为一体的企业经营生产管理信息系统。

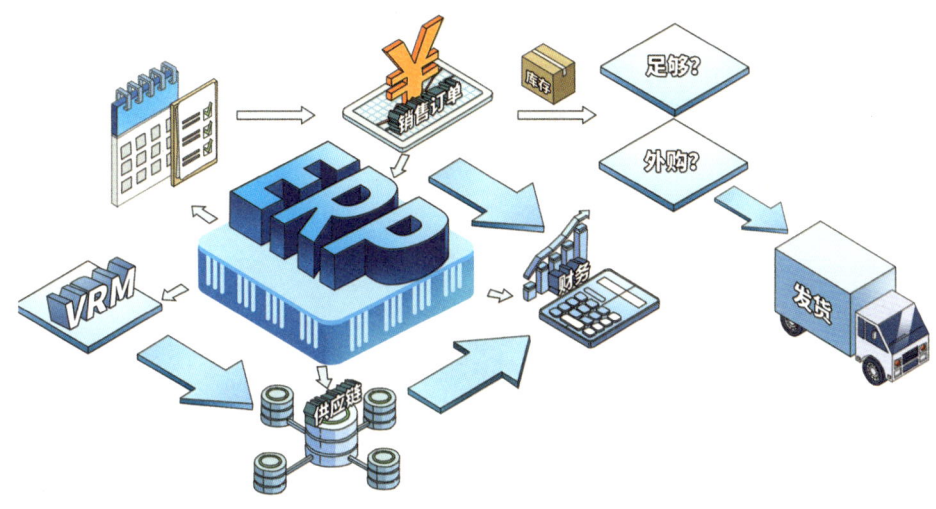

图 4.21　ERP 示意图

石油企业引入 ERP 之后，各部门在同一平台上协同工作，实时监控着成本控制与计划执行，实现了物流、资金流和信息流"三流合一"，管控模式"鲜活"了起来——业务流程规范了，数据标准统一了，管控力度强化了，管理理念提升了，整体效率和效益也跟着提高了。多国石油公司的应用实践证明，借助 ERP 系统实现了人力资源管理信息化，简化了工资标准调整、工资晋档等业务流程，控制了成本投入，优化了管理冗余，增强了企业文化的宣传和建设。国内某家石油公司在试点实施 ERP 系统后，设置了财务会计（FI）、成本控制（CO）、物料管理（MM）、销售分销（SD）、项目管理（PS）等功能模块，使得公司物资管理精细化程度更高，成本统计更加精确，项目管理更加细致，物资供应更加及时，全面提升了管理效率，加强了全局把控。

油气企业资产雄厚、人员密集、技术种类繁多，这些年陆续铺开 ERP 系统，形成了巨量的数据库。如果需要，还可以追溯到所有业务操作，但是这一数据库没有很好地实现数据挖掘和数据分析，因为传统的数据分析方法无法应付油气企业的海量数据。

《信息周刊》杂志曾经报道，"多数公司往往只能分析 12% 的数据"。大数据技术的出现，让剩下88%的数据有了"重见天日"的机会。大数据用得越好，意味着ERP的潜力可被开发得更多，进而实现业务流程监控、薄弱环节管理、企业未来预测等，提升企业的管理水平（图4.22）。那么，大数据如何帮助ERP打好这套"组合拳"呢？

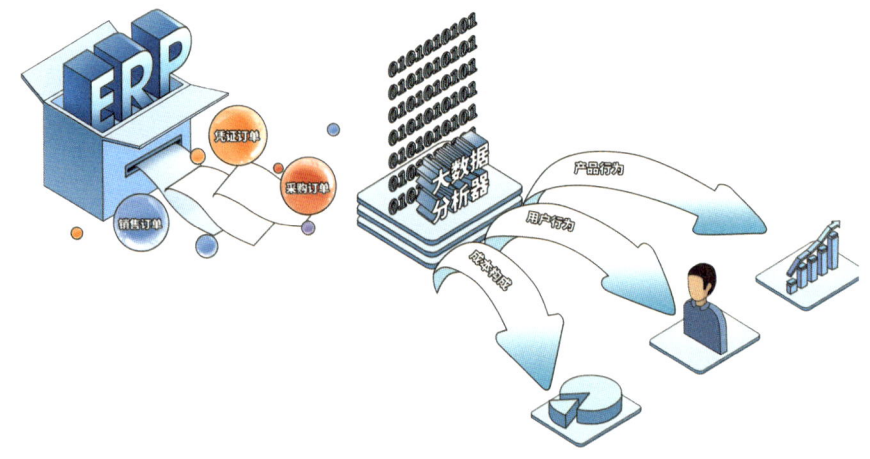

图4.22　ERP与大数据分析

招式一：大数据助力ERP数据分析。ERP中记录的数据类型多样，除去日积月累的业务数据，还有用户行为数据等，它们蕴藏着大量信息。不同类型数据之间的关联具有隐蔽性，传统的数据分析"看不见"，大数据技术却能"看得清"，还能建模分析，以更直观的图文形式展现结论。

招式二：大数据+ERP的用户分析。ERP记录的用户行为数据可以反映用户活动规律。通过对用户登录日志、操作日志和权限配置等数据的组合分析，了解用户的工作状态，找出工作中的薄弱环节，掌握工作链条中的岗位情况，合理安排工作计划，提升管理效率。

招式三：大数据评选优秀ERP用户。企业ERP的运行投入巨大，想要发挥其价值，需要员工"走心"配合。ERP涉及的业务多、用户量大，挖掘优质用户会提升ERP的整体应用水平。大数据技术提取业务人员在ERP中的操作记录，可从业务处理量、准确性、响应时间三个指标综合分析，选取

优秀用户树立标杆,还能针对频发问题展开培训和管理。

想要发挥 ERP 的最大价值、用好这套经营管理的辅助工具,企业必须先有一套先进、完整的经营流程,让 ERP 把各部门各环节的分散流程有机串联起来。适逢数据爆发、资源爆棚的时代,为了整合数据和资源而生的 ERP 更彰显出其价值所在。随着石油企业数字化、智能化的不断加深,海量的数据和资源会"活"起来,ERP 也会随之翻腾出漂亮的浪花。

4.10　杂而不乱、大而有形的大数据分析平台

要让大数据在找油、炼油、运油过程中发挥效果,大数据分析平台是必不可少的。如同哆啦 A 梦的口袋,大数据分析平台中装着数不清的文本、图片、音视频等数据。作为石油企业的数据能力中心,大数据分析平台集聚了生产、运营、销售、管理和系统运行的全套数据,按照标签分类归档。授权访客可以打开"哆啦 A 梦口袋"找到所需数据,这些数据经过内置算法和模型转换,会以报告或图表等直观形式展现给访客。

石油企业业务构成极为复杂,既有各类监控设备通过物联网采集的实时动态数据,也有各类生产经营形成的过程数据,还有科研等诸多环节形成的研究数据,等等。每个环节的数据,尽管信息化程度不一,却都颇具规模,如百川汇海一般累积了海量数据。

这时候问题来了,"各条河流"的数据成分、规格有别,如有某个项目需要多个数据源,就会难以协同。例如,为了提升客户黏性,客户关系部门想知道近几年的大客户名单,而某些下属企业在全国各个区域均有办事处,各个办事处又与某些大客户均有业务往来。如果想按销售额降序统计出一个客户名单,就得向每个区域的销售部门索要数据,再经过风控、合规、总部领导和地区领导层层审批,终于拿到了全部数据;一通分析之后,发现计划赶不上变化,潜在大客户已经跑去和别人签合同了!

图 4.23 "马铃薯"的不同称谓

假如上述场景没那么多波折、即刻拿到了数据，但是各个区域的数据质量参差不齐、标准不统一，有的区域用纳税识别号标记客户，有的区域用企业全称标记客户，还有的区域用简称标记客户，甚至有的区域给每个客户设置了唯一识别码。数据量少，还可以对对看；要是以万计或百万计，光是建立各个区域客户名称之间的映射关系就能让你如坠云雾。简而言之，马铃薯在华北叫山药蛋，在东北叫土豆，在江浙叫洋番芋，在广东叫薯仔……要统计马铃薯的全国销售额，你得是个"方言"专家，先把"多重身份"的马铃薯名称统一才能开展后续分析（图 4.23）。

即便上述问题都不存在，直接拿到了高质量的数据，还得挑战数据建模、数据训练。Excel、Matlab、Python 等建模软件各有千秋，可根据数据类型选择适当软件。不过无论选谁，数据量太大了，建模效率就低了，从白天跑到黑夜的"数据马拉松"每天都在上演。这时，数据部门可以要求升级处理器。只是一个部门升级尚可应付，所有数据部门都要升级就比较复杂。一是要有充足的资金支持；二是重复建设不经济，万一升了级却只是间歇性数据分析需求高，淡季拿着"起重机吊鸡毛"难免大材小用。

可喜的是大数据分析平台化解决了上述问题，它把形态各异的企业底层数据清洗和转化，统一为标准格式，汇入一个池子，并登记好它们的身份信息、按规则把它们安置到适合的存储设备中，授权访客可以自由访问。这么一来，无论是华北的山药蛋、东北的土豆、江浙的洋番芋、广东的薯仔，在池子里相遇后，就都叫马铃薯了。

四 大数据

大数据的分布式存储和分布式计算技术加速了海量数据的读取和处理。以往是一台主机记忆和背诵全部数据,现在是多台主机各自记忆和背诵一部分;原来要建立一个模型,一个处理器计算上百万条数据,现在多个处理器分别计算一点儿,最后把结果整合在一起。记录、背诵、计算和处理的难度降低了,速度就快了,可谓"众人拾柴火焰高"。

因为内置了报表、看板等通用分析展现模型,大数据分析平台的数据可视化效果好,对于常用报表,访客只要一键点击"抄作业"即可。而对于高阶的分析需求,数据专家在统一环境下建模分析,然后在前端可视化展示。"人人都是分析师"不再是一句口号。

大数据分析平台把这种快速读取数据、处理数据的能力共享给了所有人。从此,各部门不必再申请升级自建处理器,只要通过统一入口进入平台,就可以共享池内数据和算能算力。

有了以上特性,在勘探与生产领域,油气公司可以实时监测油气井传感数据,及时发现异常及时调整;在炼油与化工领域,运用数学模型管理工厂数据从而优化生产过程;在工程建设和工程技术领域,借助大数据分析平台汇聚的传感器数据对设备全生命周期进行预见性维护;在销售和客户关系管理等业务领域,可以联动生产数据、销售数据、现金流流转数据等优化客户管理、借贷融资策略和成本管理等。充分发挥数据的"灯塔"作用,为油气公司在全球市场乘风破浪指明方向。

通过大数据分析平台,让石油企业的数据杂而不乱、大而有形,从而更好地支持生产和经营。

五　物联网

　　物联网是通过信息传感设备，按照约定的协议，把任何物品与互联网连接起来，进行信息交换和通信，以实现智能化识别、定位、跟踪、监控和管理的一种网络。物联网就是"物物相连的互联网"。人体有多种触角，可以帮助人们感知世界、认识世界。而物联网通过连通万物形成了独特的"身体"，并以数据传输的方式实现了人与物品及物品之间信息的交换和通信。进入信息技术时代，智慧油田建设、油气销售网络、炼化装置的运行，都离不开神奇的物联网。

5.1 万物互联，网罗万物

早在远古时代，人类便寄希望于依靠巫术和宗教来与世界万物相沟通，这种试图与万物互联的体验需求已经早早根植于人类的基因。在现代社会，这一需求已可以在科学技术的辅助和人类的无限想象下成为可能。计算机带来了数字世界，互联网带来了网络世界，而物联网作为信息产业发展的第三次浪潮，使得万物互联、万物互动。"万物互联，网罗万物"的时代正势不可挡地滚滚而来。

那么物联网到底是什么呢？物联网（Internet of Things, IoT）是指通过信息传感设备，按照约定的协议，把任何物品与互联网连接起来，进行信息交换和通信，以实现智能化识别、定位、跟踪、监控和管理的一种网络。简单来说就是物物相连的互联网，它是在互联网基础上延伸和扩展的一种网络。对比人类个体的感知能力，物联网好比一个从感知到神经的网络。我们人类的眼睛能看到外界事物的状态，耳朵能够听到声音，鼻子能够闻到气味，嘴巴能够品味出酸甜苦辣，手能感觉到环境的冷热干湿。眼、耳、鼻、口、手感知到的信息通过人类身体的神经网络传输到大脑的神经中枢，神经中枢对接收到的信息进行判断，然后形成相应的反应和决策。

物联网的架构分为三层，即感知层、网络层和应用层（图5.1）。感知层实现对物理世界的智能感知识别、信息采集处理和自动控制，并通过通信模块将物理实体连接到网络层和应用层。感知层是物联网识别物体、采集信息的来源，类似于人类的眼、耳、鼻、口、手感知层。感知层解决的是人类世界和物理世界的数据获取问题，获取的方式主要是各类传感器，涉及的关键技术主要包含传感器、芯片、无线模组、射频识别（RFID）、紫蜂（ZigBee）等。

类似于人类身体的神经网络，网络层主要实现信息的传递、路由和控制，包括延伸网、接入网和核心网。网络层可依托公众电信网和互联网，也可以依托行业专用通信网络。网络层是整个物联网的中枢，网络层解决的是传递感知层获取的信息。传输技术主要包括有线传输技术（光纤接入、以

五 物联网

> **小贴士**
>
> RFID 一般指射频识别技术。RFID（射频识别）是 Radio Frequency Identification 的缩写。其原理为阅读器与标签之间进行非接触式的数据通信，达到识别目标的目的。
>
> ZigBee，也称紫蜂，是一种低速短距离传输的无线网上协议，主要特点有低速、低耗电、低成本，可支持大量网上节点，复杂度低，快速、可靠、安全。

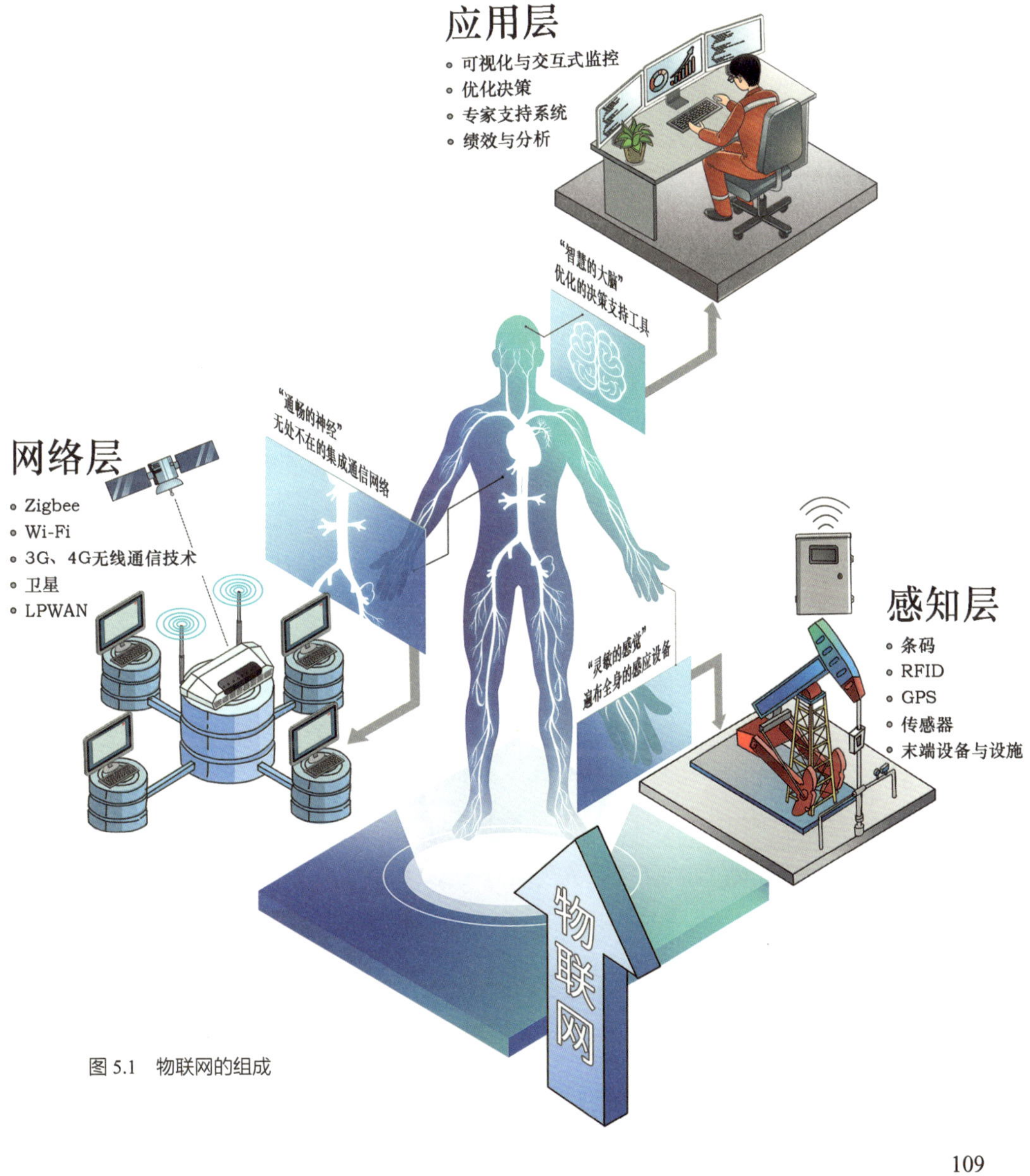

应用层
- 可视化与交互式监控
- 优化决策
- 专家支持系统
- 绩效与分析

"智慧的大脑"
优化的决策支持工具

"通畅的神经"
无处不在的集成通信网络

网络层
- Zigbee
- Wi-Fi
- 3G、4G无线通信技术
- 卫星
- LPWAN

"灵敏的感觉"
遍布全身的感应设备

感知层
- 条码
- RFID
- GPS
- 传感器
- 末端设备与设施

物联网

图 5.1　物联网的组成

109

太网接入、卫星接入等）、无线传感器网络技术、低功耗广域网技术（NB-IoT、LoRa）、移动互联网技术（3G、4G、5G）等。

应用层包括应用基础设施/中间件和各种物联网应用。应用基础设施/中间件为物联网应用提供信息处理、计算等通用基础服务设施、能力及资源调用接口，以此为基础实现物联网在众多领域的各种应用。应用层是物联网和用户的接口，它与行业需求结合，实现物联网的智能应用。由网络层传输来的数据在这一层进入各类信息系统进行处理，并通过各种设备与人进行交互。应用层解决的是信息处理和人机界面的问题。对应到人类身体的话，应用层相当于大脑中枢。应用层技术主要包括云计算、大数据、区块链、边缘计算、人工智能等。

随着物联网理论及技术渐趋完善，几个发展趋势已经初步显现。主要表现在：一是传感器、芯片、存储器等硬件越来越微型化，给物联网的产品部署带来极大便利，能耗也显著降低，同时成本持续下降，低成本及低功耗的硬件成为物联网生态发展的重要驱动力；二是5G网络在速率、稳定性、时延等方面能够满足万物互联的场景要求，即无处不在的连接和在线服务，未来5G的大规模应用能够支撑物联网的发展；三是云计算、大数据、人工智能等技术的广泛运用支撑物联网平台的建设，基于云计算架构的物联网平台在大数据采集、分析和处理方面具备天然优势。

物是世界一切的事物，网是世界一切信息环境所承载的网络，连接起来以后，可以看到一边是实体空间，一边是虚拟空间，由此人类进入一个更加深入智能的时代。自动售卖机、红外感应自动开门、智能电表/水表、手机路线导航、运程问诊、家用摄像头……这些都是物联网在日常生活中的应用。通过"感知、传输、联网、计算、应用"的数字化、网络化、智能化改造，"物"变得可视可感，使得跨界无处不在，无界成为常态。"万物互联，网罗万物"的时代已经到来！当网络无处不在、智能传感器可以嵌入任何设备中，通过"一张连接万物的网络"，在不久的将来必会颠覆性地改变人们的生产和生活方式。

5.2 自动化是最早的物联网应用

在石油工业领域中,首先使用自动化技术的就是自动计量,也就是仪表自动化。随着科技的进步和工业的不断发展,社会生产对能源的需求,尤其是石油资源的需求不断增多,也对石油生产中的计量工作提出了更可靠、更准确的要求。过去,数据采集通常使用手动、人工读数的方式,这种方式精度差,速度慢,工人的工作强度大,不能满足现代工业生产需求对于数据采集系统的要求。尤其是在沙漠、戈壁滩、无人区等地带,油气井数量多,分布地广,管理困难,每口井数据都采集,需要石油工人每天乘车巡井 1～2 次前往井口手动记录采集数据,耗费大量人力物力。

油田自动化早已摆脱了传统的自动化模式,由早期的仪表自动化发展为以微电子学为基础,集微电子技术、电力电子技术、计算机技术和网络通信技术于一体的新一代自动化,进入大量应用可编程控制系统、集散控制系统以及数据采集与监视控制系统

> **小贴士**
>
> 自动化就是指机器或装置在无人干预的情况下按规定的程序或指令自动地进行操作或运行,在物联网概念诞生以前,石油行业已经尝试广泛地使用自动化技术。
>
> SCADA 是在管道工程普遍使用的一种技术,全称是数据采集与监视控制系统。SCADA 以计算机为基础,自动进行生产过程控制与调度,可以对现场运行设备进行监视和控制。

(Supervisory Control And Data Acquisition,SCADA)时期。自动化油气井采用前端仪器仪表、远程终端单元(Remote Terminal Unit,RTU)、可编程逻辑控制器(Programmable Logic Controller,PLC)等采集设备,通过光纤、无线网络等网络技术将每口井所需采集的电流、电压等示功图数据传输到采集监控子系统中,通过 SCADA 工控平台,建成以井区或接转站为中心的远程监控点,实现对上游无人值守站的远程监控从而实现所有井的统一化管理,通过前线调度指挥室,检测所有油气井的运行状态。

20 世纪 90 年代,分散控制系统(Distributed Control System,DCS)的功能越来越强,工作效率越来越高。随着通信技术的发展,SCADA 越来越多地用于油田的生产控制与管理。进入 21 世纪后,各油公司的 SCADA 应

用越来越普及。目前国际石油公司基本上都实现了生产数据的自动收集、处理、计量，并在此基础上进一步发展形成生产自动预警、生产装置自动监控、支持生产指挥决策。

国内油气田数字化建设大致分为三个阶段（图 5.2）：

图 5.2　油气田数字化发展的三个阶段

自动化阶段（1990—1999）。从传统的油气生产组织方式依靠人工巡井、生产方式以手工操作为主到实现井口、处理站生产数据监测及流程控制，各部分独立运行阶段。此阶段国内油田还处于 DCS 和 SCADA 时代，物联网技术应用较少，DCS 和 SCADA 系统属于工控级的系统，多数只对生产装置关键部位进行数据自动采集，在场站范围内实现了生产装置的监控管理，但无法实现跨区域、跨网段的远程监控管理。

数字化阶段（1999—2010）。与信息管理系统相结合，实现各自动控制系统的数据集中管理。由初期的人工巡检和经验分析，发展到目前的自动采集＋自动预警＋智能分析，从而改变了原有生产模式，现场作业转变为无人值守，日常巡检转变为故障巡检，为油田进一步集中管理、简化管理层级、整合资源、优化管理提供技术手段。

平台建设阶段（2010 年至今）。实现各自动化系统互联互通及油气生产数据的综合分析，实现油田生产的全面感知，实现油气生产管理由事后处理向事前预测、由分级分析向协同处理发展、由经验管理向科学决策发展的转变。

 五 物联网

油田及其原油外输管道过程控制就采用了先进可靠的 SCADA 系统，其中心处理设施、油田生产设施和外输泵站采用 PLC 实施过程控制，同时配备基于 PLC 的紧急关断系统（ESD）用来保护工艺设备和人身安全、保护环境，减少和避免事故发生。

目前很多石油公司建立应用全球远程通信和控制系统来监视、控制和优化油田现场作业的实时操作中心，利用信息技术来进行实时数据管理、设备自动化控制和优化生产，利用物联网、云计算、大数据等信息化技术将传统"业务模式"驱动下的油田转变为用数据说话的智能油田还需要继续探索才能完全实现。

5.3　物联网：智慧油田的感官系统

在智慧油田的建设中，物联网是先锋力量。

在每天能出千吨油的试油现场、油井现场、集输油气的处理站……作业人员通过监控室的大屏幕，能看到所有油井的位置、压力动态更新以及正钻进过程的井的钻井进尺、钻井液密度、钻速等施工数据，其中打井深度曲线每分钟就可以更新一次，并通过不同颜色来标识井的状态。监控室的动态都是通过物联网传递的数据更新的。

物联网让油田活起来，让油田的生产状态清晰可见。无论是一线员工，还是科研院所人员、管理决策人员等油田员工，打开电脑或手持终端就能轻松地人人都像专家一样高质量完成岗位工作。油田生产组织管理更精简、更高效、更安全，成本控制更轻松，效益更好。

油田的高级进阶是智慧油田。智慧油田有这几个关键词：全面感知、集成协同、预警预测、无人化、分析优化、组织管理机构重塑。也就是说，智慧油田是能够全面感知的油田、能够自动操控的油田、能够预测趋势的油田、能够优化决策的油田和能够持续推进组织管理结构重塑升级的油田。

数字西南视频

物联网是智慧油田的基础，智慧油田建设是个庞大的系统工程。要实现智慧油田首先要减少现场数据的人工录入，这主要靠的是物联网技术，把油田涵盖的油藏、井、小型站库、大型处理站等各类需要的现场数据通过各种传感设备变眼睛看、手工录为自动感知进行实时采集，然后通过各类适宜的网络接入，将实时数据通过网络传递到油田的监控中心服务器内去发挥它们被了解、分析、研究等各项用途，充分释放原始信息的利用和加工价值。

物联网的重要基础是网络。网络分三段：第一段单个或多个井场之间、小型站场之间的短距离传输网；第二段从短距离传输网到集中办公区之间的生产网；第三段是从各集中办公区到油田管理区乃至到集团公司总部的办公网（图5.3）。

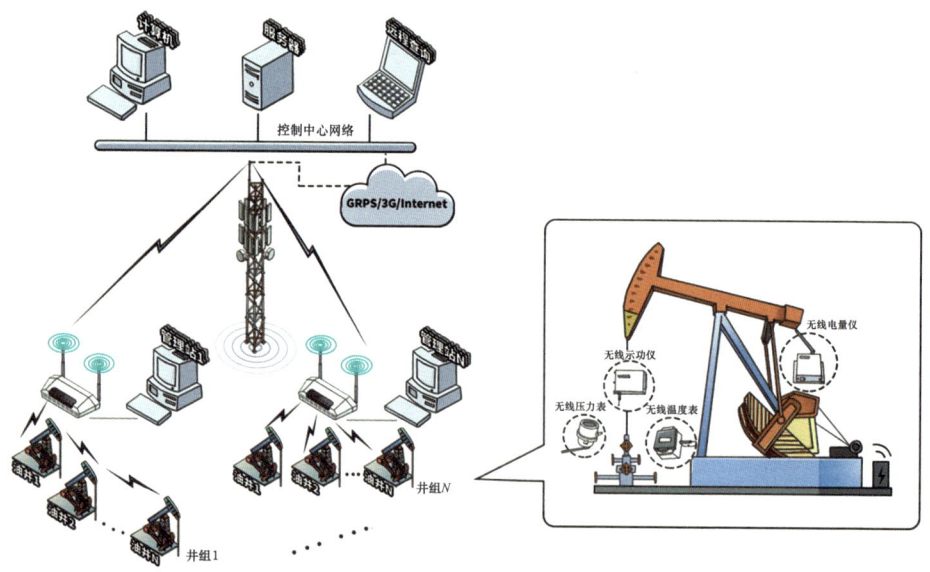

图 5.3　物联网网络连接图

短距离传输网现在绝大部分采用的是无线方式，可以收集方圆 300～1000 米范围内近百个不同种类传感器感应的数据。这些数据汇聚的时候，看不见的通信路线在各个传感器之间根据信道状况选择自适应跳转，力争在规定时间里传到汇聚点的中继器上；紧接着这些数据由中继器进入主要由4G、无线网桥、北斗短报文、LoRa、5G等无线传输形成的生产网到达油区集中办公点内的监控室服务器,这就完成了第二阶段的传输。这时能从油田集中办公区的电脑上看到现场的各类数据,在这里员工可以通过电脑完成一些数据的实时监控、告警的处理以及开、关井等一些智能化的操作。采油及集输源头数字化如图5.4所示。

数据过了生产网就进入以光纤为主的办公网。通过办公网,油区集中办公点的数据汇聚到油田,各油田的数据还要通过几个区域汇聚中心汇聚到集团公司的总部生产指挥中心。在总部大楼指挥中心,只要一个账户、密码,这些刚刚在现场采集的数据就可以看到,为智能决策提供了重要的数据支撑和技术支撑。

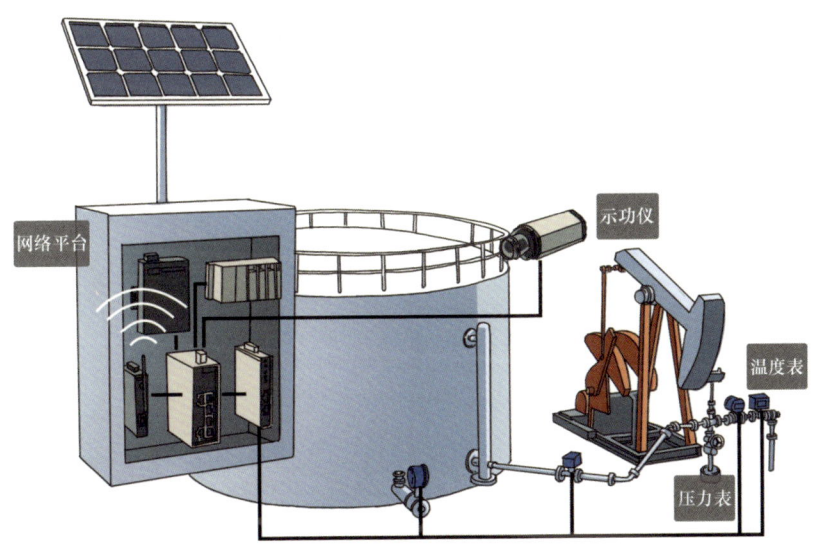

图 5.4 采油及集输源头数字化

物联网这张网可不简单,数十家油气田、几百个油气藏、几十万口油气水井,还有连接的管网、站、库,把每个数据用看不见的物联网连接起来,形成像人身体里的血管经络一样的系统。通过广泛的连接和高效的传递,汇聚出海量数据,再通过大数据分析、人工智能、知识管理等先进的通信技术,把这些数据进行分析、整理、利用,为智能油田建设保驾护航。

5.4 油气生产物联网

油田一般井场数量多、区域分散,有些油井分布于沟壑纵横、梁峁交错的黄土塬环境,有些气井分布于人烟稀少的沙漠环境;部分地处青藏高原,生产一线平均海拔 3000 米,空气中的含氧量是内地的 70%,年平均气温 5℃以下,昼夜温差达 20℃,气候干燥、风沙肆虐、高寒缺氧。人员居住分散,油田员工远离油田基地,交通十分不便,常年与戈壁、盐碱滩为伴,和抽油机(俗称"磕头机")为伍,工作条件艰苦。在以前,为确保油气水井正常运行,采用员工住井看护、倒班轮休的模式,如现场出现问题,全靠员工经验管理、人工巡检、大海捞针、守株待兔等方式去查找解决(图 5.5 和图 5.6)。

图 5.5 黄土高原上的井场

 五 物联网

例如，有口井突然停止运行，石油工人就要开车前往现场去查看具体问题。如遇到风雪恶劣天气、问题不但无法解决，员工人身安全也得不到相应的保障。一旦问题解决后，也只能在场把磕头机启动起来。不管站场多么偏远、天气多么恶劣，都需要石油员工在现场值守，以保证现场的工作稳定正常。每到上报统计报表的时候，都需要人员现场手工填写。

图 5.6　沙漠中的井场

直到各油气田开始投用油气生产物联网，生产方式发生了重大改变。

远程启停井：当接到 10 级大风预告，风区方圆 1000 千米的几千口磕头机必须在 8 小时内关井，以防止安全事故的发生。接到指令后，几个厂区监控室里的操作员边看井场视频监控边点鼠标，在大风前的两小时内轻松完成了任务。相比以往需要出动上百辆汽车去挨个操作关井，时间和成本大大减少。

示功图异常分析：在油井发生故障，如油杆断脱事故发生时，监控中心的技术人员会通过大屏幕的示功图分析结果告警提示发现事故，作业区地质人员同时也通过物联网被告知事故情况，分析事故属实后，告知监控中心组织维修作业。

井场电子眼：牧民放羊不小心经过单井非安全范围，操控员在中控室用喇叭提醒着牧民注意羊已经进入采油地带，为保证安全请速离开此区域，避免非必要的意外。

参数报警：在安静的无人井场，突然听到突突突的泵机声，原来是油管线里的蜡含量升高了，达到了设定的警戒线。此时，加药泵自动启动，确保了油流在管线中的畅通无阻。

油气生产物联网推广后，原来许多需要人工进行的操作转向了自动控制，人员也由分散作业转向了集中作业，实现"过程集中管理、运行集中控制、数据集中处理"（图 5.7）。

油气生产物联网的生产过程实时监控、工况分析、软件量油等功能，将现场生产由传统的经验型管理、人工巡检，转变为智能管理、电子巡井，帮助油田生产一线工作人员避免了以前风吹日晒、安全保障程度不高等不利条件，坐在屏幕前就可以看到现场所有的"风吹草动"，如磕头机是否存在故障、皮带是否断裂、采油是否正常、是否有人员入侵等。

五 物联网

图 5.7 井场从人工巡检到远程监控

　　油气生产物联网的好处可不止这些。基于智能算法的预警预测功能在故障发生前即可及时告知生产人员，提前消除生产隐患，降低生产运行风险，有效提高生产时率，油田生产本质安全得到加强；软件量油功能实现了单井自动连续计量，消除了由于产量波动带来的计量误差，提高了自动化程度，同时计算结果可直接存储及发布，无须手工填报产量数据，减少前端人员数据录入工作量；示功图分析及告警预警智能算法，实现油气水井异常工况的提前预判，系统在出现问题前可及时告知生产人员，防范事故于未然……

关于油气生产物联网带来的好处，油田生产一线员工的体会可能是最深的。油气生产物联网建成后，一线员工从驻井看护、井区巡检、资料录入等简单、重复性的工作中解脱出来。油气生产物联网技术大大减轻了一线员工的劳动强度，大大改善了一线员工的生活环境。同时，自动化手段的接入也极大地提升了作业现场的安全管控能力，也进一步保障了人身安全，消除了员工作业时的心理负担。此外，油田每年都可以从一线岗位转岗安置一批年龄偏大、身体状况较差、家庭困难的员工到油田基地工作。这一系列举措，有益于员工身心健康，有益于家庭和睦，有益于矿区和谐，可以说是科技升级不仅带来了作业效率和生产效益的提升，也支撑了油田和谐健康的生产生活环境，为可持续发展创造了良好氛围。

5.5　结在炼化物联网上的智慧之果

在一家炼化企业的指挥中心大厅里，刺耳的安全警报声突然划破静寂，生产现场的烟雾视频画面随之从显示大屏上弹框而出。紧接着，事故地点立即定位，应急预案立即启动，生产装置布局图和工艺流程图全部调出。工作人员实时注意着生产过程数据的变化，紧盯现场的视频监控画面，参考着云端相关专家的处置意见，并不时通过可视电话向生产现场处置人员和控制室操作人员下达指令，指导生产方案调整和安全警报处置……他们争分夺秒地开展现场生产事故的应急处置，最终依托物联网技术和工具、凭借丰富的业务经验和配套消防设施，高效完成了从火情预警、生产应急、警情处置到恢复生产的系列任务。所有人都长舒了一口气。

现如今物联网技术的应用已经遍布各行各业，物联网对炼化企业的生产运行管控也起到了非常重要的作用。上述应急处置应用场景只是物联网技术在炼化企业等众多行业应用的冰山一角。

炼化企业由一系列密集型金属生产装置、储罐、管线、动设备、静设备和储运库房等单元构成，就如同一台不知疲倦的超级机器，无时无刻不在执行着一系列极为复杂的物理变化、化学变化、物料移动和物流调配等工作。这台机器工作压力大、脾气暴躁：高温高压、易燃、易爆、易泄漏。如果它使点性子，吐个气、冒个火或者不按规矩运行，就会引起生产波动、影响产品质量，甚至引发严重的安全事故。因此，要将炼化企业管理好，必须能够做到时刻捕捉它的情绪和状态变化，并不断规范和优化它的行为。

这就需要物联网技术实时采集和传输生产现场的数据，来判断炼化企业各生产单元的运行状态，包括装置和罐区的温度、压力、流量数据，大机组和机泵群等动设备的温度和振动数据，管线腐蚀和测厚数据，物料移动和平衡数据，产品库存和销售数据，产品化验和分析数据，操作工巡检和操作数据，工艺过程和安全报警数据及视频监控和分析数据等。同时，需要基于这些数据建设物联网智能应用，加强现场业务管控能力。

炼化企业需要被感知和管理的对象数量众多，数据海量，而炼化物联网恰如一颗扎根于炼化企业的智慧之树，传感器、卫星定位、射频识别、智能终端和边缘计算等技术设备就是它感知的触手，遍布全厂的工业无线网络就是它的枝杈经络，被感知的信息最终通过经络传到树根这个智慧中枢，时刻倾听着每一片"叶子"的心声，并对炼化企业的整体运行状态进行解析、诊断和预警。尤其是在现场生产监控、安全管控、设备管控、物流管控和操作管控五个业务领域，应用物联网技术实现数据采集、传输并应用专业模型后，为业务执行和管理带来创新式变革，犹如结在物联网之树上的五粒智慧之果（图5.8）。

第一粒果：智能生产监控。通过物联网对生产工艺流程中的过程参数全面采集、传输，并通过流程图、三维数字化形式进行可视化实时监控，通过大数据分析和智能报告等技术对生产过程实时分析、诊断和预警，为生产人员发现工艺偏差和消除生产波动提供了有效技术手段。这粒果子让炼化企业运行得更加稳定。

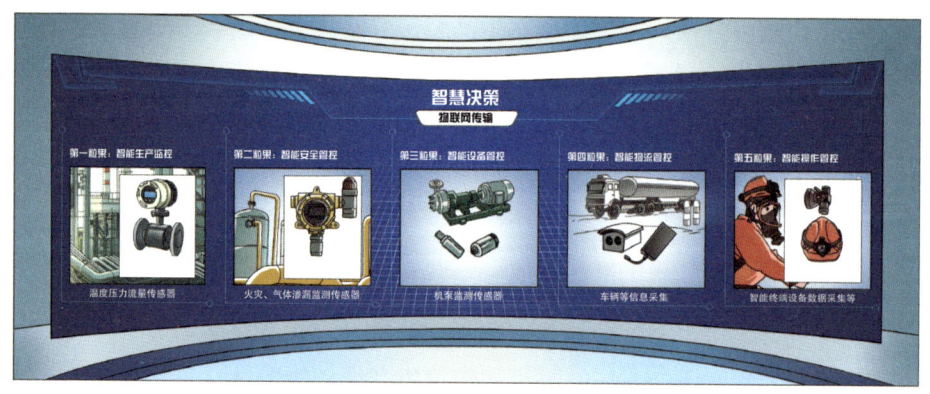

图 5.8　物联网的"五粒智慧果"

第二粒果：**智能安全管控**。炼化企业的生产工艺和环境特点注定了安全永远是重中之重。物联网系统建立了炼化企业分级预警平台，对生产过程异常、设备运行故障、有毒有害物质泄漏和火情、周界入侵、不规范人员行为和违规作业操作等进行预警和视频联动，不遗漏、不忽视任何报警。这粒果子保障了炼化企业情绪的平稳，也是企业追求效益的基础。

第三粒果：**智能设备管控**。炼化企业的动、静设备是重要的生产配套资产设施，如大机组、机泵、电气设备、仪表设备和管道等，它们共同组成了炼化企业的"永动机"。通过物联网实时采集现场设备的运行状态数据，如温度、压力和振动等，并通过应用专业模型，对设备的健康状况和可靠性进行监测和故障诊断，保证设备不带病运行，有病及时预警、快速诊治。

第四粒果：**智能物流管控**。物联网技术的应用让炼化企业的原料进厂、产品储运和产品出厂物流管理更加高效、快捷，包括汽车、火车和管道运输等方式。应用物联网技术后，进出厂产销衔接更加顺畅，过程中可实现车辆牌照自动识别、运输车辆自动调度、车货称重无人值守、自动装车和自动结算。同时，可通过智能视频分析等技术对物流全过程进行监控，对违规、违法操作进行预警及视频留证，大大提高了物流运转效率，降低了工人劳动负荷，提升了进出厂物流操作管理的准确性、规范性和安全性。

第五粒果：智能操作管控。基于现场无线网络，通过应用智能巡检终端、人员定位终端、作业终端和智能摄像头等智能化设备，为基层操作工赋能、"长本事"，帮助他们在开展工厂巡检、施工作业等操作时丰富他们的技术手段，提高他们的工作效率和协同工作能力，并加强个人安全保障。同时，现场操作作业流程在线审批、在线监督，作业过程在线记录，作业管控更加全面、直观、高效。

物联网技术的应用，为炼化企业提高生产运行效率、优化生产方案、加强安全管控和设备管控，降低事故发生频率和经济损失等方面提供了有效的技术支撑。以1000万吨/年原油加工规模的炼化企业为例，安全报警处置效率可提升40%以上，进出厂物流效率可以提升30%以上，设备综合维护成本可降低5%以上，每年可实现降本增效3000万～6000万元。当然，物联网技术的应用不是照抄硬搬的，不同行业有不同的业务痛点，即便都是炼化企业或者同一炼化企业的不同单元，对物联网技术的应用需求也不尽相同。只有以业务需求为内核驱动的物联网技术应用才是最有效的应用，才能让物联网之树结出更多珍贵的果实。

5.6 物联网燃气表走进千家万户

2020年1月23日10时起，武汉全市公交地铁、轮渡、长途客运停运，机场、火车站离汉通道暂时关闭，武汉封城。平静的生活被打乱了，所有的店铺都不允许营业了，燃气公司也关闭了星罗棋布的燃气售气点。人们窝在家里，不但要与新冠病毒抗争，更面临断气的困扰，使得居民叫苦连天，无形中增加了政府、社区、燃气公司的压力。但生活在武汉东湖某小区的居民要轻松很多，这是由于为该小区供气的燃气公司在2019年底完成了小区燃气表的改造工作，全部换上了新一代物联网燃气表，人们能轻松地在网上购气。在新冠肺炎疫情防御战中，物联网燃气表大显神威，实现了"气从云上来"。

人们不仅要问，物联网燃气表是何方神圣？有哪些本领呢？燃气表的发展历程是怎样的呢？

燃气表是用于对管道中燃气通过量的测定和记录的一种计量器具，已有200多年的历史。1833年，英国的发明家詹姆斯·博格达斯发明了人类第一块膜式结构的家用煤燃气表，经过对其不断的改进，发展为现在燃气表的原型。膜式燃气表具有四个气室，由两个皮膜分隔而成，燃气流经时，在燃气表四个气室内产生不同的压强，使皮膜做往复运动，经过一系列的传动机构，将计量体积值传递到计数器，利用计数器显示用气量，实现燃气计量功能。

自从有了燃气表以来，国内外一百多年来一直采用查表收费的使用模式。燃气公司需要投入大量的人力挨家挨户地上门抄表，造成了极大的资源浪费。随着技术的不断发展，我国的燃气表从传统的膜式燃气表过渡为IC卡预付费燃气表。IC卡燃气表在膜式燃气表的基础上增加了电子控制部分，实现了燃气的储值、计费和阀门精确控制功能。先买气再用气，气用完了阀门自动关闭，在一定程度上解决了抄表难和收费难的问题。

随着燃气企业管理水平的提升以及客户对服务质量的更高要求，传统的IC卡燃气表在入户抄表、监控、调价、阶梯气价、安全管理、结算等方面逐渐暴露出诸多问题，特别是无法解决用户足不出户购气的烦恼。例如，当您正在为全家人制作晚餐时，可能会发生燃气费用不足并且燃气售气点已经下班而无法购气的情况，导致一顿美好的家常便饭就此泡汤。

随着信息技术的发展，尤其是以第五代移动通信（5G）技术引领的物联网技术的发展，推动了燃气表的更新换代，形成了由IC卡燃气表向物联网燃气表的转变。物联网燃气表具有免人工抄表、远程数据采集和控制、实时监测和预警等功能。它有五大本领：一是实时性。能够实时完成自动抄表、燃气收费、报表生成等业务，降低燃气公司的运营成本，提高了企业智能化管理水平。二是便捷性。百姓可以随时在网上购气，解决了到固定售气点购气等缴费难问题；也可以随时随地查询燃气账单信息，大大提高了用户满意度和幸福感。三是灵活性。燃气企业可以根据需要调整燃气阶梯价格，指导用户科学用气。四是安全性。能够与燃气泄漏报警器进行联动，将报警信息及时发送到燃气服务中心；同时，燃气表本身也拥有流量过载、低流量微漏报警、阀门直通、电量不足、强磁干扰等多种表端报警功能，保护居民用气安全。五是智慧性。能按照不同的筛选条件（地区、时间段、用气类型等），获取相应的用气数据，通过大数据分析，有助于提高燃气公司的服务质量和开展供销差控制。

回顾燃气表的发展历程，不难发现，燃气表越来越聪明，让百姓的生活更加安全便利，让燃气企业管理更加精细化。当前，无论是旧小区改造，还是新小区建设，物联网燃气表正在逐步取代传统燃气表。物联网燃气表的发展如图5.9所示。

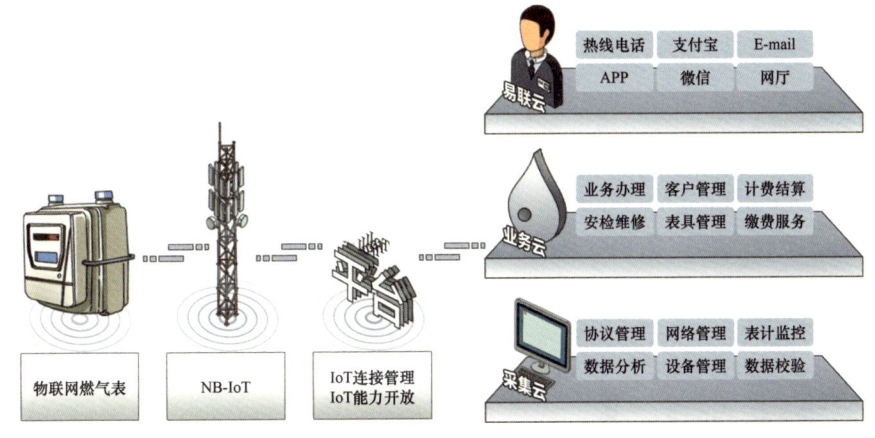

图 5.9　物联网燃气表的发展

新冠肺炎疫情改变了人们的生活方式，极大地促进了技术的进步。随着物联网燃气表走进千家万户，万物互联的时代已经来临。不久的将来，物联水务、物联家居、物联汽车等将成为生活的常态，人与物的联系更加紧密，古代先贤追求的"万物一体"将成为现实，人们的生活将更加美好！

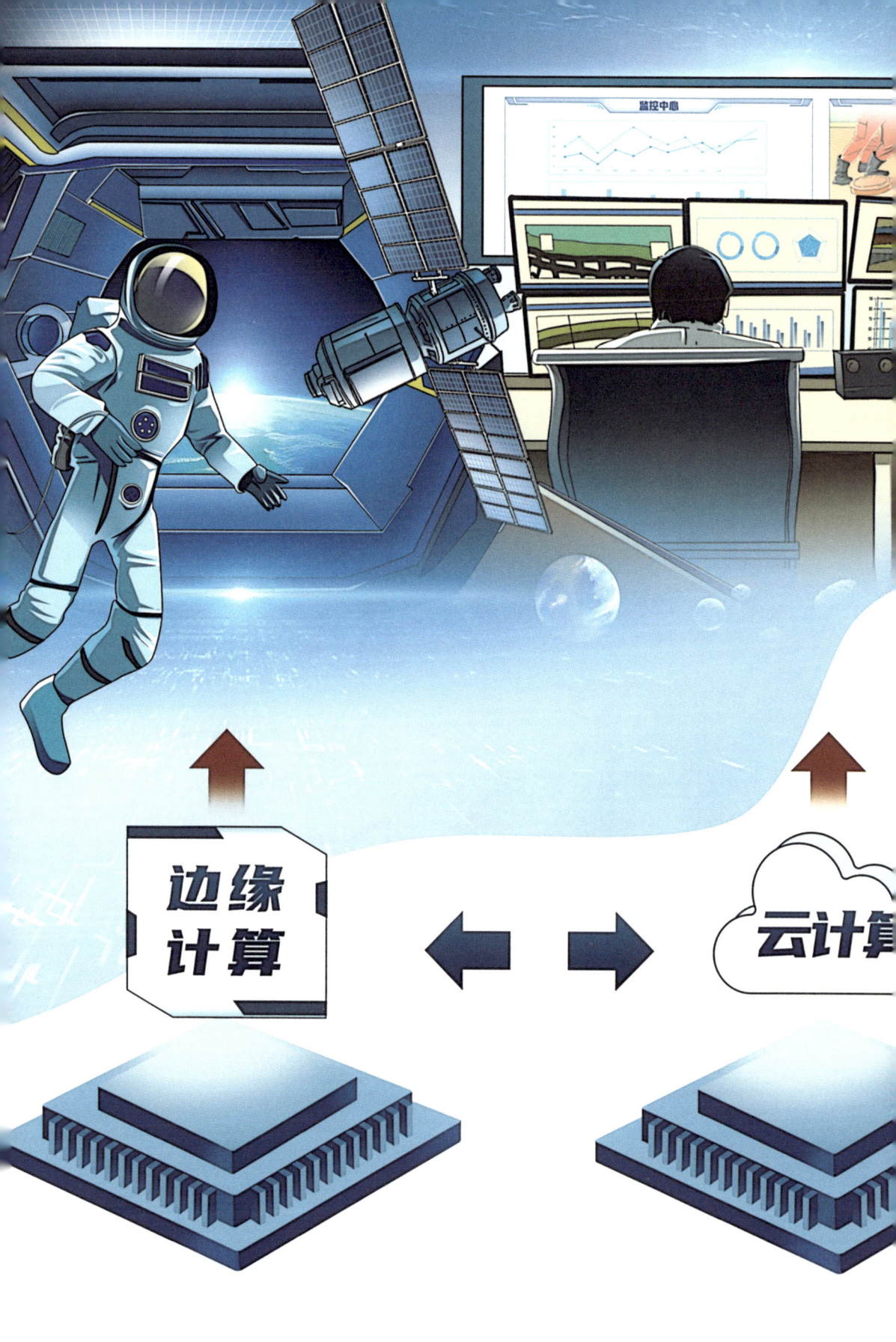

六　边缘计算

随着云计算技术的日益成熟，以及 5G 和物联网技术的成熟，边缘计算开始涌现并快速发展。边缘计算是在网络边缘执行计算的一种新型计算模型，是云计算发展到一定程度后的产物。与中心云相比，边缘计算更靠近设备侧，更靠近数据产生和使用的位置，在降低网络延时和传输成本方面具有明显优势，可以缓解中心云的计算负载和带宽压力。而在石油行业，它的应用呈现出响应速度快、安全性更强的良好形态。

6.1 什么是边缘计算？

想要准确地了解边缘计算的含义，一定要重温一下云计算是什么。中国云计算专家委员会认为，云计算最基本的概念是通过融合、管理、调配分布在网络各处的计算资源，并以统一的界面同时向大量用户提供服务。借助云计算，网络服务提供者可以在瞬息之间处理数以千万计甚至亿计的信息，实现和超级计算机同样强大的功能，同时用户可以按需计量地使用这些服务，从而实现让计算成为一种公用设施来按需而用的梦想。

在云计算日趋向用户提供公共服务空间的时候，边缘计算则向另外一个方面前进，即在物联网方面，它用于强调与云计算相反的方法，将应用程序运行到尽可能接近生成数据的位置的想法。例如，通过速度和能耗传感器的数据即时计算燃料经济性的车辆中，执行这种计算的计算机可以被认为是一种边缘计算设备。

边缘计算的概念也许有些新颖，但在实际应用中，在自动化领域很多厂商已经在设备级别中进行不同程度的尝试，例如在智能油田中，不少管理者就采用一个由特殊计算机组成的分布式控制系统。这些计算机在采油现场运行，并监控来自数千个传感器的数据，这些传感器测量生产过程的温度、压力和流量等数据，并生成使其安全和最佳运行的措施，限于当时的信息化条件，这种处理设施通常没有集中到中心云的可能，这就是边缘计算的范畴。

目前，关于边缘计算的定义有些五花八门。维基百科上说"边缘计算是一种分散式运算的架构，将应用程序、数据资料与服务的运算，由网络中心节点移往网络逻辑上的边缘节点来处理"。美国韦恩州立大学施巍松教授团队于 2016 年 5 月给出了边缘计算的一个正式定义："边缘计算是指在网络边缘执行计算的一种新型计算模型，边缘计算操作的对象包括来自云服务的下行数据和来自万物互联服务的上行数据，而边缘计算的边缘是指从数据源到云计算中心路径之间的任意计算和网络资源。"边缘计算产业联盟给出的定义是："边缘计算是在靠近物或数据源头的网络边缘侧，融合网络、计算、

六 边缘计算

存储、应用核心能力的分布式开发平台（架构），就近提供边缘智能服务，满足行业数字化在敏捷链接、实时业务、数据优化、应用智能、安全与隐私保护等方面的关键需求"。

虽然边缘计算定义描述不尽相同，但其核心概念是一致的：边缘计算是在更靠近终端（人、加油站、钻井平台、采油气树、炼化装置等都可以看成是终端）提供服务能力。这里的"边缘"意味着靠近数据源头，指从数据源到云计算中心之间的任意资源，但不包括抽油机、压缩机、钻井装置、摄像头等终端设备。也可以简单这样理解，在万物互联的空间里，除了"云"之外皆是"边缘"。

作为在网络边缘执行计算的一种新型计算模型，边缘计算操作对象包括来自云服务的下行数据和万物互联服务的上行数据。边缘计算强调依托于云计算技术实现边缘侧的计算、网络、存储、安全及各类应用能力。从边缘侧对时延、弹性、分析等方面的需求出发，云计算架构相比传统架构的优势明显，因此绝大部分情况下业界所指的边缘计算即为边缘云计算。

有了强大的云，为什么还要有边缘计算呢？那是因为边缘计算着力解决云计算留下的通不了、来不及、要保密等方面的问题（图6.1至图6.3）。

边缘计算采用一种分散式运算的架构，将之前由网络中心节点处理的应用程序、数据资料与服务的运算交由网络逻辑上的边缘节点处理。边缘计算将大型服务进行分解，切割成更小和更容易管理的部分，把原本完全由中心节点处理的大型服务分散到边缘节点。而边缘节点更接近用户终端装置，可谓是四通八达，这一特点显著提高了数据处理速度与传送速度，进一步降低时延。在一定条件下解决了"通不了"的问题。

通信网络与云计算的连接不够稳健或不够可靠，甚至无法连接。而应用程序需要快速数据采样，或者必须以最小的延迟计算结果。边缘计算作为云计算模型的扩展和延伸，就可以体现出一定的优势，解决了目前集中式云计算模型的发展短板，具有缓解网络带宽"来不及"的压力、增强服务响应能力等特征。

图 6.1 边缘计算解决"通不了"的问题

在某些条件下,例如,没有安全可靠的网络带宽将数据发送到云端,一些大型的企业如果公共网络发送数据或将数据存储在云端,确实有一定的隐患,而通过边缘计算则可以将数据安全地保留在本地。保密很重要。尤其是有些设施的技术参数需要高度保密,需要经过处理后才能向外发布。

六 边缘计算

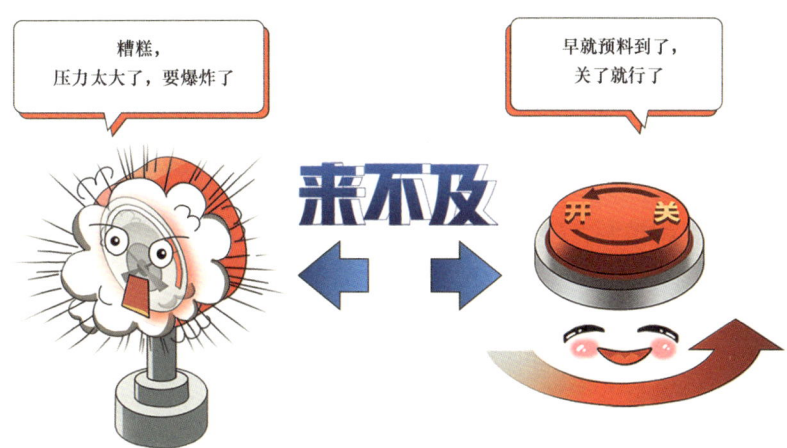

图 6.2 边缘计算解决"来不及"的问题

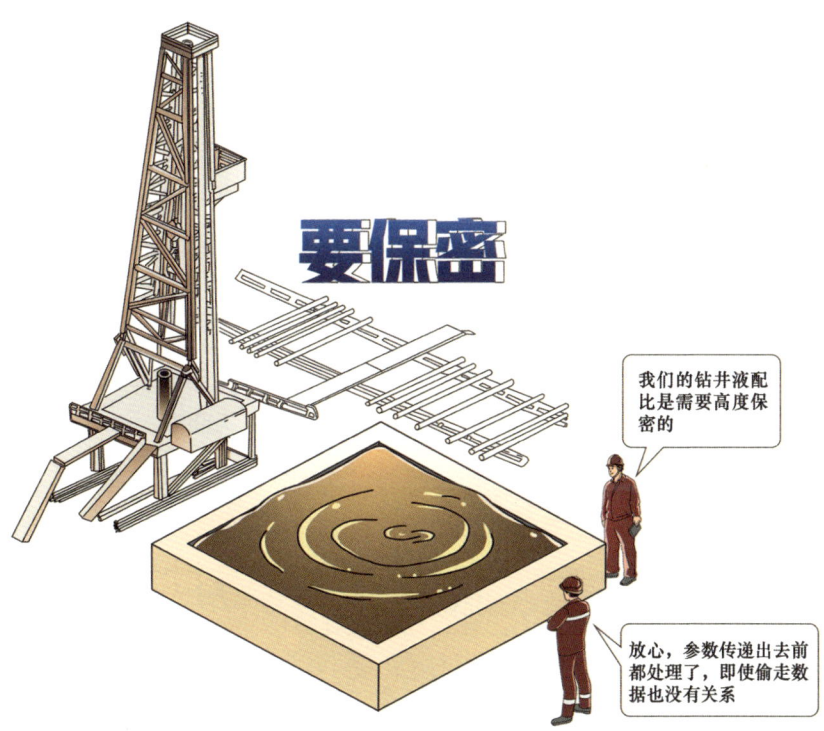

图 6.3 边缘计算解决"要保密"的问题

6.2 边缘计算的起源

边缘计算是怎么来的呢？当然是需求导引和技术进步带来的。物联网、云计算带来了技术革命，无数的监控设备通过物联网被连接到云上，实现了远程诊断和远程控制，极大地减少了用工量，提高了生产效率，给予了员工更多的幸福感。

但当应用规模扩大时，云计算架构中网络带宽将会成为瓶颈，难以支撑来自海量前端设备的大规模实时计算和数据请求。即便对于实时性要求不高的传统业务，越来越多的设备接入网络，也会使云计算网络基础设施不堪重负，甚至使云计算中心成为能源消耗的最大来源。

与此同时，随着 5G/6G、Wi-Fi6 等通信技术和标准的快速发展，用户端到网络接入端的直接延迟可以降到个位数毫秒级。在云计算架构中，数据从接入点到云计算中心的传输过程已经占据了绝大部分的延迟。考虑到互联网数据需要经过主干网多级路由的过程，这一延迟几乎无可避免。因此，计算资源从云中心下沉到靠近用户的网络边缘设备（如移动无线基站、企业机房等），则成为实现大规模实时计算的必然要求。如此，不仅彻底避免了广域网中的数据传输延迟，也提升了数据的隐私安全级别、访问效率以及服务部署和管理的灵活性。

云计算技术的日益成熟，5G 技术的出现和物联网系统的落地，以及生产智能化的需求不断旺盛，使得边缘计算开始涌现并快速发展。

边缘计算相比中心云更靠近用户，靠近数据产生和使用的位置，在降低网络延时和传输成本方面具有明显优势，可以缓解中心云的计算负载和带宽压力。但边缘侧通常物理环境不够理想，硬件资源受限，因此边缘计算平台需要与中心云配合，在云边（云计算和边缘计算）协同的过程中主要服务于轻量级的小任务，即一方面是实现在集中式云计算模式下无法实现的超低延时的数据交互与自动反馈，另一方面是承担数据预处理工作，包括共性和常用数据的存储和调用等。此外，特定行业对数据安全、隐私保护的要求也使边缘计算平台成为其重要的选项之一。

六　边缘计算

伴随着计算机的发展，越来越多的物理世界需求被转化为计算需求，计算的形态发生了从共享到独占、从本地到云端、从云端到边缘等三次重要变化（图6.4）。

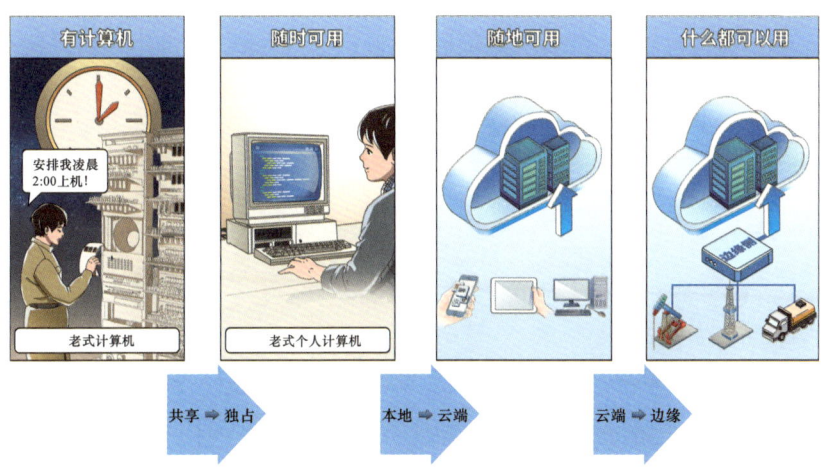

图6.4　计算形态的三次重要变化

6.3　边缘计算与云、物联网之间的关系

说到边缘计算，很多人认为和物联网是从属关系，与云是互斥的关系。事实上，这三者是不同的概念，但互相之间高度关联。

边缘计算和云是"作战部队"和"司令部"的关系，边缘计算与云计算形成云边协同，放大边缘与云的价值。"司令部"是什么，是做分析、决策的，"作战部队"是什么，是近敌作战的，执行"司令部"的命令，并将获取的情报传回给"司令部"。

■ 边缘端与云

一个司令部会有若干作战部队，一个云也会管辖多个边缘计算平台，与章鱼"1个大脑+N个小脑+无数神经末梢"结构极为相似（图6.5），各式各样的边缘计算节点是神经末梢，采集到海量数据后，将需要实时处理的

133

小规模、局部数据就近在边缘计算平台上完成,而复杂、大规模的全局性任务则交由中心云汇总和深入分析,中心云与边缘计算平台统一管控、智能调度,进而实现算力的优化分配。

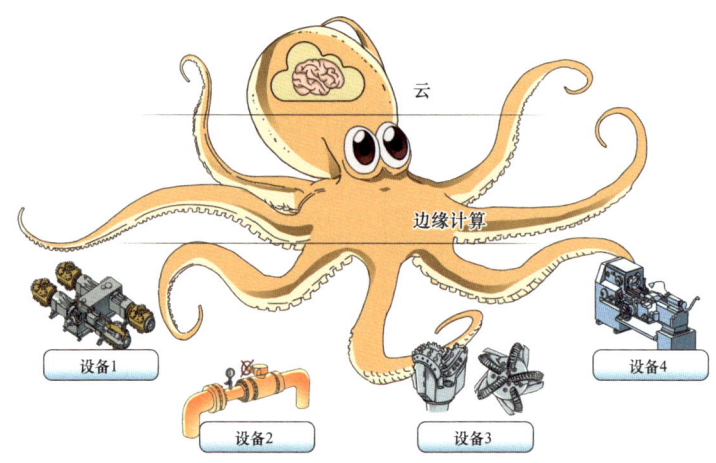

图 6.5　边缘计算平台与章鱼结构类比示意图

章鱼拥有巨量的神经元,但有 60% 分布在章鱼的八条腿(腕足)上,脑部却仅有 40%,也就是说:章鱼是用"腿"来思考并就地解决问题的。

云计算擅长全局性、非实时、长周期(就是需要很多时间)的大数据处理与分析,能够在长周期维护、业务决策支撑等领域发挥优势;云计算通过大数据分析优化输出的业务规则或智能模型可以下发到边缘侧,边缘计算基于新的业务规则或模型运行。

边缘计算更适用于局部性、实时、短周期数据的处理与分析,能更好地支撑本地业务的实时智能化决策与执行。边缘计算既靠近执行单元,更是云端所需高价值数据的采集和初步处理单元,可以更好地支撑云端应用。

边缘计算与云计算需要通过紧密协同才能更好地满足各种需求场景的匹配,从而放大边缘计算和云计算的应用价值。

边缘计算与云计算之间不是替代关系,而是互补协同关系,边缘计算不是单一的部件、单一的层次,在边缘计算中也存在基础设施、平台和应用,也有 EC-IaaS、EC-PaaS、EC-SaaS。云和边缘计算可以通过基础设施即服务（IaaS）、平台即服务（PaaS）、软件即服务（SaaS）各层面的全面协同，实现资源协同、服务协同、应用协同等。

边缘计算与物联网

物联网在边缘计算的相关研究论文中成为热词的第一名，反映出边缘计算和物联网之间紧密的关系。物联网技术的发展越是成熟，对于边缘计算的技术需求就越强烈。

物联网是将万物连接在一起的互联网，是在互联网基础上的延伸和扩展的网络，通过物上的信息传感设备与互联网结合起来而形成的一个巨大网络，实现的是人—机—物在任何时间、任何地点的互联互通。

边缘计算是在靠近物或数据源头的一侧，采用网络、计算、存储、应用核心能力为一体的开放平台，就近提供最近端服务。其应用程序在边缘侧发起，产生更快的网络服务响应。

物联网会产生大量的数据，这些数据需要经过处理和分析才能使用。要处理和分析这些数据，就需要网络、计算、存储和系统承载这些能力。实现这些能力有两种办法：一种是发到数据中心处理，也就是云上加工处理；另一种是就近加工处理（图6.6），即边缘计算。

图 6.6　近加工处理模式示意图

边缘计算是为物联网就近提供服务的工具。边缘计算将使计算服务更接近最终用户或数据源,如物联网设备。可以在设备所在的边缘收集和处理物联网数据,而不采用将数据发回数据中心或云端来帮助识别的模式,从而更快地展开行动,如异常检测、进行预测性维护。

物联网利用边缘计算提供的计算能力可以实时、快速地分析数据,这项能力正因信息技术的进步而变得日益宝贵。

边缘计算与物联网合作共建,支撑生产进一步智能化。物联网系统重点负责物联网感知层涉及的现场设备与传感器的安装部署、现场网络的搭建,以及上层业务应用的建设。物联网主要是以采集数据为主,提供数据采集、协议解析等能力,边缘计算平台提供生产现场大数据与智能应用的计算、服务能力,生产现场部署的边缘计算节点从物联网系统接入数据,运行云端下发的智能模型,实现生产现场的实时智能分析,充分发挥云边协同的优势,支撑智能物联网建设。

目前,油气行业正处于数字化转型、智能化发展阶段,油气生产业务正在进行全业务融合和智能化提升,并适时地引入了边缘计算,提升油气生产现场的远程操控水平,从而降低安全风险,提高采收率,实现油田少人值守、降本增效。石油工业边缘计算与云的关系如图 6.7 所示。

图 6.7 石油工业边缘计算与云的关系示意图

6.4 边缘计算里有什么?

如图 6.8 所示,边缘计算拥有四类元素:边缘计算节点、节点管理工具、边缘管理平台和轻量数据湖。

(1)边缘计算节点。用于运行平台下发的应用,进行数据采集过滤、模型推理以及数据上传。其中,边缘数据接入支持多种协议解析对边缘实时数据进行采集;边缘数据存储对采集到的数据进行存储策略管理及缓存处理;节点数据管理可对数据进行监控、传输控制、清洗过滤、压缩上传等多种处理;节点模型应用对模型与应用进行接收、调用、监控等操作。

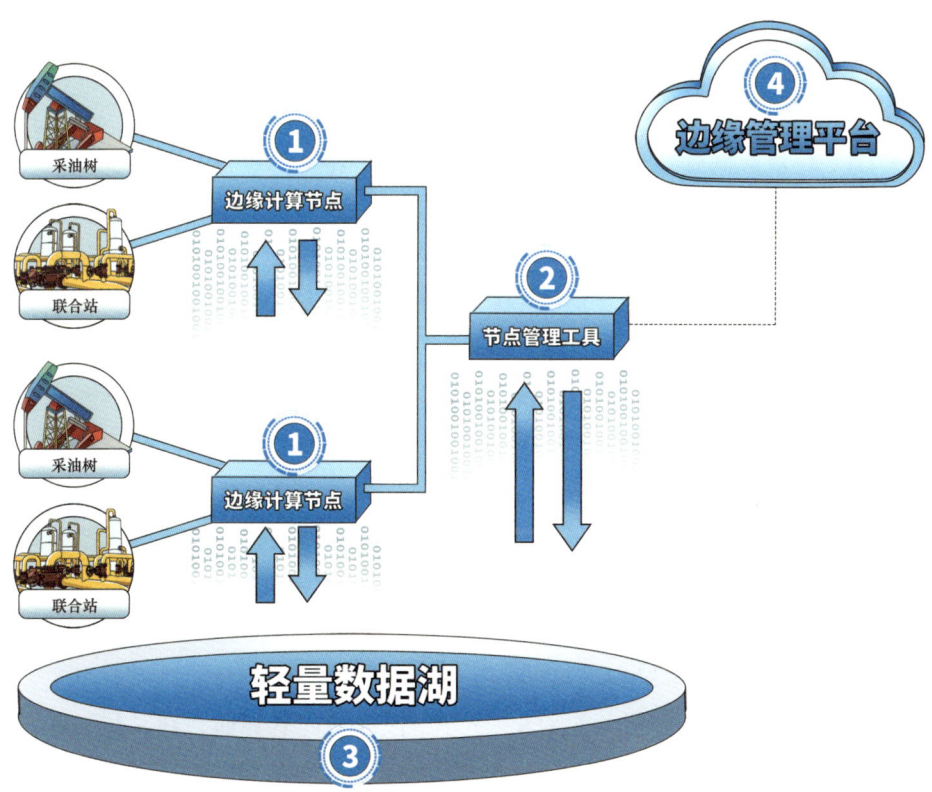

图 6.8　边缘计算的组成元素

（2）节点管理工具。对节点服务器进行纳管以及接入设备的关联关系管理，将边缘计算规则、边缘应用配置、节点数据的接入与转发规则下发至边缘计算节点，基于生产业务需求实现数据处理与分析规则的有效管理。其中，设备管理与边缘节点管理从多维度实现边缘侧各类设备和节点状态的统一管理；规则管理以规则链为核心，实现各类计算分析、模型应用下发的配置；边缘应用管理支持部署独立的边缘应用到集群中，并配置应用的服务接口；节点数据接入与转发实现节点数据接入、转换、聚合、转发等功能。

（3）边缘管理平台。主要体现的是对资源的统一管理，包括容器资源、计算资源、存储资源的集中纳管，建议不着重体现持续集成、持续发布等能力。提供持续集成、持续发布、微服务管理等流程与功能支持，根据业务需求实现边缘应用的快速开发与测试；提供模型市场与应用市场功能，实现资产的沉淀和复用；支持对接人工智能平台等不同开发平台的模型，依托其智能分析能力提供数据计算支持，共建模型优化闭环。

（4）轻量数据湖。支持多种不同类型数据的接入、存储与共享，支持包括关系型数据库、时序数据库、半结构化存储、消息系统等多种类型的数据源，实现生产设备实时数据、工控系统生产操作类数据、监测分析系统报警类数据、人工智能平台与工业互联网平台等模型数据的接入，并通过数据分享能力打通与集团云数据湖、人工智能平台等的数据链路。

6.5 发现问题的"哨兵"

在勘探开发领域，油气田生产现场大多位于偏远地域，如果像以前一样将物联网直接连接到云上，会出现如下问题：

（1）系统维护不方便。如图6.9所示，没有边缘计算时，在井场、联合站也安装了一些物联网设备和一些处理单元。当系统更新时，需要专门的维修人员奔袭几百千米去逐一安装系统。

六　边缘计算

图6.9　偏远地区维护不便

（2）数据传输丢包。如图6.10所示，如果网络不稳定时，指挥大厅监控人员提心吊胆，担心会不会遗漏关键的报警参数；现场工人对系统更是一百个不放心，在系统外还得有一个小本本记账。虽然数据实时在向上传，各个生产小队还会在每天约定的时间上报数据。

图6.10　数据传输丢包

（3）数据需要清洗后再传。如图6.11所示，判断视频信号是否有异常，是边缘计算上智能监测模型的功劳。没有异常的视频信号、稳定运行的设备运行参数，全部传送到云端是没有必要且浪费的。利用边缘计算可对数据进行清洗、过滤后进行传递。

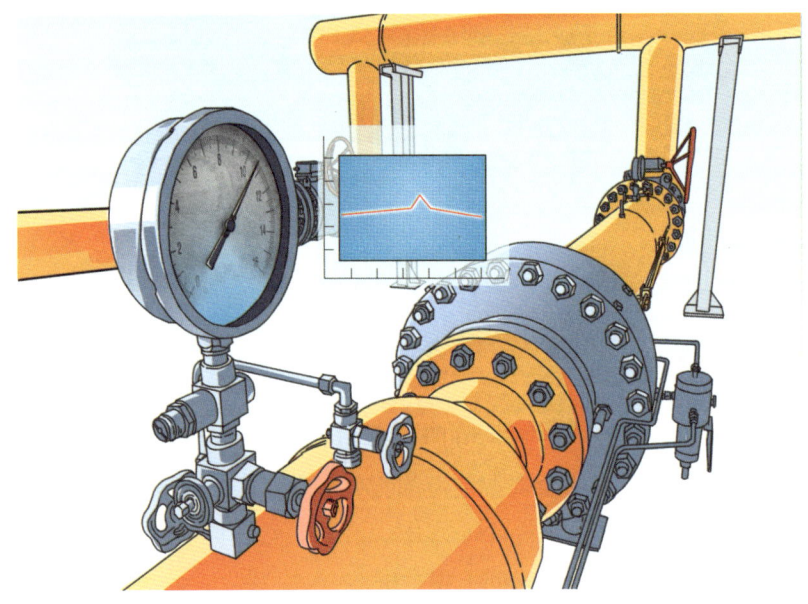

图6.11　数据清洗后再传

（4）需要临时启动监控仪器。井间工况和生产模式变化会对邻井数据产生影响，为了更好地解释地层情况，需要在发生变化时及时启动相关仪器记录数据变化（图6.12）。

（5）事故和异常出现时及时处置。如图6.13所示，及时发现现场出现的某些异常和事故，如井下压力异常、人或动物窜到井场等，如不及时处置会产生极其严重的后果。

这五种情况出现时就需要有"前线哨兵"，快速处理和处置。边缘计算就能充当这个发现问题的"哨兵"（图6.14），通过平台分发和维护软件。

图 6.12　启动监控仪器记录数据变化

图 6.13　及时发现事故或异常出现

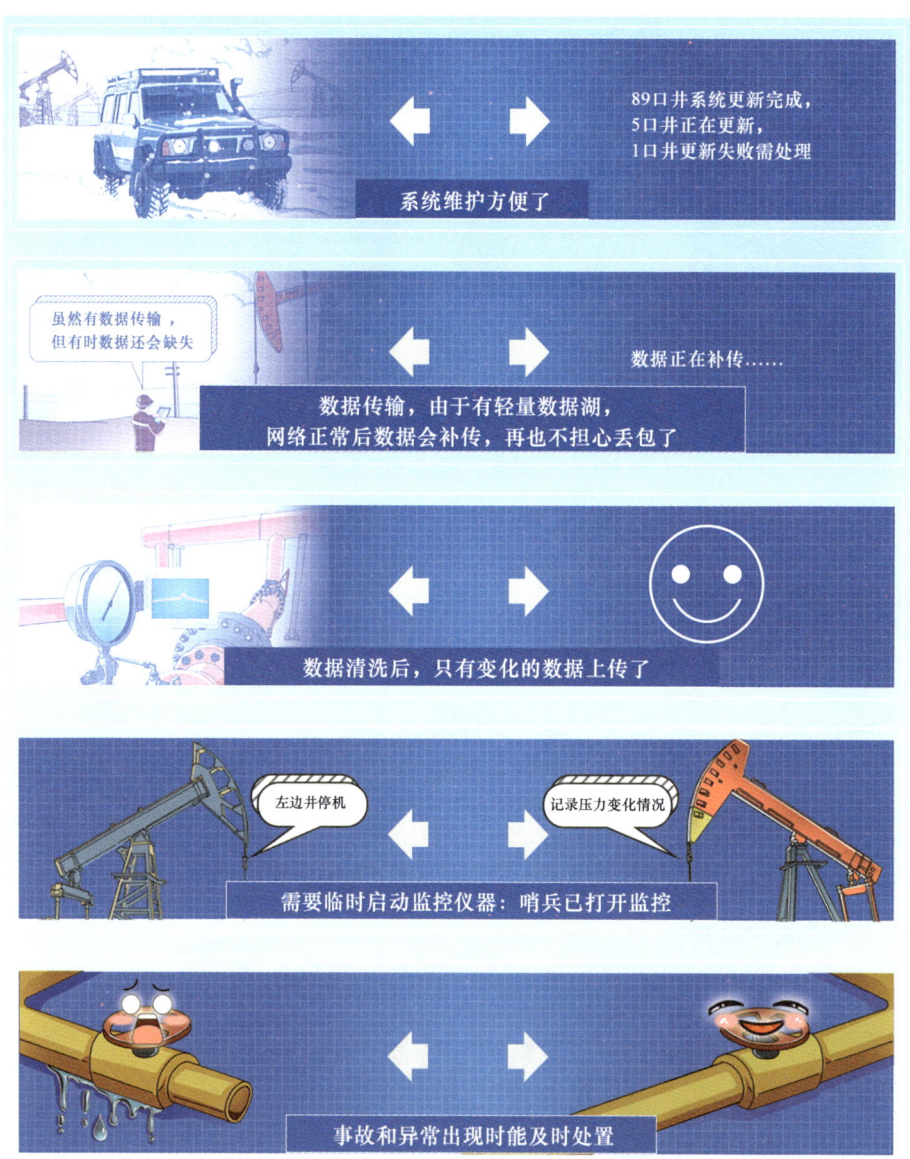

图 6.14 边缘计算充当"哨兵"

6.6 炼化企业的智能"安检员"

炼化企业众多监测设备每时每刻都产生若干监测参数,如果设备是稳态运行,大多数时候这些参数都在正常范围内,如果全部都传输到数据湖上保存起来,势必会占用大量网络带宽和云端存储资源。

炼化企业是高危行业,炼化的头等大事就是安全生产。设备故障后容易形成跑冒滴漏,造成重大的人员伤害、环境污染和财产损失。需要提早发现,及时干预。边缘计算可以充当智能"安检员",在设备采集端先对数据进行过滤处理,就能极大地减少网络上数据传输的内容,提高异常数据的识别效率,及早发现问题,守卫炼厂的安全。

除此之外,炼化企业的边缘计算还能在如下场合发挥作用:

如图 6.15 所示,通过人员定位和数字化员工功能,实现对现场作业人员的作业全过程、个人健康状态、警戒隔离、应急响应、人员救护、现场处理等情况进行实时、动态管理。

图 6.15 实时、动态管理作业人员

对排水排污口等污染物监测数据进行实时采集，实时在线分析（图 6.16）、紧急处置，防止污染事件发生。

图 6.16　实时在线分析污染物含量

6.7　钻井现场的"优化师"

钻井现场环境极为恶劣，网络一直保持畅通很难。利用边缘计算平台提供的资源管控能力，支撑可视化、模拟、仿真等技术对数据实现可视化和多维表达，辅助场景化的人工智能分析模型，为设计优化、过程参数优化、井眼轨迹控制、井筒完整性监控、钻井风险识别、钻井程序决策提供边缘侧智能化的分析成果和决策信息，助力钻井过程降本增效、强化安全保障。此时的边缘计算摇身一变，成为了钻井现场不可替代的"优化大师"，为井筒找到一条最优、高效和安全的路径。

（1）钻井的优化设计。钻井的优化设计是保证安全、高效和低成本作业的基础，边缘计算的边缘智能分析模块可用于井眼轨道优化、钻头优选、地层破裂压力和漏失压力预测、套管下深优化、水泥浆性能预测等，可以提高钻井设计的准确性和可靠性。

 六 边缘计算

（2）钻井过程参数的优化。钻井过程参数的优化主要通过使用边缘计算的边缘端处理能力对井下机械钻速、井底钻具组合响应特性、钻柱振动、钻头性能、钻遇地层特性等参数的监测，来降低钻井作业的不确定性，并提高预测的置信度。钻井过程中经常会遇到不同的地质条件，如岩性的变化、地层压力的变化等，实时了解钻头周围岩石的物理及力学性质对于优化钻井参数非常重要。尽管随钻测井可以提供这些信息，但其传递到地面的信息与钻头实际性能之间存在深度滞后。边缘计算能够以机器学习工作流程中的钻头与钻柱性能数据为基础，来预测随钻钻头处的岩性。

（3）钻井井眼轨迹控制。在地质导向和旋转导向施工过程中，需要经验丰富的专业人员做大量的决策，人工判断易出现的错误与误差。利用边缘计算中预置的人工智能算法和庞大的知识库，使钻井井眼轨迹导向与控制完全可以离开人的干预，井下信息的测量、传输和控制指令的产生、执行则完全可以自动进行。

（4）井筒完整性监控。在钻井过程中，特别是高温高压深井钻井，会遇到井漏等各种井下复杂情况。利用边缘计算的数据采集及支持向量机（SVM）的机器学习技术可以进行井漏预测。

（5）钻井风险识别。意外的溢流和井涌对钻井作业构成重大风险。需识别井喷等众多事故隐患，通过边缘计算能及时发现问题、尽快处置。

（6）钻井程序决策。为达到提高产量、降低成本、节省时间的目的，经常要选择一些特殊的钻井作业程序，如欠平衡钻井、过平衡钻井、喷射钻井等。为评价所选作业程序的适用性，边缘计算可根据案例推理为现场提供作业建议。

> **小贴士**
>
> 支持向量机（Support Vector Machines，SVM）是一类按监督学习方式对数据进行二元分类的广义线性分类器。基本模型是定义在特征空间上的间隔最大的线性分类器，是实质上的非线性分类器。SVM 的学习策略就是间隔最大化，可形式化为一个求解凸二次规划的问题。SVM 的学习算法就是求解凸二次规划的最优化算法。

七　人工智能

　　人工智能通常是指通过普通计算机程序来呈现人类智能的技术。其他核心问题包括建构能够跟人类似甚至超卓的推理、知识、规划、学习、交流、感知、移物、使用工具和操控机械的能力等。如果把网络比喻为生命体的血管，把大数据比喻成生命体的血液，把物联网比作生命体的身体，那么就可以把人工智能比喻为现代信息技术的大脑。人工智能赋予石油工业以思维和智慧，让智慧油田、智慧炼化、智慧加油等都成为现实。

7.1 什么是人工智能？

2016年3月，谷歌的围棋软件AlphaGo与韩国九段棋手李世石进行了为期数天的人机围棋大战，AlphaGo最终以4：1击败李世石，成为第一个不让子而击败职业棋手的计算机软件。比赛之前，李世石其实被很多人看好，毕竟是世界顶尖九段高手，而且还曾经赢得了14个冠军。最终李世石仅仅因为计算机的重大失误才扳回一局。

围棋是人类发明的极其复杂的游戏。有人曾经计算，要把围棋所有的状态用穷举法全部列出大概需要10的170次方。AlphaGo在这次围棋人机对战上的表现，特别是它在策略选择上的大局观，令很多专业棋手震惊！

纵观人机对战的历史，往往是以计算机的胜利而告终。1997年IBM公司的深蓝打败了国际象棋世界冠军卡斯帕罗夫。2011年IBM公司的Watson在美国智力问答电视比赛中打败两名世界冠军。短短不到几年的时间，人工智能又攻破了人类发明的最复杂的游戏——围棋。人工智能为什么如此强大呢？

人工智能作为一个学科已经发展了半个多世纪，一直有一群默默无闻的人们从事着这方面的研究。而这次围棋人机大战才真正地把人工智能放在镁光灯下，成为大众瞩目的焦点。自计算机发明以来，它的运算速度越来越快，并且尺寸越来越小。在充分利用计算机强大算力的同时，科学家们的好奇心开始驱使他们探索："机器能像人类一样思考和行动吗？"

早在1956年夏天，在美国达特茅斯大学的一场学术会议上，"人工智能"这一概念被提出并获得肯定。其中，计算机科学家约翰·麦卡锡在会上提出："人工智能就是要让机器的行为看起来像是人所表现出的智能行为一样"。具体来说，人工智能就是通过研究人类大脑如何思考，以及人类在尝试解决问题时如何学习、决策和工作的，创造可以模拟出人类思维，可以像人类一样"独立思考"的机器人或者软件系统。

AlphaGo的胜利并不是一种技术的胜利，而是多种人工智能技术结合的

结果。这也是近几年来人工智能的发展方向——通过结合多种模型对问题进行分层和抽象,从而部分地模拟大脑认知、思考和决策过程。人工智能的研究内容主要包括机器学习、自然语言处理、计算机视觉、机器人等各个方面。现在,人工智能被广泛应用的核心驱动技术就是机器学习,也就是让机器模拟人类的学习方式,针对一类任务,从大量的过往经验中形成某种认识或总结出一定的规律,然后利用这些总结的知识来对新的问题做出判断。

对于 AlphaGo 的完胜,有人欢呼雀跃,有人忧心忡忡。欢呼者为人类在这一领域取得的长足进步而高兴,忧心者担心计算机会在未来取得越来越明显的优势,从而最终取代人类。是不是意味着当前人工智能已经达到人类智能水平?答案是否定的。根据人工智能解决问题的能力,科学家们将人工智能分为弱人工智能、强人工智能和超人工智能。弱人工智能专注于解决特定问题,例如人脸识别、下围棋、游戏对战等;而强人工智能则可让机器拥有人的思维、胜任人类几乎所有的工作。假设通过不断发展,人工智能可以让机器比世界上最聪明、最有天赋的人还聪明,就成为超人工智能。现在,我们已经初步实现了弱人工智能,而且科学家们认为短期内我们的技术都是在弱人工智能的范畴。从弱人工智能到强人工智能的发展之路任重而道远。未来,人类能否实现超人工智能,科学家们还尚未达成一致。

经过了半个多世纪的发展,人工智能经历了数次高潮和低谷(图 7.1)。

1956 年约翰·麦卡锡在美国达特茅斯大学的一场学术会议上首次提出人工智能的概念,标志着人工智能学科的诞生。随后,数学定理证明、跳棋程序的成功,掀起了人工智能发展的第一个高潮。然而,由于人们对人工智能的期望过高,但当时人工智能技术上的突破、计算机的运算能力都遭遇了瓶颈,很多项目遭遇了接二连三的失败。各个国家开始削减人工智能的研究经费,人工智能开始逐渐走向低谷。

20 世纪 80 年代,以"知识"为核心的"专家系统"开始成为新的人工智能研究方向,美国、日本等政府开始积极投资,带来了人工智能的第二次繁荣。比如,1980 年卡内基梅隆大学为 DEC 公司设计的专家系统 XCON 是一套具有完整专业知识和经验的计算机智能系统,每年可以为公司节省四千万美元。专家系统在医疗、地质等领域取得了成功,人工智能逐渐步入产业化。但是好景不长,从 1987 年开始,人工智能硬件市场受到了个人计算机市场的冲击,个人计算机的性能不断提升,使得人工智能硬件的市场急剧萎缩,人工智能的发展再次进入低谷。

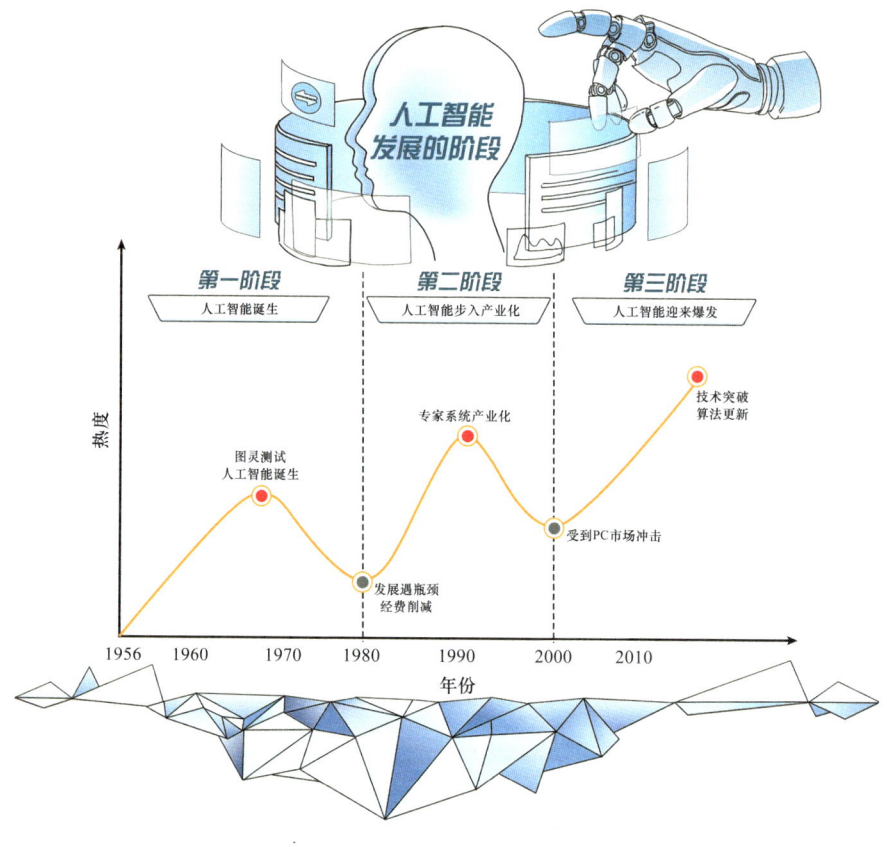

图 7.1 人工智能发展的历史阶段

自 1993 年起,科学家们在人工智能技术上不断取得突破。比如前述的人工智能系统先后战胜国际象棋、围棋世界冠军,以及智力问答世界冠军;2005 年,斯坦福大学开发的一台机器人在一条沙漠小路上成功地自动行驶了 131 英里,赢得了 DARPA 挑战大赛头奖;2014 年,Facebook 公司在人脸识别方面的准确率已经达到 97% 以上,跟人类识别的准确率几乎没有差别。随着人工智能一次次获得优秀成绩，世界各国都开始重视人工智能的发展，全球产业界充分认识到人工智能技术引领新一轮产业变革的重要意义，纷纷转型发展人工智能。人工智能迎来爆发期。

现在，人工智能已经"闯入"人们的生活空间。从智能化水平看，目前的人工智能技术聚焦于让机器能"听"、会"说"、可"看"、会"认"等，辅助人类高效地完成感知相关的工作。

认知计算视频

比如，机器视觉是研究如何使机器"看"的科学。它通过计算机代替人眼对目标进行识别、跟踪和测量，并进一步做图像处理，可以应用于仪器检测或者人眼观察。对于自动驾驶汽车，智能驾驶系统是通过多种传感器，包括视频摄像头、激光雷达、卫星定位系统等，对行驶的环境进行实时的感知，并对多种感知信号进行综合处理和分析，通过结合地图和指示标志（例如交通信号灯和道路标志等），实时规划行驶路线，控制车辆安全、高效运行。

语音识别技术则是计算机自动将人类的语音内容转换为相应的文字，实现能"听"。反过来，语音合成技术则是自动产生人类的语音，实现会"说"。这样，机器就初步具备了与人对话的能力。人们平常使用的智能手机，很多就具有语音识别及合成的功能。

牛津大学的一份研究报告表明，未来70%的工作将有可能被机器所取代。科学家们的目标是要让机器具备"理解""思考"等能力，使计算机从感知的智能进化到认知的智能，从人类思维的角度去理解和认知客观世界。展望未来，人们的生活中将会有更多的智能化应用场景，人类社会的生活也将进入一个新的阶段。

人工智能会给石油工业带来什么呢？随着近年来人工智能技术的飞速发展，其在油气行业的应用已贯穿勘探、钻井、开发、生产管理的全生命周期，油气行业智能化的趋势已经不可阻挡。有理由相信，人工智能将成为全球油气行业实现降本增效的有力武器。

7.2 智慧油田的核心——人工智能

人工智能应用到石油勘探开发领域,能够助力智慧油田建设。智慧油田是一个全新的概念,由数字油田发展而来。如果说数字化和自动化实现了从普通油田到数字油田的转变,人工智能就是数字油田向智慧油田发展的推进器。那么,什么是智慧油田呢?智慧油田可以看作是一个善于思考的人,它会听、会看、会感知周遭的万物,它还会思考、会发现问题、会自己解决问题。有时候,它的解决方案甚至比人类更加高明。是什么让它如此聪明呢?没错,就是人工智能!

如果边缘计算里的自动控制技术是智慧油田的双手,可靠的物联网传感器是智慧油田的眼、耳,那么人工智能就是智慧油田的大脑,是智慧油田的核心。然而,智慧油田是"聪明"的,可不仅仅因为它可以看到、听到、感受到,最重要的是:它会像人一样地思考。

智慧油田会判断身边的设备是否在正常工作。以油井上安装的抽油机为例,智慧油田的眼和耳会不断地"看到"和"听到"抽油机的工作状况,但是它的这种"看到"可要比人类的眼睛厉害多了!大多数的人看抽油机大概只能看出有个铁块(石油术语称"驴头")一上一下地运动,像个打桩机,仔细一点儿的人可能会发现这东西运动得还挺有规律!而智慧油田可以精确地看出驴头从最高点移动到最低点用了 45.36 秒,最低点的位置距离地面 0.523 米。不仅如此,"眼睛"看到以后,"大脑"就开始"思考":驴头上去用了 45.30 秒,下来用了 45.36 秒,相差不大,于是大脑得出结论:这台抽油机在正常工作(当然,实际上的判断过程要比这个复杂多了)。人们将这个"思考"过程称为云计算,实质就是人工智能在云平台不断地分析、计算由抽油机传感器传输来的数据,并判断工况是否正常。

能看到、能听到、能思考的下一步是什么呢?没错,是能动手!人工智能监测技术和控制技术能让智慧油田动起来。

仍然以一台抽油机为例。某一天,"眼睛"看到有物体靠近了这台抽油

机,"大脑"认出了那是一只羊,并开始担心这只迷途小羊会被抽油机驴头砸到,所以就发出了指令:"喇叭喇叭,快大吼一声让小羊走开!"下一刻,抽油机上的喇叭发出了"嘟嘟"的警报声,小羊被吓了一跳,然后快速地离开了井场。这个过程实质就是人工智能识别出图片中的动物是羊,然后做出"应驱逐"的判断,最后通过物联网网络操纵智能喇叭发出声响,从而完成驱逐任务。这就是人工智能赋予智慧油田的"智能操控"能力(图7.2)。

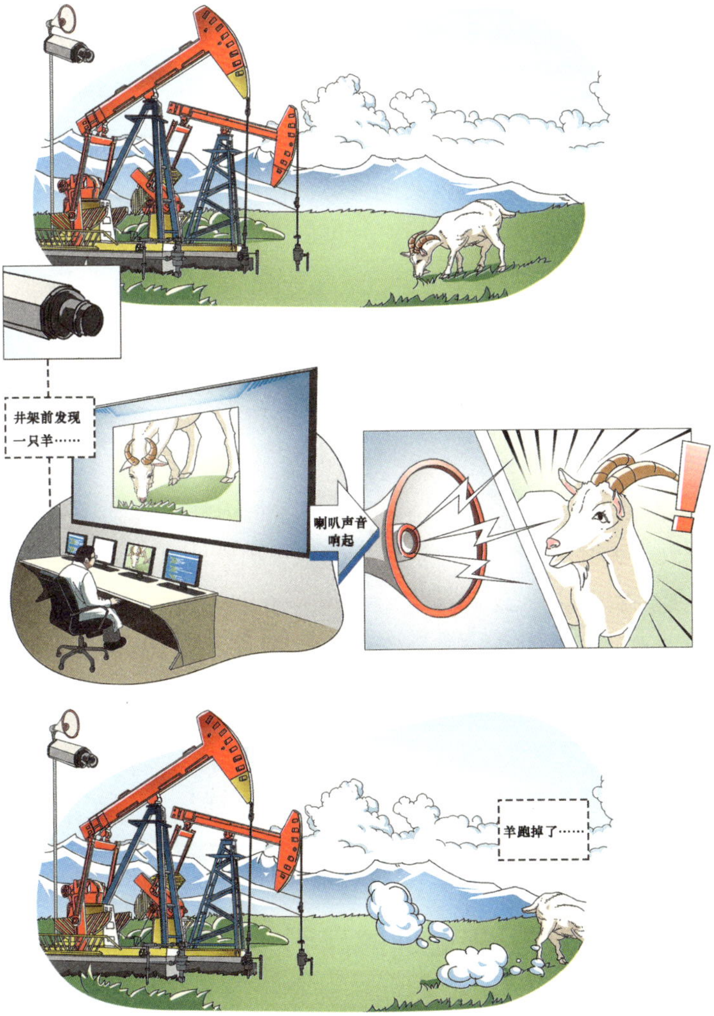

图 7.2 采油井自动驱羊

当然，人工智能能完成的工作远远不止于此，它还会预测！举例来说，如果在油井上安装了足够多的"眼睛"，可以获得产量、压力等数据，那么人工智能就可以凭借"记忆"——也就是油井的生产历史数据，去推断这口油井未来的产量。如果"记忆"足够多，它甚至可以估测到其他油井的表现。这其实就是人类的学习过程：人工智能认识了第一口井，它发现这口井的产量会先增加然后降低，如果有人给这口井对应的层位注了水，那么这口井的产量会再次增加。于是人工智能了解到油田注水后产量就会增加，一段时间后还会再次下降！所以下一次当人工智能发现有注水井向这口油井所在层位注水了，那么它就会告诉智慧油田：产量要增加了！这就是人工智能预测到油井产量的增加的过程。

更厉害的是，人工智能可以帮助智慧油田做出决策，这是智慧油田被称为"智慧"的根本。如果你告诉智慧油田：我需要增加油井的产量，你看着办吧！那么智慧油田的"大脑"——人工智能就会开始"思考"：上次油井受到水井注水的影响后产量就增加了，这次要增加油井的产量，那我注水不就好了？于是"大脑"得出决定——要注水！经过计算，"大脑"认为连续注入35吨水时增产效果最好，而注水最好是由3号注水井注入，注入层位是A4小层、A6小层，这样注入效率最高。智慧大脑当然不会到此为止！得到注水的方案以后，"大脑"还计算了每天注水需要花费水费、电费共计12500元，而按照当前的油价计算的话，提高的产量可以将收益增加到36500元，那么就可以赚24000元！

确定方案后，"大脑"会指挥"双手"开启注水站的水管阀门、打开井下的控制阀，流量计会监视注入的水量，达到35吨时就会喊停。注水结束，"看到"新的压力、产量数据后，"大脑"默默地预测了这口井一个月后的产量并估算了经济效益，"不错，是我之前计划的那样"，"大脑"表示很满意。

7.3 油气勘探数据采集处理的高手

石油勘探和开发具体指什么？勘探就是在看不见摸不着的地下，通过一些特殊的技术手段找到哪里有石油，而开发就是如何能够最大限度地、最低

七　人工智能

成本地把石油取出来。

当今世界正处于人工智能时代。在油气勘探领域，人工智能技术能有多大的帮助呢？人工智能技术或许会使高投入、高风险的油气勘探进入一个全新的阶段，能帮助地质学家获取地下数据，挖掘地下有效的信息，进而找到油气储存的位置和储量。

油气勘探包括地震勘探技术、钻井技术、录井技术和测井技术等，是一个从宏观到微观，不断地对地下的油气藏深入认识的过程。由于存在不同类型的油气藏，以及油气藏分布的广度、在地下的深度及地下储层的非均质性等特点，油气勘探数据采集、处理和解释过程非常复杂，存在较多的难题，也需要大量的地质工程师、地球物理工程师进行繁杂的工作才可以完成。特别是待探明油气资源埋深较大，中低渗透、特低渗透油气资源比重较高、油气储量已由陆地、浅水转向广阔的深水水域等勘探难题，已经成为勘探开发领域重大的挑战。

有了人工智能这个好帮手，许许多多的问题就迎刃而解了。

对于油气勘探领域，人工智能并非全新的技术，常用的地球物理软件里就包含了大量的人工智能算法。可以毫不夸张地说，在互联网领域应用的人工智能机器学习算法，都能在地球物理勘探中找到对应的应用领域。与传统技术相比，机器学习技术在油气勘探领域的应用将带来新的技术变革，集中在如下几个方面：

（1）优化重复性、乏味和劳动密集型的任务、工作流程和过程；
（2）从大量的多因素数据中提取关键信息；
（3）实现不确定性估算与分析；
（4）将大量不确定性数据转化为更多的诊断结果，并缩短项目周期。

人工智能在油气勘探数据采集与处理过程中是如何提供帮助的呢？

首先，人工智能技术帮助实现地震资料自动处理和自动解释：在地震波的形态中，蕴含着丰富的地下沉积体的信息，如初至波、地层的速度、地层的构造、地层岩性、地层厚度等，这些信息原来是依赖具有丰富经验的地球物理学家的眼睛去甄别和描绘的。现在，地球物理工程师与算法工程师配合，应用机器学习的方法，从已知数据中学习规律或者判断规则，建立预测模型。通过用已知区域地球物理学家建立的成果作为样本，成功地对未知区域进行自动处理和自动解释。在四川盆地一个工区不到5%的样本的基础上进行训练，达到90%的预测准确率，已经完全具备大规模应用于实际生产的水平和能力。

其次，人工智能技术帮助实现测井资料自动快速处理和解释：地球物理测井技术，可以精确地识别地层、认识储层、了解储层的物性和含油气性，是目前无法替换的技术。每一口油气井都需要测井工程师和地质工程师对测井资料进行处理和解释，甚至二次解释、多次解释，对测井工程师的专业知识和经验都有极强的依赖。人工智能技术与测井技术在几十年前就开始碰撞，也产生过火花，但大都处于纯科研阶段，尚未用于生产。直到近期，随着人工智能技术再一次飞速发展，许多油田通过积累的大量准确的样本数据，结合油田地质专家知识形成的知识图谱，基于知识图构建的机器学习模型用于地层识别、油气层的识别和储层物性预测等，测井解释准确率有了大幅度提升，大规模运用图形处理器（GPU）、人工智能处理器（NPU），预测速度有了很大的提高。

此外，人工智能技术还助力岩心照片的自动识别和命名：通过钻井取心，从地下取出大块岩样，可以直接获得真实可靠的地下岩层的情况。岩石制片是利用不同粒级的金刚砂在磨片机上，将岩石标本磨制成厚度为0.03毫米、面积约为20毫米×20毫米的薄片，以供在偏光显微镜下进行鉴定（图7.3）。这对矿物学家的知识和经验有较高的要求。

为了提高砂岩薄片图像鉴定的效率，减少人为因素影响，人工智能研究团队利用机器学习，采用目标检测及图像识别技术对砂岩薄片进行识别分类，并按照砂岩分类三角图原理自动定名，减少了对矿物学家的依赖，提高了地质综合研究人员的工作效率及鉴定的准确率。目前，综合识别准确率可以达到95%。

在油气勘探领域，类似这样的场景还有很多，人工智能技术正在逐步地

深入油气勘探的每一个环节,从而掀起油气勘探新的革命。从一个一个场景的优化实现,到整个油气勘探数据采集处理解释的自动化,实现勘探业务流程的自动化,最后实现颠覆整个行业的运营模式。

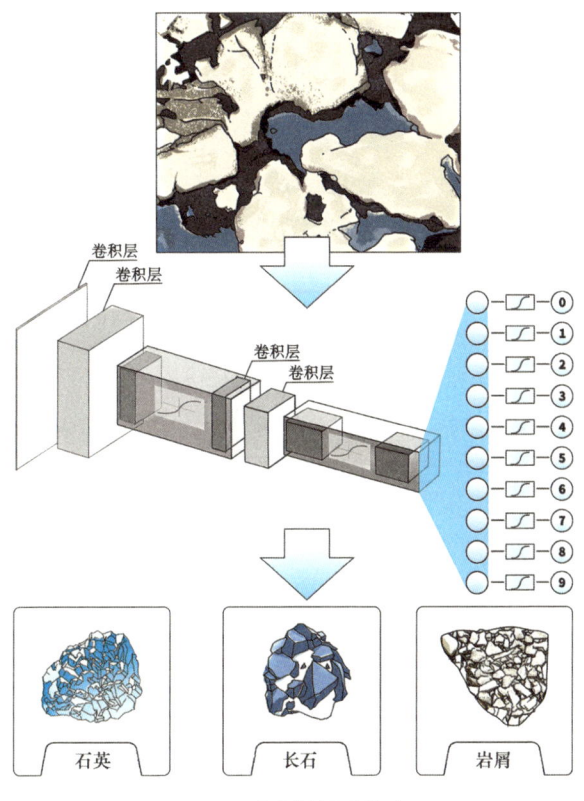

图 7.3　砂岩薄片图像鉴定

7.4　人工智能会让钻井工人失业吗?

随着科学技术的进一步发展,20 世纪六七十年代钻井逐步进入了自动化时代,但目前仍存在大量的繁重体力劳动、不安全因素和数据查找分析工作;近十几年来,随着信息化技术的飞速发展,人工智能应用到钻井现场,替代了人们的若干工作,减少了大量繁重的体力劳动。

这里以钻井现场上较为重要的钻井液处理为例说明人工智能对于钻井作业的影响。钻井液是钻井作业的"血液",储存在钻井液罐内的"血液"在钻井泵加压下产生流动,顺着钻井管柱(钻柱)来到井底,高压"血液"的冲击可以助力破裂地下岩石,返出时又可以携带破碎的岩石来到地面,同时可以在井壁形成"泥饼"保护层,防止井壁坍塌和地层污染。

井场现场监督人员过去需要进入井场作业区查看钻井液密度情况,检查配套设备;现在有了物联网 + 人工智能,边缘计算上的机器人能自动完成巡检工作。钻井液的巡检主要是核查其配比是否符合设计要求。机器人通过钻井液罐上的检测仪器获取钻井液性能参数及实时曲线、设计要求。当发现钻井液参数不正确或相关设备工作不正常时,检测机器人将异常通过网络传给实时远程作业中心(Real-Time Operations Center,RTOC)和本地边缘计算控制中心,由控制中心进行处置。

> **小贴士**
> RTOC 在中国石油现已进化到 EISC,即工程作业智能支持中心(Engineering Operation Intelligent Support Center,EISC)。

当钻机继续深入,现场机器人从施工设计中获知需要调整钻井液密度后,钻井液旁的机械臂根据操作指令添加材料和用量,配制符合设计要求的钻井液。而在过去,钻井液工每隔两个小时就要去室外测量一次,钻井液性能调整时需要工人手提肩扛药品进行配制。通过人工智能 + 边缘计算 + 智能控制,传感器替代了人工参数读取,机械手臂替代了人工操作,大大减轻了工人繁重的体力劳动(图 7.4)。

钻台上的操作也在发生改变,监测仪器时刻查看着柴油机的运行参数,当运行不正常时会及时报送边缘计算控制中心进行处置。司钻由人工智能替代。由司钻握大刹把改由机械臂抱住钻杆,钻杆下部螺纹放进入井钻柱上,机械臂内旋转装置将钻杆螺纹上紧在入井钻柱上,这时顶部的驱动装置落下,并和钻杆上部螺纹紧紧地连接在一起。整个钻柱连接好后,驱动装置开始飞速旋转,带动钻柱和钻头在井下旋转。在钻柱自身重力、钻头切削和钻井液冲击作用下,井底地层不断破裂,井深不断增加。以前接一根钻杆需要两三个工人配合,不但耗费体力,而且不时处于危险环境中。现在只要有一部机械臂就可以实现了(图7.5)。

现场都由机械臂代替操作了,钻井工人要失业了吗?答案是否定的。钻井工人被分成了两拨:一拨进入边缘计算控制中心;一拨进入实时操作中心。边缘计算控制中心是整个钻井作业现场的"大脑"核心,采集的地质数

图 7.4　从人工调制钻井液到自动调制钻井液

图 7.5　自动司钻

据、工程参数、钻井液数据、设备运行数据都在这里汇聚,经过数据清洗后数据会被及时送到云上的 RTOC。控制中心的工作人员会对突发、异常情况进行现场处置。

RTOC 会集合甲方的地质人员、钻井专家们对正在钻进的井的地质情况、工程情况进行分析,根据现场返回信息及时调整地质认识、更新作业方案、会同油田的指挥中心处置复杂工况和事故。

人工智能钻井节省的是现场繁重的体力劳动,大大增加了对于地质分析和工程分析的工作量,不会让钻井工人失业!只是通过加大地质工程分析工作量,提高了打井的钻遇率和作业效率,提升了钻井工人的技术能力,保障了钻井工人的生产安全,更好地完成钻井工作。

7.5 大油田大视野——全景指挥中心

2020 年,寒潮席卷我国北方,这个冬天比以往来得更猛烈更寒冷。如何让加油站库存充实、每个家庭天然气源源不断,成为摆在石油企业面前的首要问题。石油企业的全景指挥中心已进入战备状态,开始指挥油田的千军万马保障油气供应。

何为全景指挥中心?在电视电影中经常看到这样的场景,公安远程追踪办案,坐镇后方所在指挥大厅,其发挥的作用和全景指挥中心类似。油田全景指挥中心(图 7.6)一般会设置一个比较宽广空间,配备一条长 20 米、30 米或 50 米长的视频墙,汇集公司各项业务的实时信息,囊括从石油地震、测井、钻井、采油、作业、运输、储存、销售、道路、电力等所有业务信息,使用智能模型分析,以文字图像等方式直观展示出来,形成见解和决策,扮演着人的大脑中枢和"千里眼"。人工智能是智慧油田的大脑,而指挥中心能将大脑所做的思考指令发布执行。国外比较出名的莫过于阿布扎比的全景指挥中心,国内大庆油田智慧指挥中心也处于领先水平。

七 人工智能

图 7.6 全景指挥中心示意图

指挥中心有生产动态、油井探测、生产保障、调度运行、视频监控、应急管理、资源共享等功能，基本覆盖油田的全部业务，还有各类应急抢险相关材料，能够实现救援的队伍在哪里、抢险设备在哪里、事故现场在哪里、勘探开发的业务到哪里，指挥中心调度管控就能覆盖到哪里。比如，若想了解某一口正在钻进的油井，它就展示出井口位置地图、井口视频画面、井身设计图纸、井底深度和井场三维画面，还能远程控制现场作业场景。

技术专家在指挥中心能直接远程共享钻井的各种参数，根据地质模型与现场施工状况，实现远程指导现场施工。想要知道原油外输情况，集输站每天能收集多少原油、处理多少原油、油罐库存多少，是否会因为输量太少而引起结蜡和凝管，是否外输达到满负荷运转……类似这些问题，后台模型都能自动分析出来，计划生产多少油量、销售多少，并通过图像直观地展示出来，及时提供给技术专家并助其优化生产方案。

除了保障日常生产正常运行外，指挥中心还能在灾难发生时协调油田内部各方资源、集团公司资源以及社会力量，开展应急抢险。石油企业都配有专业抢险队伍、应急指挥车、无人机或移动手机等，要是发生重大事故，都能够快速建立指挥中心与现场的视频通道。通过现场信息快速定位事件发生地，现场位置红标跳动，周边抢险队伍、应急资源绿标闪动不停，对周边村庄、河流的影响范围一目了然，自动识别出企业救援队伍、抢险车辆到达时间和路线，指挥中心的应急处置小组就能快速地跟现场视频通话了解现状，进行精准的决策部署。指挥中心还有预警预测功能，比如台风、洪水、暴雪、地震等自然灾害来临前，监测画面中就会发出报警提醒，自动监测出影响的区域和业务范围。另外，日常生产运行中对数据进行实时监测，如果走势出现大幅度波动，也会有预警提醒。

全景指挥中心汇聚了各路生产数据，配套有先进的科技设备，在人工智能的支持下高效运转。随着人工智能和科技的进步，未来的全景指挥中心将具有更智能、更超前的属性，能更好地利用这些数据资源，在不断变化的能源格局中释放出更大的价值。

7.6 智能救援

纵观人类文明发展的历史长河，经济发展和社会进步都与能源息息相关，但是任何能源都是一把"双刃剑"，从人类开始懂得使用"火"，享受由火带来的温暖和美食的同时也面临着烫伤、火灾等事故。随着人类科技水平的提高，开采和利用各类能源的数量在不断增加，推动了人类面貌、社会环境和文明程度快速发展，但也面临能量意外释放造成的破坏性后果越来越严重的问题。人类对石油、天然气的利用过程也面临着同样的风险。一立方米天然气爆炸，大约相当于千分之九吨 TNT 当量，1 千克 TNT（三硝基甲苯）足以把一间 100 平方米的房子完全摧毁。

石油的特性是易燃易爆，一旦发生火灾，常常伴随爆炸，给人民生命财产和环境造成重大影响和破坏。人工智能可以在油气事故处置中发挥重大的作用。

炼化企业作为高温、高压操作条件，使用大量危险化学品的工作场所，更是存在着火灾危险性。一旦发生事故，处置效率至关重要，而在事故发生时的人员疏散是重中之重。通过人工智能生成疏散路线系统，已经被广泛应用于炼化企业的应急演练中。它是基于地理信息系统（GIS）、三维模拟现实和增强现实技术，应用人员疏散智能计算模型实现的危害泄漏场景下人员逃生路线生成系统。在应急演练过程中，工作人员听到警报声后，通过石化车间调度大屏幕显示的化工装置发生闪爆事故，并伴随有毒有害气体泄漏。车间人员立刻拿起应急包，掏出防爆移动终端，点击危害智能疏散图标，防爆终端显示屏上自动出现了化工车间的三维模型和发生闪爆事故的设备位置。根据石化车间的工艺模型和物联参数等，系统自动计算出可能造成的危害范围、释放的有毒有害气体和按照时间轴的扩散路径。系统根据传感器采集的现场灾害数据，确定时间、空间离散度等基本参量，选取人员疏散行为策略，模拟危害泄漏场景下人员的行为反应，生成人员疏散路线，指导石化车间人员逃生。同时，也为应急消防救援指挥等提供支持。

除了炼化企业外，人工智能在钻井现场紧急救援中也能发挥重要作用。假设在烈日炎炎的戈壁滩上，繁忙的井场发出一声巨响，井喷了。面临喷射到几十米高空的油柱、火焰和能致人失聪的高分贝噪声，工作人员站在远离井场的安全距离内，操控智能救援机器人携带压井工具开展救援作业。人工智能救援机器人的投用大大降低了工作人员开展抢险救援的风险。

智能救援机器人是一个基于后台智能计算和前端智能设备的综合体。它身怀"十八般武艺"，井场大数据应急演练场景、井场三维模型和井筒压力计算模型、事故综合分析模型，是智能机器人的大脑，能够指挥机器人按照最佳救援路径、最佳操作方式开展救援作业。智能救援机器人搭载可视化采集设备，可以全面将事故现场的情况传送回后方指挥部，支持应急指挥官开展救援指挥，对事故现场环境进行全面的分析评估。智能机器人操作人员可以基于这些分析结果进行远程操控，将具体的救援操作指令下达给智能救援机器人，智能机器人收到指令后便迅速开始进行压井作业。智能救援机器人具有一副"金刚不坏之身"，红外线是它的火眼金睛，可以克服现

> **小贴士**
>
> 压井作业就是发现溢流关井后，泵入能平衡地层压力当量钻井液密度的加重钻井液，并始终控制井底压力略大于地层孔隙压力以排除溢流，重建井眼—地层系统的压力平衡关系。压井过程中，控制井底压力略大于地层压力是借助节流管汇控制一定的井口回压来实现的。简单地说，压井作业是指已经发生井喷，或即将发生井喷，用加重泥浆压入井内，制止井口井喷的作业。

场蒸汽、浓烟对救援作业的影响而进行精准作业。它不怕高温、高压和高噪声，能够达到救援人员无法达到的狭小空间。深度学习能力赋予智能机器人自主救援的能力，通过各类传感器和分析数据，智能机器人能够在不依靠外协操作人员的情况下开展独立判断，根据环境的变化改变救援路线、计算决定最大效率的救援计划，甚至还能够与生命探索和生命救援系统集成，通过各种传感器确定伤员情况，在灾难现场进行人员急救，以挽救伤员性命。图 7.7 为智能救援机器人在事故现场作业。

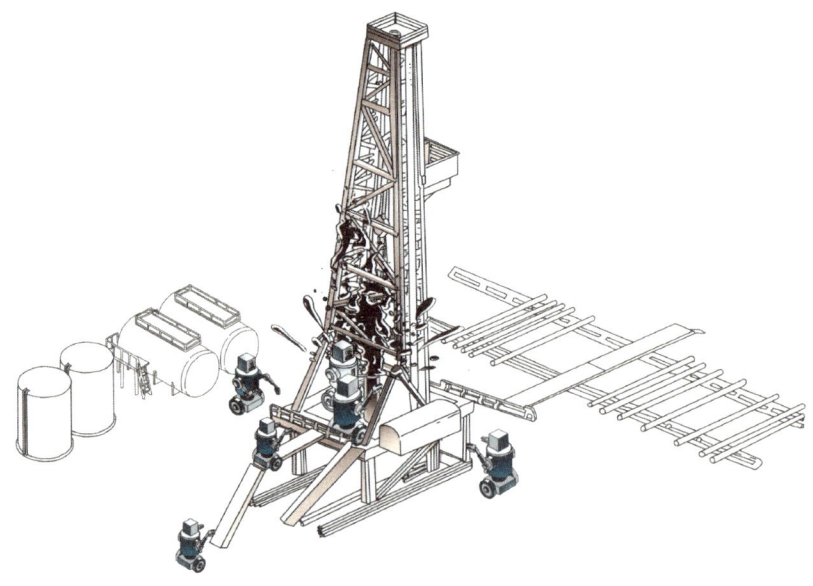

图 7.7　智能救援机器人在事故现场作业

人工智能带来的智能救援能力能快速处置事故，从而更好地保障生命安全、减少环境污染。

7.7 智能监控预警：降低炼油厂作业风险的"隐身人"

如果您看过彼得·杰克逊导演的电影《指环王》，您一定对那枚小小的魔戒印象深刻吧！无论任何人，只要戴上魔戒，瞬间就化身为拥有强大能量的"隐身人"。在炼油化工企业，也有一个拥有强大能量、能有效降低作业风险的"隐身人"——智能监控预警（图7.8）。炼油厂生产工艺复杂，管线纵横，设备林立，加工生产的又是液化气、汽油和柴油这些易燃易爆的化学产品，可以说是"处处充满风险"，是事故多发的地方。炼化企业事故具有征兆不明显、发展迅速不易控制、救援难度大和事故后果严重等特点。

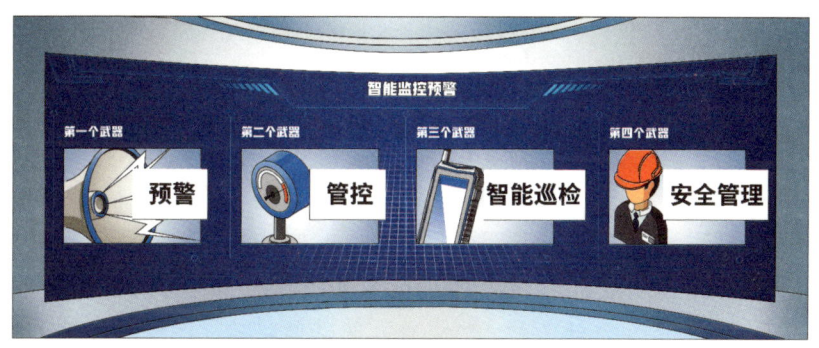

图7.8 智能监控预警

炼化企业事故大多由人的不安全行为、物的不安全状态和环境的不安全因素这三类原因导致。根据国际先进安全管理理论和方法，结合国家安全监管的特点和炼油化工企业安全管理实际情况，信息技术人员借助人工智能技术，以系统化的安全咨询方案为基础，针对炼化企业安全风险特点，依托智慧炼油厂建设，有针对性地开发出各种高科技系统，让电脑帮助人们开展烦琐的应对风险的工作。智能监控预警这个"隐身人"让隐藏很深的风险"缴械投降"。它有哪些秘密武器呢？

第一个武器是报警

装置生产时，控制生产的工控系统时时产生大量报警信息，比如锅炉汽包工作压力的工艺参数高限设定为3.7兆帕，检测压力的传感器一旦测定出压力高于 3.7 兆帕，就会产生压力高报警。如果报警信息没有被发现，压力持续升高，汽包就有爆炸的风险。一旦爆炸，将会造成巨大财产损失，甚至人员伤害。这些报警信息，内容庞杂，形式多样。信息技术人员开发出先进报警管理平台，让"隐身人"先对报警信息进行整理、分析、过滤和优化，建立报警台账、对报警进行统计分析，优化报警数据，同时在网络平台上实现报警的关键绩效指标（KPI）展示和报警参数的实时比对，减少干扰报警。"隐身人"对报警进行分级管理，实现关键报警 5%、重要报警 15%、普通报警 80% 的分布。对于一些关键参数的报警，"隐身人"采用声、光等形式提醒操作人员注意，必要时"隐身人"还采取联锁措施，直接切除引起报警的因素，甚至停止设备运转，防止风险扩大。"隐身人"还有定制化报表查询功能，管理人员可以将报表导出来，进一步进行分析，为下一步应对风险积累数据和经验。

> **小贴士**
> 关键绩效指标（Key Performance Indicator，KPI）是通过对组织内部流程的输入端、输出端的关键参数进行设置、取样、计算、分析来衡量流程绩效的一种目标式量化管理指标，是企业绩效管理的基础。

压缩机和机泵是炼油厂的心脏。技术人员开发出"动设备智能监测预警系统"，"隐身人"在线监控着 300 台、无线监控着 131 台压缩机和机泵。"隐身人"对它们的健康状态、故障情况、振动大小都了如指掌。如果它们哪一台偏离了正常工况，说明它们有可能"生病"了。"隐身人"就立即发出预警，工程技术人员就重点关注这台设备，必要时停下来检修，从而降低设备突然失效带来的风险。"隐身人"就是每台设备量身定制的"专职健康顾问"，是炼油厂大机组和机泵的忠实护卫者。

炼油厂有大量视频监控摄像头。原来这些摄像头需要人工监控，一个装置有几十个摄像头，监控人员工作量大，责任心要求高，晚上和气象条件不佳时，监控摄像头的清晰度和监控效果大受影响。借助视觉识别技术，应用垂直场景深度学习和视觉行为分析算法，信息技术人员为监控摄像头安上人工智能的翅膀，开发出视频监控行为分析系统。在目标区域，全覆盖布设视觉传感器，精确跟踪和定位视频画面，实时监控和分析视频画面，智慧识别着火、烟雾和人的不安全行为，一旦发现视频画面有异常，马上发出警报。

"隐身人"能对烟火、脱岗、睡岗和监控区域的周界异常发出预警，让现场异常风险无处躲藏，也让岗位的不安全行为得到有效控制，实现现场风险管理"实时预警，主动处置"的目标。

第二个武器是管控

仪表系统是炼油厂的"眼睛"。通过"仪表系统智能化"系统，"隐身人"在线管控着5000多台智能仪表、900多个控制回路的运行状态。采集数据、实时监控、统计分析，"隐身人"一刻不停、不知疲倦地忙碌着。指标超过设定值，"隐身人"就推送出报警，提醒操作人员这条仪表回路出现了健康问题，让他们第一时间现场检查。信息技术人员开发出的一条条程序，指挥"隐身人"对全厂仪表、阀门进行电子巡检和在线维护诊断。采集到数据后，"隐身人"在后台运行大数据分析，形成各装置维护管理评价指标的KPI报告，实现仪表设备及控制系统的预知性维修，而不是等它们出现安全风险导致事故时才被发现。

第三个武器是智能巡检

信息技术人员开发出可测温测振的智能手持终端，依托4G专网无线传输数据，"隐身人"就能准确、及时地将现场采集的数据回传到系统。通过绑定现场防爆蓝牙标签，能控制工作人员巡检到位。"隐身人"还有巡检轨迹记录和回放功能，保障巡检的真实性。巡检人员发现现场风险时，可以配发图片，实时上传系统。对这些风险，"隐身人"能自动形成"作业票"，督促相关部门组织整改。从巡检计划任务下发到巡检完成上传，全部采用服务器时间，杜绝人为修改。通过三维仿真，结合生产自动化系统，"隐身人"能自动抓取工艺运行参数和现场监测数据，实现内外操作的实时联动，让巡检效率提高6～10倍。后台程序系统深度整合作业许可、智能巡检、设备管理、隐患排查系统，开发多个数据接口，消除各系统之间的数据壁垒，打通从问题发现到问题处理的一站式通道。

第四个武器就是辅助安全管理

信息技术人员开发出健康安全环境（HSE）管理和HSE现场管理平台等

信息系统，实现监督检查、检修管理、隐患排查、智能巡检、作业许可和承包商等现场安全管理活动的闭环管理，将风险杜绝在出现之前。

"隐身人"还有强大的统计武器、分析武器，信息技术人员还在孜孜不倦地努力完善"隐身人"的功能，让"隐身人"对付风险的能力更强大，让"隐身人"守卫安全的本领更强。

7.8 油气设备的好管家

从1956年正式提出人工智能学科算起，经过半个多世纪的长足发展，人工智能学科已经成为一门广泛的交叉和前沿科学。进入21世纪，随着计算机信息技术的迅猛发展，以及科学家的不懈努力研究，人工智能技术进入快速发展和应用阶段。如今，人工智能应用慢慢走进人们的日常生活和工作中。大家可以智能管理家中的照明、窗帘、家电等家居设备，这是最常见的利用人工智能技术管理设备的应用模式。人工智能应用带来极大的便利和舒适体验，改变了人们的生产生活方式。那人工智能技术是如何来帮助石油工人管理油气设备的呢？

各类设备通过大量监测手段被物联到控制中心，监测仪器发现设备运行异常时，直接报送到控制中心，控制中心的人工智能模块迅速检索故障库和专家知识库，没有找到类似故障排查指导，迅速连通云上的专家远程支持，通知设备专家进行远程会诊，这时控制中心将设备的各类参数（制造参数——来自设备制造厂商设备交付时提供的数据、历史运行参数、现场运行参数、同类设备发生故障历史记录等）收集后给各位专家备用，专家通过远程支持中心的协同工作平台会商故障情况。当问题棘手时，还可以连接制造厂商的设计和制造专家共同会商，给出设备的维修和处理方案。作业中心通过智能手臂或操作人员在远程专家团队的支持下维修设备，进行事故处置。远程专家中心会记录事故处置过程，并将事故填写到故障库和专家知识库中。

这神奇的一切是如何实现的呢？这都归功于智能的油气设备管家——装备制造物联网系统。"油气设备管家"由现场处置中心和远程专家中心两部分组成。"油气设备管家"虽然没有人类的情感，但智能本领和学习能力可不弱，其负责石油装备远程监测与技术服务，具备设备档案管理、远程监测、健康状况分析、故障诊断、预测性维护、故障库、专家知识库、备件库管理等诸多本领。

石油装备企业生产制造了种类繁多的油气设备，比如钻机、压缩机、柴油机等，部署在各个油田、炼油厂。设备需要周期性的维护保养，及时维修大小故障。就像人一样，需要定期健康体检，对感冒发烧的小病及时治疗，若是大病就需要专家集中会诊。传统的设备维护管理需要花费很大的人力、物力，以保障设备的正常运行，防止因设备老化、维护保养不当而出现故障，导致维修成本增加，甚至停机而耽误生产，带来经济损失，严重的还可能因此而引发安全事故。

"油气设备管家"（图7.9）为设备建立全生命周期档案——从生到死，前生今世。从设备生产开始，每台设备都有专属台账，自动生成二维码唯一标识，自动采集设备运行数据、保养维修工单数据，并上传到后台数据库，无须人工录入汇总统计。工人无须到条件艰苦恶劣的设备作业现场去，安坐于监控室中就能实时掌握设备在哪，是否正常运行，报警自动推送给相关人员。"油气设备管家"大大改善了石油工人的工作环境，降低了劳动强度，提高了设备管理效率。

"油气设备管家"不断收集设备的历史运行数据、维修保养数据，从而获得设备在不同工作状态下的特征，形成历史维修记录、重复故障排查统计、故障规律关联分析、故障原因分析、专家知识库等。构建设备健康档案和评估标准，更科学更精准地预测性维护。可以根据现场实际运行和维护情况为依据制订检修计划，随时进行调整，避免简单粗暴地过度维修。智能工作日历管理到每一个具体细分任务，到期自动触发，及时提醒工人，再忙也不会遗忘，避免因关键部件寿命周期完毕而引发故障，提高设备使用效率。

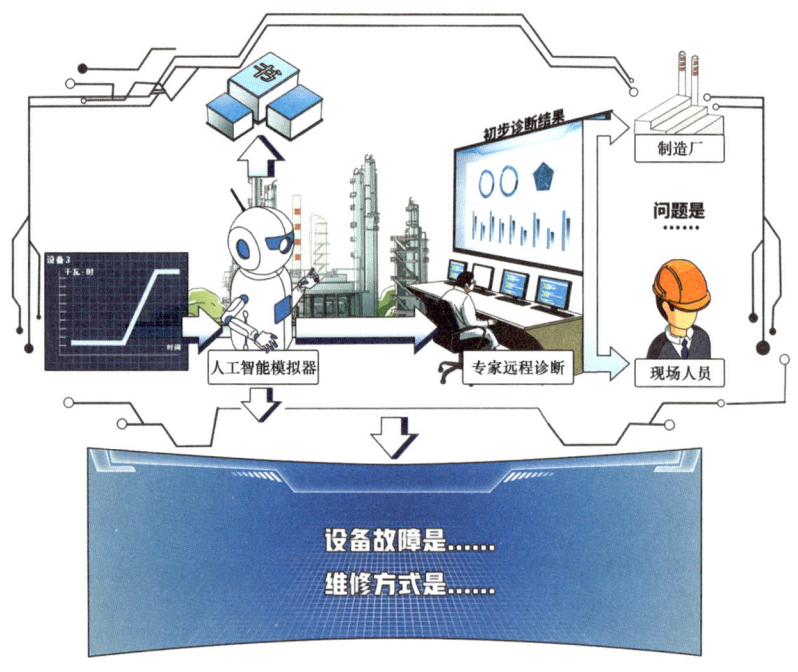

图 7.9 "油气设备管家"

设备突发故障时,"油气设备管家"第一时间通知具体责任人,对于大部分常见故障,可以协助维修人员进行故障诊断,给出排查指导;对于"疑难杂症",会为现场与后方专家团队建立"远程医疗会诊",并通过完善的设备档案管理功能及时提供"病患"设备的"检查报告"和"病历",充分发挥后方专家的智慧,为"病患"设备远程"号脉开方"。同时,备件管理功能保障现场精准储备有充足的、必需的备品备件和零配件等,不会缺少零件,也不会积压浪费,始终确保最优供给,及时"药到病除"。

"油气设备管家"的出现,为设备建立从生产、使用直至报废的全生命周期设备管理档案,实现对设备调整、使用、维护、状态监测、故障诊断等的全部管理工作,同时利用诸如远程监测、健康状况分析、故障诊断、预测性维护、备件库管理等人工智能和管理融合应用,实现设备优化和管理,最大限度地发挥设备的全部效能,提高设备的利用率和投资效益,降低设备维护管理成本,减少安全隐患。

7.9 智能管线上的巡检工

油气技术管道跨越万水千山，地质灾害、有意无意的人为破坏等都会造成管道泄漏，形成极大的安全隐患，为此需要定时查看管线情况，确保管道运行安全。

过去的管道巡检全靠人工完成（图7.10），巡线工人每天一大早就出门，走过戈壁、爬过深山、穿越河流，如同古时军队行军一般，逢山开路、遇水搭桥。管道巡线人每次往返几十千米的线路，身上装备简单，一张图、一台手持监测设备，外加干粮和水，穿越大大小小河流无数，一望无际的田野小道，还有山路丛林，沿着管道标识巡查，偶尔途中还能遇到一些陌生小动物，除了孤独寂寞外，毒蛇、猛兽可能带来生命危险，突发疾病也屡见不鲜。即使发现问题，也可能因在深山老林通信不便而无法及时传回信息，导致无法及时处置问题，从而造成重大安全和环保事故。

图7.10 过去的人工巡检管线

无人机管道巡检（图7.11）是人工智能的有效实践之一，在深山老林、江河湖泊之间能够轻松完成巡检作业。在一些高温、下雨天，人工巡检存在很大的危险，而且很耗费体力，无人机巡检则更加高效和安全。无人机在待巡查的管道上空沿线飞行，采集管道详情影像，实时回传至地面。在石油管线上飞行，将管线情况拍摄成高清照片，将照片导入专用软件后，绘制出完整的管线航测图。夜间可以配载红外热像仪实现巡检。无人机巡线主要实现规划任务、结果分析、图像数据管理、信息查询、结果展示，通过多项技术

图 7.11　无人机巡检管线

融合分析得出需要的场景和结果,通过空中巡视,可以清楚地进行直观判断,确保管道运输的安全。

坐在路基上,巡线工人操控的无人机沿着预定路线在空中盘旋,画面中油气管线穿过河流、横过桥梁,巡线员认真检查视频画面里的管道配套设施,两侧有无挖土动作、违章建筑、管道暴露等场景,并将画面传回到控制中心。控制中心会启动人工智能模块,对传回的画面进行识别,配合巡线工检查两侧有无挖土动作、违章建筑、管道暴露等场景。

除了无人机巡检外,对于城市或高山等不适宜无人机操作的区域,管道光纤监测也是常用的手段。管道光纤监测是近些年发展起来的智能化监测手段,沿着管道敷设光纤传感器,就像动物的触觉神经,可以感觉到管道禁区内的声音频率、表层压力、周边温度的波动变化,从而识别出有无闯入、挖掘、破坏、滑坡和泄漏等。

当管道穿越大河、长桥洞时,智能机器人担负着巡线的任务,安装了轴向360°旋转摄像头,远程操作到达现场,就如同人的双眼,想看到哪它都能注视到,也就是可以清晰地看到管道的环境和外貌形状。

人工智能带来了巡线工人操作方式的巨变,为输油气管道的安全运行提供了保障,极大地提高了管线运行维护人员的生活质量和人身安全,提高了工作效率。

八　区块链

　　信息技术给石油工业带来了巨大变革，但技术都是双刃剑，会带来好的影响的同时也会产生一些负面的影响。比如曾经有石油公司加油站管理系统被犯罪分子操控修改数据，伪造预付款金额，给企业造成损失。这些负面印象多是传统的交易方式存在着信任问题和交易风险造成的。信息技术如何保证石油工业大量的交易和资金流动的安全性和可靠性一直是行业面临的挑战。将区块链技术引入可以为石油工业提供更加安全和可靠的交易环境。利用区块链技术还可以提高石油工业的效率和降低成本，实现数字化交易和数字化管理，减少人工干预和中间环节，提高交易速度和准确性，降低交易成本和物流成本。

8.1 如何理解区块链？

区块链技术是比特币的底层技术，因此要理解区块链（图 8.1），首先要了解比特币（图 8.2）的运行机制与规则。比特币的发明人是一位叫中本聪的密码学专家，在 2008 年全球经济危机中，美国政府因拥有美元体系的记账权，而可以无限超发货币。中本聪觉得这样很不靠谱，于是他思考是否有这样一种现金支付体系：不需要一个中心化机构来记账，而是其中的参与方都有权来记账，货币不能超发，整个账本完全公开透明、公平公开。这就是比特币产生的原因和动机。

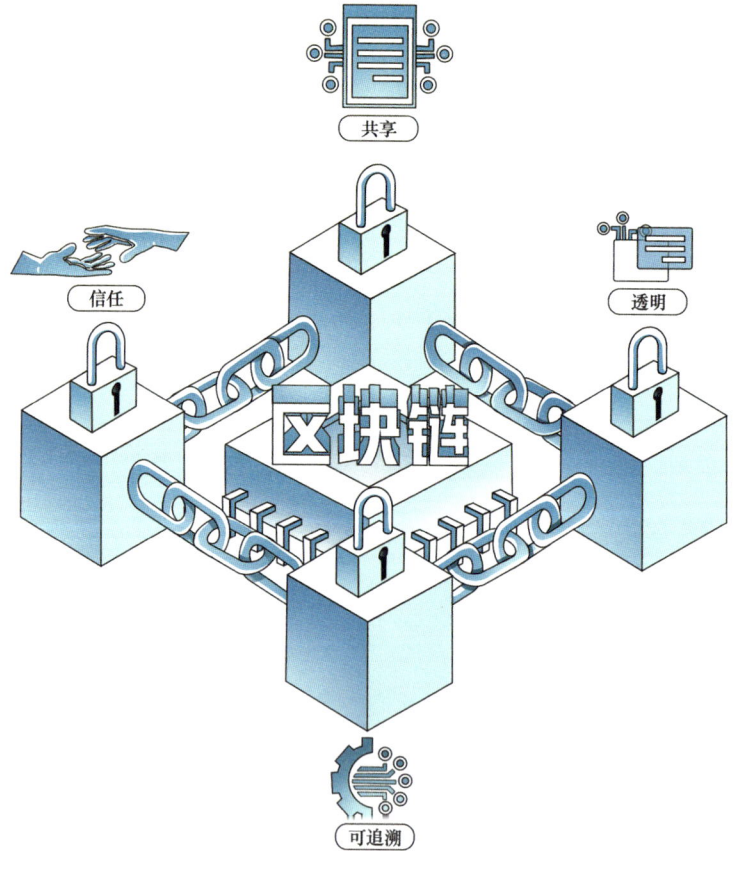

图 8.1　区块链

中本聪之所以有这种想法,是因为记账货币必须有一个记账方,这个记账方多数时候是银行或第三方支付机构等,这是一个中心化的记账方式。中心化是由银行或第三方支付机构的信用来担保的,如果银行受到类似黑客的攻击,数据有可能被篡改,并且它高度依赖银行的信用而存在不安全的可能。

如果由一个中心变为多个中心,由原来只能由银行记账,变成了人人都能参与记账,是不是就可以化解这个问题

图 8.2 比特币

呢?是的,"去中心化"进行记账会更加安全,这就是"去中心化"概念的由来,也是中本聪发明比特币的由来。

> **小贴士**
>
> 区块链相当于一个去中介化的数据库,它是由一串数据块组成的,每一个数据块都包含了一次比特币网络交易的信息,而这些都是用于验证其信息的有效性和生成下一个区块的。
>
> 区块链可以从广义和狭义两个方面来看。从广义上来说,区块链是一种分布式基础架构与计算方式,是用于保证数据传输和访问安全的。从狭义上来说,区块链是一种按照时间顺序将数据区块以顺序相连接的方式组合成的一种链式数据结构,并以密码学的方式来保证不可篡改和不可伪造的分布式账本。

但是问题又来了:如果不是一个中心化机构来记账,即大家都能记账的话,如何保证每个人手里的账本是统一的呢?如何能保证账本不被坏人恶意改掉数据呢?为了解决这个问题,中本聪发明了一个叫"区块链"的系列技术集合。

他设定了这么一套规则,规定比特币网络大约每 10 分钟出一页账单,账单上记录这段时间网络里的来往交易,把这一页账单叫"区块"。类似每 10 分钟有一道数学题被丢到网络中,大家比赛,看谁算得快。那么,为什么

大家要竞争这个记账的权力呢？这也是中本聪最为聪明的一个地方：他把比特币的发行和记账行为绑定在了一起，记账的人每获得一次记账权，就会获得系统产生的新的比特币作为奖励。也就是说算得最快的计算机就会"挖"到一定数量的比特币。他规定比特币总量为2100万枚，每个比特币的产生伴随着每一页账单，也就是每一个区块问世。

最开始每个区块的奖励是50枚比特币，大概每4年减半一次，一直到2140年全部奖励完，也就是比特币全部发行完毕。一页账单生成后，马上开始下一页账单的竞争，下一页会跟在这一页账单后边，有严格的顺序。如果有人想要私自修改某一页账单里的数据，他必须从那一页账单开始重新计算这道超难的数学题，并且在非常短的时间内赶上现在的账单数量，否则没有人会相信他的账本是真的，也没有人会从他的这个账单后面继续往后记账，最终会被大家抛弃，白白浪费成本。

比特币实现了在一个没有中心化机构记账的情况下，能够安全地进行比特币的发行、记账和激励，这是一个伟大的发明，它完全有可能重新定义这个世界。而比特币的底层技术，也正是区块链。

区块链除了去中心化，还有一个特点，就是价值的传递，这完全不同于互联网的信息传递。互联网不依赖于某一机构，或者某一国家而运行。在这个网络里，你可以很轻易地传送信息。不论你是在美国，还是在非洲，甚至在太空中，只要有互联网，就能实现点对点的信息传递，互联网传递信息的方式是复制。假如你有一张照片，发给了朋友，其实不是传递给了朋友，而是发给了他一份副本。照片传递给你朋友之后，你手里还是这张照片，而你朋友手机里多了一张照片的副本。

互联网这种副本的信息传递方式，在诸如版权、货币、票据等价值载体的传递中会出现问题。因为你不能传递给别人一份带有版权的文档之后，自己手里还有一份。举一个极端的例子，你给别人转过去一笔钱，你不可能自己再拥有这笔钱。

价值传递和信息传递的不同之处在于：价值传递要求信息的传递与价值

的转移同时进行。而区块链就是这样一个在没有一个中心化机构的情况下，实现全球范围的价值传递。如同互联网将人类社会带入信息时代一样，区块链有可能成千上万倍加速人类资产的交换，人类社会将有可能进入一个全新价值交换时代。

综上所述，区块链技术实现了互不信任主体之间的价值传递，其背后反映的则是该技术为参与者提供的信任、共享、透明、可追溯的特点。在目前的商业社会中，互不信任的商业机构、行政机构等之间要进行经贸、管理等社会活动，区块链是不可或缺的。

8.2　石油币

石油币是委内瑞拉发行的数字加密货币。委内瑞拉总统尼古拉斯·马杜罗在 2017 年 12 月 3 日的电视讲话中宣布了石油币的诞生。马杜罗表示，新货币将得到委内瑞拉储备的石油、汽油、黄金和钻石的支持。2018 年 2 月，石油币正式推出，委内瑞拉也因此成为全世界第一个发行数字货币的主权国家。委内瑞拉官方表示，石油币作为该国第二官方货币，和法币主权玻利瓦尔同时流通。从 2019 年开始，委内瑞拉所有的石油产品，将按照制定的时间表，逐步通过石油币出售。与此同时，石油币也被逐步引入国家经济体系。委内瑞拉公民仅能通过石油币办理护照和护照延期，国民可以用主权玻利瓦尔购买石油币。

委内瑞拉发行石油币并将其与石油产品挂钩，实际上已经说明了政府对这种加密货币的看重：委内瑞拉是一个完全依赖石油及其衍生物的开采和出口的国家。石油是国家最大的外汇来源，是财政部门最大的贡献者。2016 年石油出口收入占全国 GDP 的 50% 以上，占出口总额的近 96%。

石油币作为新兴的数字货币，虽然行情存在波动，但发展趋势和潜在价值仍备受关注。石油产品、数字货币与美元如图 8.3 所示。

图 8.3　石油产品、数字货币与美元

首先，将石油资产与石油币挂钩，能够有效地稳定石油币的价值——石油币发行总量约 1 亿枚，每一枚石油币以委内瑞拉的一桶石油储备作为背书，完全不用担心大规模贬值。与此同时，石油币可以与其他委内瑞拉法币以规定比例兑换，一方面能够稳定法币价值，同时也能将市场上泛滥的货币进行回收，以抵消增发货币造成的影响。

其次，石油币作为一种虚拟货币，能够有效地避免美国制裁带来的影响。现有的经济制裁只能影响到法币的流通，无法将影响力扩展到石油币上。如果石油币—法币体系运行正常，委内瑞拉政府甚至可以无视美国制裁带来的负面影响。

再次，作为一种基于区块链的虚拟货币，将石油币应用在石油结算上可以有效地打击委内瑞拉石油生产和管理企业中存在的腐败行为。

最后，虽然理论上来说，每个石油币都有一桶石油或相应的资产作为背书，但实际上却是不需要真正将石油交付出去的。石油币本质上可以看成是一种石油期货，并不需要实际存在的石油储备。如果石油币体系运行顺畅，的确可以解委内瑞拉债务违约、入不敷出的一时之急。

目前石油币的创新改革还在进行中，其中可借鉴、可参考的内容较多。总之，石油币只是委内瑞拉与石油相关的一种结算方式，其技术手段依然是利用区块链技术。

8.3 产运储销协同区块链

作为世界上最重要的化石能源，以石油为中心延展出庞大而完整的产业链体系。上游是石油和天然气勘探开采业、与之配套的石油钻采专用设备制造及相关的服务业；中游围绕原油转化和利用，形成汽油和燃料加工、石油化工原料加工、基础化工原料深加工、炼油和化工生产专用设备制造业等；下游产业链环节以成品油、燃料和化工产品的贸易分销和进出口为主。而石油的上中下游产业链都会涉及产运储销的各个环节，渗透至石油化工行业的方方面面，产运储销的协同直接关系到石油产业链的运行效率。

利用区块链技术能将石油产业链上不同生产环节、运输、存储、销售等业务流程中的关键数据上链，为下一阶段全面打通数据壁垒、搭建能源区块链生态圈奠定稳固基础，最终实现数据实时共享、业务流程优化、降低运营成本、提升协同效率、建设可信系统。

利用区块链技术整合产运储销的各个参与方，组建联盟链，将区块链技术应用到石油从勘探、开采、运输、存储到交易的整个生产、流通过程，实现全流程可追溯，解决过程中信息不透明的问题；通过智能合约在可信交易方面的安全性及不可逆转性，实现产业链上下游机构基于区块链的交易确权，降低交易成本和交易风险；基于区块链防篡改的特性，交易监管机构也可以对交易更方便地实施监控。

产运储销协同区块链可由产业链的相关企业构成，包括生产商、物流商、仓储机构、销售商、质检机构、监管机构等。在平台上，产品的每一次流通行为，都必须由相关的双方基于在线电子合同进行签约，确保产品流通信息的真实可靠，并通过 Ukey 对签约信息进行签约上链，确保流通信息不被篡改（图 8.4）。

2018 年 10 月，上海燃气（集团）有限公司、新奥能源控股有限公司以及唯链（VeChain）共同推出液化天然气（LNG）业务区块链解决方案，由此开始了区块链技术在能源领域的探索和布局。2020 年 3 月 31 日，上海燃

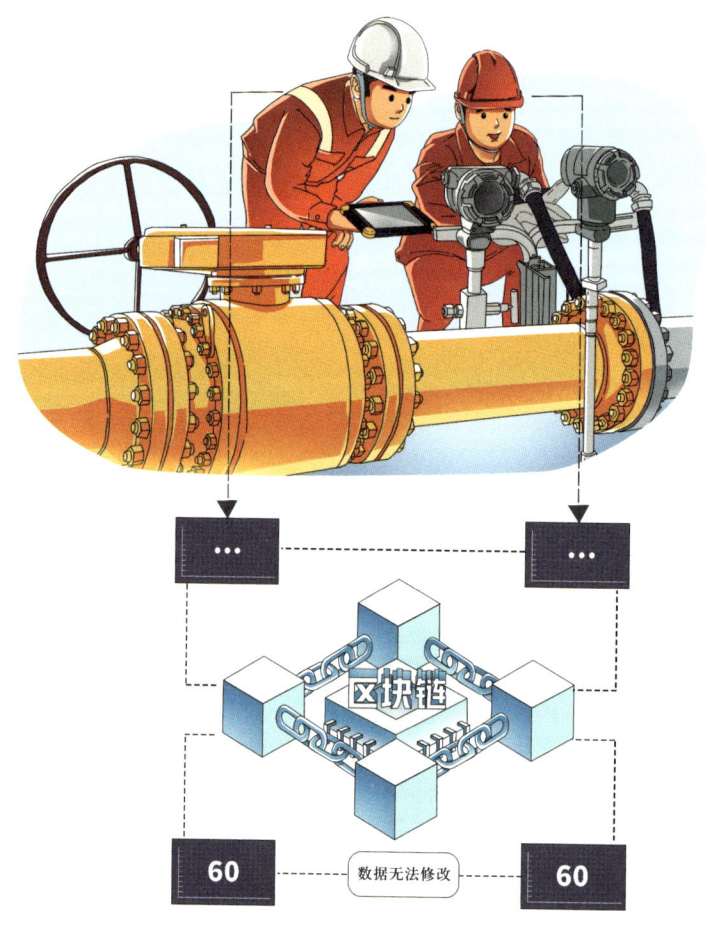

图 8.4 区块链用于计量交接

气(集团)有限公司宣布其能源区块链项目一期落地,成功将 LNG 运输、存储、线上交易等业务流程中的关键数据上链。基于信息数字化及区块链存证率先实现了上海燃气供应链中 LNG 的信息数字化及区块链存证查询,包括由上海天然气管网公司运营管理的五号沟 LNG 储罐内的 LNG 组分信息(该信息为衡量 LNG 质量的标准之一)、由久联集团负责的 LNG 订单信息(含提货单号、提货量、物流承运商车辆及司乘人员信息等)以及装载信息等,初步打通了 LNG 产业链上中下游信息相互独立,解决了交易流程信息共享较弱的问题,同时为 LNG 接收站、销售、运行等安全生产管理、事故定责提供可靠依据。

基于区块链的产运储销协同的治理需要满足许可链相关治理要求，包括平台搭建、权限管理、节点管理、监管审计和监控等治理内容。

采用成员准入机制，基于区块链技术构建联盟。新用户加入需提出申请并经过所有联盟成员同意，在签署用户协议后方可加入，用户协议确定用户角色、相应的权利和义务，以及可访问数据的范围，如用户违反协议将被强制退出。

区块信息中记录产品从勘探、开采、运输、储存、进口、报关、批发到零售的完整信息，数据由各相关机构的核心系统通过前置数据库封装后上传区块链网络。

在长期战略规划方面，产运储销协同区块链后续可以基于前期区块链数据存证逐步引入物流管理、能源交易、创新金融等综合服务功能，实现行业数据共享、产供销储全面一体化智能协作、业务全流程安全管控、能源市场供需稳定以及完善的银行及保险创新金融服务的项目目标，积极探索"能源即服务"的创新业务模式。

8.4 区块链与油气勘探

区块链正加快与云计算、大数据、人工智能等技术融合，在油气勘探开发领域落地，发挥促进数据共享、优化业务流程、降低运营成本等多方面的价值。

在各矿产资源的协同勘探方面，现有的研究主要集中在同盆共存机制上，但都是关于各种矿产资源协同勘探的工作流程，不涉及数据共享的问题。数据共享是各种矿产资源协同勘探的基础。因此，建立科学、有效的各种矿产资源数据共享机制非常重要。在多矿产资源的合作勘探过程中，尤其在多矿产资源并存的盆地中，其协调勘探必须解决以下几个迫切的问题：重复探索、数据孤岛、智能分析较差、合作研究管理机制不完善等问题。

由于勘探方法的相似性和可重复性，不同矿产资源的数据之间具有共同性。以油气资源为例，油气地质数据主要包括地震数据、测井曲线、钻屑、岩心和岩石物理等第一手数据，以及地震解释数据等解释结果数据、测井解释结果和储层参数。在采矿业中，各个矿产部门已经积累了大量的地质数据，并建立了相对完善的数据收集和存储系统。目前，各种矿产资源之间没有数据共享。随着行业数据的不断积累，人们逐渐意识到数据资产的价值，几乎所有能源部门都提出了"共享"的发展理念（图8.5）。

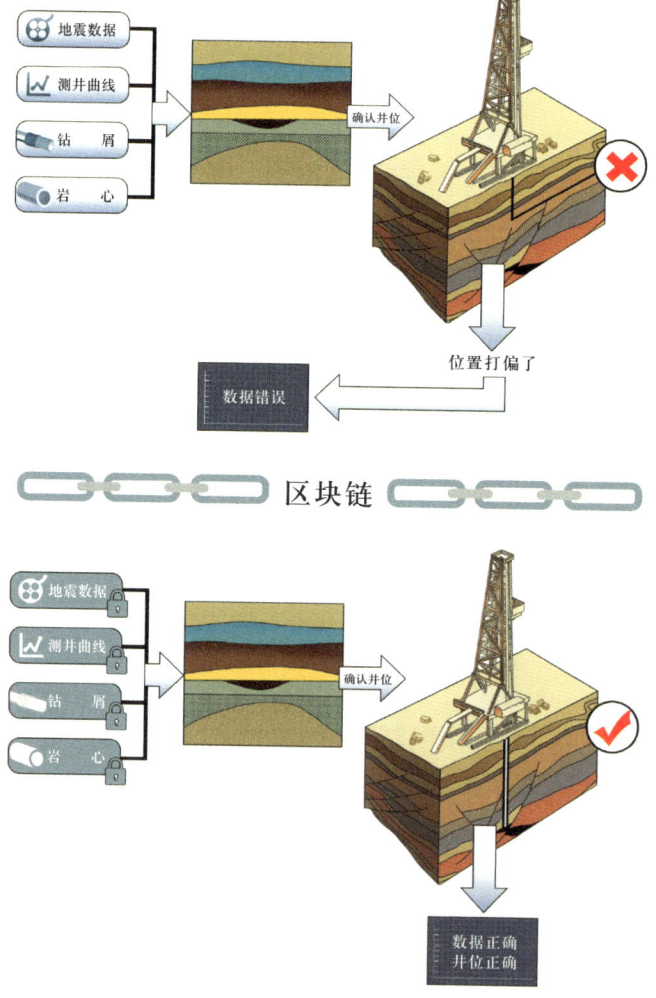

图 8.5　油气勘探应用区块链前后

八 区块链

基于区块链的多种矿产资源数据共享机制通过在不同矿产部门之间建立产业联盟链来实现数据共享。该模型可以实现数据的可追溯性和防篡改,在共享数据的同时保证数据质量,共享研究成果,并保护知识产权。通过使用不受信任方之间的区块链技术来制定数据共享机制,以实现数据安全和保护(图 8.6)。基于产业联盟区块链建立了各矿产资源的数据共享机制。该机制由数据拥有者、数据需求者和数据执行者三方组成。

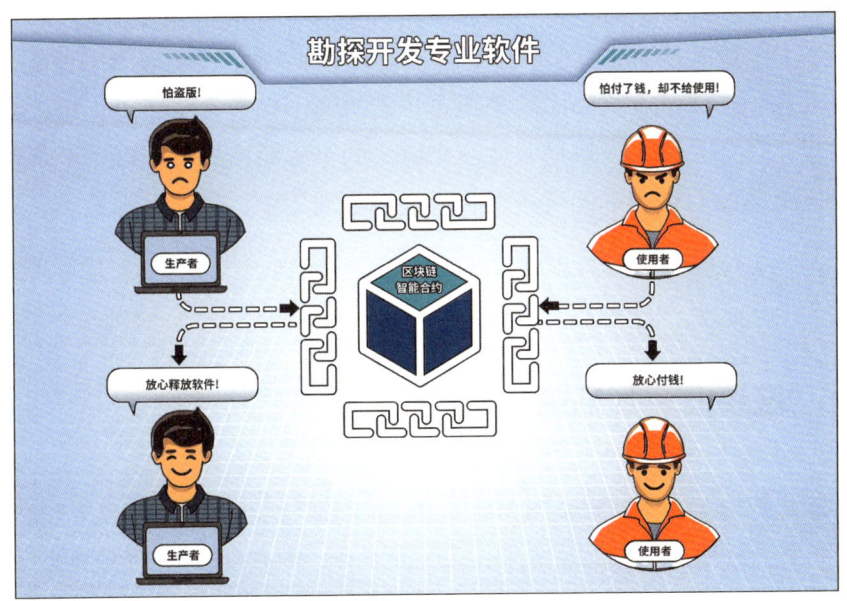

图 8.6 区块链保护软件版权

> **小贴士**
>
> 数据拥有者是指拥有矿产资源数据所有管理权的个人或机构。数据需求者是指需要矿物数据的研究人员、研究机构、公司或项目团队。数据执行者指分散的数据共享平台,它可以为远程数据访问提供计算机、中央服务器或云服务器,从而为数据所有者和用户之间的数据交换提供受信任的执行环境。

在这种共享机制下,每个角色都有明确的边界。数据所有者是信息流的起点,数据用户无权获取源数据。最终,双方以可信、透明和平等的方式在

185

执行者的平台上共享并相互交流。该机制维护了生态系统模型的正常运行，并通过激励机制（例如区块链挖掘）确保了信息的可靠性。此外，链中暴露了不良和虚假数据，这有助于创建良好的数据共享生态环境。数据共享是实现各种矿产资源协同勘探的基础，同时也为油气勘探提供了一条捷径。

当然，在油气勘探中还有大量的业务场景可以使用区块链技术，例如在油气相关装置的设计、建造、安装、维修方面。以海上钻井平台为例，一个平台分为导管架、机电仪、海管、钻机、生活区等，如果是浮式平台还要考虑动力定位以及锚泊。在平台设计时是术业有专攻，而且设计、建造、安装、维修也往往是不同的团队来跟进。若沟通不畅会发生矛盾，返工就会时有发生。如果引入区块链，使一个庞大的工程项目能够在每一个环节都留下不可篡改、可回溯的痕迹，将大大提高准确率，进而提升效率、降低成本。

8.5 "区块链+加油站"

加油站为大众提供成品油加油服务，是石油行业的重要端点。加油站除了加油外，还有非油产品及洗车、旅游等服务。为大众提供方便的同时，自身的资金安全也非常重要，所以加油站是区块链可以发挥作用的重要领域。成品油不仅仅关乎人们的日常生活出行，也是关系国民经济运行的重要动力原料，更是国家安全必不可少的战略能源物资。区块链技术正是实现加油站企业经营管理创新的重要抓手。

围绕区块链技术的相关特点，建立成品油管理与运营生态系统，理顺加油站上下游，围绕加油站建立生产、物流、仓储、销售数据库，形成成品油大数据，充分挖掘客户信息、交易信息、供求信息、价格信息、物流信息、仓储信息等，既能提高加油站运营水平，也能开拓非油服务，增强用户消费体验，更好地服务经济、服务客户，打造加油站服务品牌。目前来看，其结合点主要有如下几个方面：

加油站的零售业务增效。 目前零售业务已有很好的线下交易、支付体验场景，很容易进行数据化。这些信息都是很好的上链数据，不少加油站的信息系统也已相对完善，具有较好的上链基础。结合各个加油站站点销售的大数据分析，可以统筹优化相关油品资源的配送，进一步优化油品供给系列、优化物流配送系统，减少仓储、物流、交易等成本。

加油站油品销售通证模式创新。 通证最重要的就是能在一个经济体里做资产的确权和交易行为的确权。通证有很多类型，比如权益型、货币型和实物型等。对于加油站，可以根据用户创造价值的行为，向用户发放激励通证，适用于用户的线上线下消费及互动场景中。一个典型的通证应用模式就是消费，即"挖矿"，消费可获得相应积分代币，积分代币可以用作未来加油或在加油站购物消费的优惠券、折扣等的凭据，甚至还可以在更大的范围内流通使用。

> **小贴士**
>
> 通证是以数字形式存在的权益凭证，代表的是一种权利，一种固有和内在的价值。通证可以代表一切可以数字化的权益证明，从身份证到学历文凭，从货币到票据，从钥匙、门票到积分、卡券，从股票到债券，账目、所有权、资格、证明等人类社会全部权益证明，都可以用通证来代表。

加油站非油服务开拓。 加油站通过区块链技术拓展服务，培育挖掘更多客户需求，既提高服务质量，也拓宽服务类型。依托加油站物理网点优势，构建"人·车·生活"综合服务平台，使加油站成为一站式综合服务提供商。

加油站投融资模式创新。 传统上建设加油站，是由投资方先投资建设，然后通过销售进行获利。但在区块链技术中，可以利用通证经济模式，实现加油站建设投融资模式的根本创新。具体模式可以将未来使用成品油的权益以及加油站未来的收益进行数字化、通证化，以此来为加油站建设进行融资，也就是将投资资金来源转移到下游。与此类似，炼油厂的建设投资，也可以通过未来炼油厂加工的成品油的使用权益将融资成本向下转移到加油站。借助通证经济模式，通过层层转移分摊，将原本独立业务所需要负担的高额融资规模进行转移分摊，实现整个产业链上的互利共赢。

区块链赋能加油站，是区块链技术在加油站的绝佳应用案例，大大提升加油站管理与运营水平，获得综合效益，助力加油站企业的高质量健康发展（图8.7）。

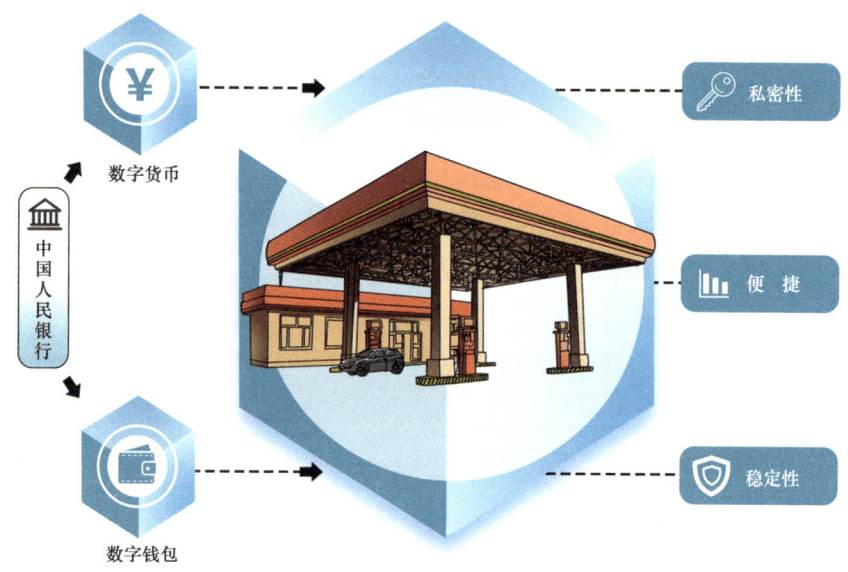

图 8.7　数字货币用于加油支付

8.6　基于区块链技术的石油行业数据资产管理

新技术的兴起，让人类的数据生产能力产生了爆炸式跃迁，世界正以一种前所未有的清晰度呈现在我们面前。世界经济进入由信息经济向数字经济过渡的新旧动能转换期，而区块链、大数据等作为数字经济的核心动能，将对经济高质量发展起到决定性作用。

伴随着企业数据分析意识的提升，越来越多的行业尝试利用区块链、大数据技术与数据资产管理方案指导生产服务，深度挖掘用户数据价值，在保护用户数据隐私的前提下充分利用数据提升个性化服务的质量。数据资产管理正在从广告、营销领域向政务、金融、医疗、教育、交通等领域广泛渗透，并逐步实现向全行业的拓展。

石油行业数据资产的管理也面临着新技术带来的冲击，如何运用区块链、大数据、云计算、人工智能等技术对石油行业的数据资产进行存储、使用以及隐私保护成为重要课题。区块链保护数据资产如图8.8所示。

中国地质调查局对于国家区域地质、矿产资源、水文资源、土壤污染、地质灾害等基础地质状况进行调查和分析。地质数据包含：文档、图片、图件、数据库（包含空间数据库）等，但来自不同主体的数据在互相使用过程中存在权属问题、隐私保护问题以及"数据烟囱"问题等。为了增强地质数据的流通性，更好地服务地质调查和地质科研工作，开展了地质数据资产管理系统的研发。通过区块链技术，为地质调查数据资产进行确权、交易流转以及透明共享等提供了可信交易平台。

区块链技术的这些特性在地质数据的管理中发挥了什么作用呢？一般认为有如下三点：（1）数据不可篡改和分布式共享存储解决"数据烟囱"以及数据可信问题；（2）多方数据存证可以对上链数据进行实时确权，为后续数据交易打基础；（3）数据不可篡改、链下数据与链上哈希（Hash）一一对应，为后续穿透式监管提供条件。

区块链天生具有基因缺陷，无法满足实际产业应用中的高通量、大规模开发的需求。只有将区块链技术与人工智能、加密技术、算法技术等技术相结合，才能有效解决数据共享难、业务协同难等问题。

数据、算法、知识将成为数字空间的核心要素。而如何在保护数据隐私的前提下，合理合规合法地使用数据，成为重要课题。因此，目前已有科研单位提出建立数据"可用不可见，可见不可取"和"阅后即焚"的使用规则。通过数据确权，厘清数据责权关系，实现数据在合规场景下的合规交换与资产化。在数据的交换过程中，通过区块链的确权与可追溯特性保障数据拥有方对数据的所有权，实现数据的使用价值，为数据所有方带来可持续的收益。数据使用的频次越多，数据拥有方获得的收益越大，将数据变成真正意义上的"石油"。

图 8.8　区块链保护数据资产

基于区块链技术的石油行业数据资产管理在石油数据确权、隐私保护、数据流通共享以及数据交易等方面依托石油行业各类应用场景实现业务实践落地，为数据的真实可信提供有力的保障。

8.7 基于区块链的能源贸易平台

2020年4月21日，原油交易市场又创下一项新纪录。5月，美国的西得克萨斯轻质原油（WTI）期货价格不仅创下了历史新低，并且还跌至了负值，最后收盘时收于 −37.63 美元每桶。简单地说，就是如果我现在卖给你一桶石油，不仅不需要收你的钱，还得再付你 37.63 美元。为此，不同主体间信任的建立以及行业协作效率问题变得尤为突出。随着行业竞争加剧和生态发展的迫切需求，必须探索更高效、更广泛适用的能源贸易平台。

针对开放的市场，基于区块链技术构建了若干能源贸易平台。通过这些能源贸易平台可实现业务的上下游企业、终端用户、政府的资源和各类信息最大限度地整合在一起，实现多方数据公允、透明、实时、共享，促进协同合作，让买卖双方能在平台上通过竞价获取最大收益。

基于能源贸易的多主体、细分工、跨界协作的业务特点，利用区块链重点解决贸易主体之间协作的摩擦与低效。其应用场景分别如下：

基于分布式存储的电子化文档管理。 传统信息流交互主要基于单据模式，文件审查大多是人工审核，不仅效率低下，而且容易被人为疏忽和出现错误；同时，纸质文件还存在损坏、丢失和伪造的风险。此类事件不时发生，给企业造成了非常严重的损失。纸质文件（例如纸质原件的扫描件）的电子化已可以部分解决文档识别的质量问题，但不足以取代纸张原件的原始性质。它仍然不能解决伪造的困难和缺乏信誉、信息传输不安全等挑战，而当前的信用风险是交易中最重要的矛盾之一。利用区块链的分布式存储技术，将文档数字化，以不可变、定向加密的形式存储在链上，结合智能合约等功能实现自动审阅和智能流通，从而提高流通效率，防止人工干预伪造和篡改文档，消除人为错误，释放更多的人力，降低风险并节省成本。

基于区块链技术的物流信息跟踪。能源贸易通常涉及国际贸易，因此长时间无法实时掌握海陆物流的位置跟踪和质量监控。货物的运输时间风险和产品质量风险无法得到有效控制，因此降低了产业链协同的效率；同时，供应链中有较多参与者、复杂的管理流程以及物流和信息流的分离等因素，导致在传统的协作模式下，参与者容易产生摩擦。区块链结合物联网技术，实时跟踪和监控物流位置和商品运输，并与链上的信息流同步，可以更有效地控制物流风险。同时，基于不可篡改的数据作为凭证，它有助于减少争端和贸易摩擦（图8.9）。

图8.9 区块链防耍赖

八 区块链

基于区块链的供应链金融服务。 由于能源贸易产生的资金量大，且周期较长，资本流动是一个具有高壁垒和以信贷为基础的贸易和融资活动的行业。现有的跨境结算和支付系统受到中心化的国际资金清算系统（SWIFT）的限制，资金利用率低，而且资金流动缓慢。另外，由于信息流与物流不同步，交易链信息不透明，金融机构需要实施烦琐的了解你的客户（Know Your Customer, KYC）和严格的风险控制程序，间接增加了石油贸易的资金成本，从而降低了资金使用效率。通过区块链技术，完整的交易信息被置于链上，并结合了实时、可靠的物流信息，因此基于商业信用的传统融资和金融支付可以从客观交易和基础资产本身中获得更多的信任，并带来更多金融机构高效、风险可控的创新以及变革的可能性，将为有贸易融资需求的真实交易对手带来更合理的融资渠道。

综上所述，区块链可以在信息流协同提效、供应链管理流程优化以及供应链金融服务等方面为能源贸易提供技术支撑。

小贴士

国际资金清算系统（Society for Worldwide Interbank Financial Telecommunications，SWIFT）由环球同业银行金融电讯协会管理，SWIFT的使用，使银行的结算提供了安全、可靠、快捷、标准化、自动化的通信业务，从而大大提高了银行的结算速度。由于SWIFT的格式具有标准化，信用证的格式主要都是用SWIFT电文。

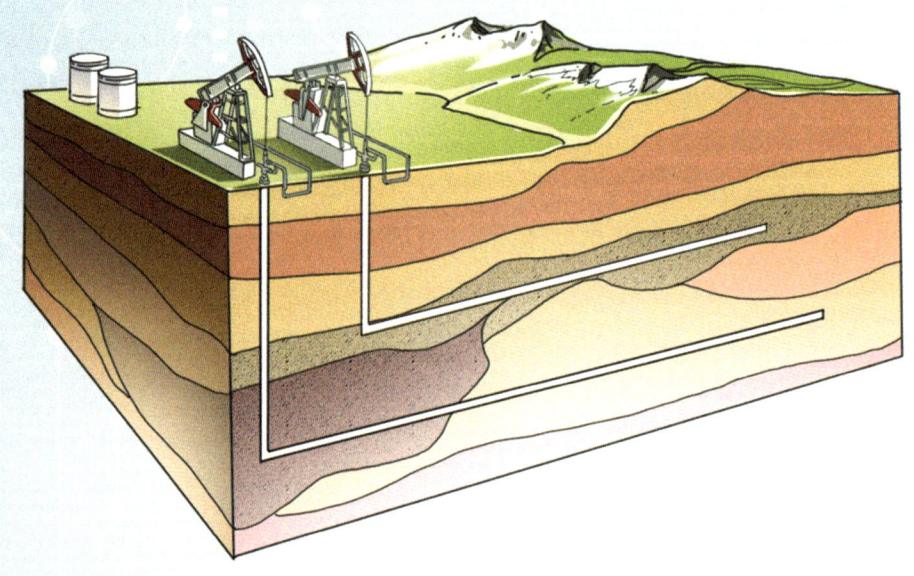

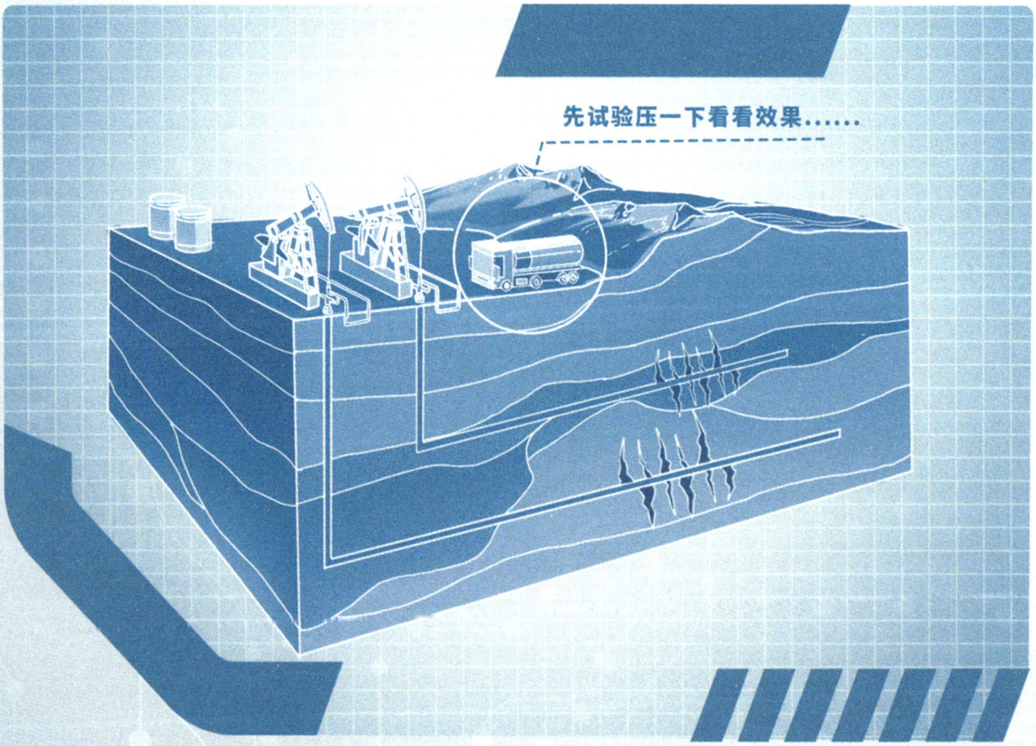

先试验压一下看看效果……

 # 九　数字孪生

　　油气行业一直在积极寻找如何用数字孪生这把万能钥匙解锁更多的行业应用场景，打开更多通往智慧石油的大门。通过数字孪生，可以在虚拟空间中构建一个与现实实体相一致的虚拟实体，从而优化生产和决策，提高产量和质量、提高设备可靠性、提高运营效率、提高决策精度，实现降本增效并确保长期可持续运营发展的目标。

9.1 镜子里的世界——数字孪生

如果你在大街上看到妈妈带着两个长得一模一样的小朋友经过时，会叫他们孪生（双胞胎）。那么什么是数字孪生呢？从根本上讲，数字孪生就是物理资产或产品的数字虚拟副本，也就是实物在计算机中的双胞胎兄弟姐妹。简而言之，就是把现实中的东西做一个克隆，便于观察、认识、实验。

数字孪生站在了"模型"和"历史数据"这两位巨人的肩膀上，在辅助工具的帮助下，在计算机虚拟空间中创造出了和实物一模一样的数字双胞胎，这样人们就可以在计算机中看到已经或者即将在现场发生的故障，找到解决问题的办法。同时，预测实物（例如设备、系统）未来的健康状况、性能和发展趋势。

数字孪生最开始是由美国佛罗里达理工学院高级制造与创新设计中心的执行董事迈克尔·格里夫斯（Michael Grieves）博士首次提出的。2002年，他在发表的一篇文章中第一次提出了数字孪生的概念，认为通过物理设备的数据，可以在虚拟空间构建一个该物理设备的虚拟实体和子系统。通俗来讲，就是针对物理世界中的物体，构建一个数字世界中一模一样的"双胞胎兄弟"，通过对"双胞胎兄弟"的研究，更好地了解物理世界中的物体，这就是"数字孪生"。

"数字孪生"这一概念在2010年被美国国家航空航天局（NASA）用于太空任务，但它在商界却是最近20年来才崭露头角。物联网、数据分析、人工智能等高新技术的崛起，进一步揭开了数字孪生的神秘面纱，使之更多地应用在了商业运营、规划和管理中。

石油和天然气行业主要的资产包括油气藏和油气井等，油气藏埋藏在地下数千米的地层中，看不见摸不着。每口油气井从地面钻到数千米下的油气藏，需要耗费大量的人力、物力和时间。如果将井钻到了目标位置，却没有发现预想中的油气，就会造成大量的资源浪费。因此，如何能更准确地寻找到油气藏的位置并有的放矢地开始打井工作，是石油和天然气行业一直以来

九 数字孪生

追寻的前进方向。在数字孪生的帮助下,在计算机中先模拟整个找油采油的过程,再付诸实践,从而节省支出,是一条成效显著的路径。统计数据显示,油气行业一直在积极寻找如何用数字孪生这把万能钥匙解锁更多的行业应用场景,打开更多通往智慧石油的大门。随着数字孪生技术在油气行业

智能头盔梦镜视频

的普及和应用,从小到一台设备、一口井,大到整个油田资产,都可以用数字孪生来模拟"如果"或"将要"的场景,从而最终提高生产效率、可靠性和性能。利用数字孪生自带的虚拟特性,可以让工程师在计算机中建立地下油藏的"双胞胎兄弟",模拟油气如何在地下流动,并根据模拟出的结果帮助现场确定打井位置;也可以模拟一口井是按照什么样的路线通向油气藏的、油气在地下是怎样被采出到地面的,从而帮助油田现场调整设备参数。另外,海底系统中防喷器、立管、套管、传输带等设备也可以通过数字孪生在计算机中获得"孪生兄弟",让人们不用出海就可以了解设备在海底的运行状况,甚至可以测试在一些极限情况下系统的反应,从而保证实体设备安全稳定运行;也可以应用数字孪生模拟地面管网和设备,提前发现管网、设备故障,使工程师及时应对故障并采取处理办法,避免出现更大损失。例如,将天然气长输管道数字孪生化,就可以及时发现管道泄漏行为,及时提供泄漏后果分析、应急决策等。数字孪生还可以应用在冶炼厂中,在大数据分析技术的帮助下,模拟特种化学品调度,降低生产风险和减少排放,降低对设备服务和升级的需求,提高设备的可靠性。钻井现场也可通过数字孪生技术进行模拟(图9.1)。

在实际应用中,阿布扎比国家石油公司建立了数字孪生系统,仅仅凭借初步的数字孪生化,就大大降低了运行的复杂度;艾伯塔油田的服务供应商使用数字孪生体平台,有效控制了合规成本,降低了违规罚金额度;英国石油公司高级数字副总裁艾哈迈德·哈希米对数字孪生体做过合理的评价,"一旦我们的石油工程师相信数字孪生的效果并使用数字孪生来进行计划和管理,就可以保证尽可能高效地运行,并且在很多石油设备经常被雪覆盖的时候,数字孪生就显得尤为重要,因为它可以让工程师在办公室远程进行安全的操作。"

融合现代信息技术——智慧石油

图 9.1 钻井现场数字孪生

现今，随着数字孪生技术的不断发展，它在油气行业中起到的作用越来越重要，已经成为油气行业向着精准化、智能化方向转变的阶梯。未来还将不断加固这道阶梯，更多油气企业将顺着这道铺好的阶梯，走向智慧石油辉煌的未来。

9.2 数字孪生油藏让油"藏不住"

石油、天然气是地球母亲馈赠给她的子民的一份神秘礼物，经亿年复杂的地质活动静悄悄地潜伏于地下，若要揭开她神秘的面纱，需要借助人类的智慧打出一整套技术组合拳。石油地质工作者给它起了个形象的名字叫"油气藏"或"油气田"，正是基于油、气在地下存在与水库蓄水类似的条件这一特征。

神秘的地下聚集油、气的地方，但不一定是生成油、气的地方。它更强调的是油、气在富含孔孔洞洞的岩石构成的天然仓库中的聚集。石油地质工作者在研究油、气在地下聚集这一基本特征后，对那种具备油、气成藏必要

 九 数字孪生

条件的基本地质单元,冠以"油气藏"的泛称。只聚集了油,称之为油藏;只聚集了气,即为气藏;油、气兼之,则为油气藏。

"一大特征、一个参数"揭开油气藏的神秘面纱。油藏工作者认为:认知油藏的底层逻辑和给人物画像如出一辙,人由眼、耳、鼻、舌、骨、肉、形等参数来描绘,"油藏"则主要由构造特征和物性参数表征来描述。什么是构造特征呢?油藏埋藏在哪儿、埋藏多深、油藏的整体形态以及油藏的分布范围等,就是油藏的构造特征,也就是油藏的"骨骼结构"。那么什么是物性参数呢?物性参数主要包括油藏储层的孔隙度和渗透率。岩石内有很多的孔孔洞洞,那些孔孔洞洞的体积与岩石总体积的比值就是孔隙度。孔隙度越大,容纳油藏流体的数量就越多,储集性能也就越好。渗透率是指在一定压差下,岩石允许流体通过的能力大小。渗透率越大,流动能力就越强,越有助于将油气开采出来。

了解油藏的特征参数,助力认知油藏。随着数字孪生技术的普及与应用,油气行业将数字孪生技术迅速引入地下油藏的静、动态建模及模拟中。利用数字孪生技术的虚拟特性,可以让油藏工程师远程对地下油藏的静态场、动态场进行仿真模拟,并将模拟结果可视化呈现出来,打造"透明油藏",为油藏研究和现场决策提供直观、便捷的场景支撑,指导现场油气开发,真正做到"运筹帷幄之中,决胜千里之外"。

那么,数字孪生技术具体是如何应用于油藏静、动态仿真模拟呢?首先,将油藏的构造特征以及物性参数特征在三维空间的分布与变化定量表述出来;然后,利用计算机图形技术将油藏三维构造模型,三维孔隙度、渗透率等物性参数模型可视化,并呈现在油藏工作者的面前。该模型被称为三维"油藏静态地质模型",形象点讲就是给地球"做 CT"。

绘制三维"油藏数值模拟模型"实现由静到动的跨越。三维油藏静态地质模型只是实现了"认识"油藏的第一步,还需要"熟知"油藏在地下是如何流动的。在地下油气开采过程中,油藏内的流体、压力等不断发生变化,某个分布区域的流体是怎样分布的?某个分布区域的油藏压力在增加还是降

低？仅仅通过三维油藏静态地质模型去"认识"这种动态分布变化比较困难。油藏工作者在油藏静态地质模型的基础上，加入单井生产数据（产量、射孔数据等）和岩石流体物性数据（相渗、高压物性实验数据等）等，形成三维"油藏数值模拟模型"，然后运用数学算法对地下油藏的流体、压力分布进行数值模拟计算，并通过计算机图形技术将分布的变化形成可视化图像，不仅可以认识历史生产期间的动态变化，还能够结合对历史数据和当前数据的分析，预测未来油藏内流体产量、压力的动态变化趋势，以此帮助油藏工程师制订合适的油藏开发方案，或对开发方案进行优化调整，将油气顺利地从地下开采出来。

随着地下油藏开发生产活动的进行，新的现场钻井数据也会不断产生，原来构建的油藏模型无法实时刻画地下油藏的当前真实状态，在很大程度上影响研究人员对油藏开发生产决策的准确性判断。因此要把地下油藏的真实状况描述清楚，仅靠过去的二维、三维图形是不够的，还需要清晰地了解油藏地质特征情况的演变，并能将过程演变直观地呈现出来。为满足这一要求，在数字孪生技术的帮助下，"四维油藏模型"应运而生。

四维油藏模型，就是在原来构建的三维油藏模型基础上，持续输入新增的现场勘探生产数据进行迭代、更新、模型调整，对油藏特征进行重新认识与评价，并基于更新的油藏模型进行数值模拟计算，不断逼近地下油藏的真实开采状态。这种油藏模型随时间维度而变化，将油藏地质特征的演变过程直观地连续性地呈现出来，完美解决了以往油藏三维研究与现场生产之间信息滞后甚至脱节的问题，实现油藏研究与现场生产紧密联系。

数字孪生油藏（图9.2），不仅仅是真实油藏的数字"镜像"，还具有"穿越时空"的能力，知过去，晓未来。不仅可以模拟历史生产期间油藏流体与压力的动态变化，还能预测未来时间里油藏内流体产量、压力的动态变化趋势。数字孪生技术在油藏中的应用，可以帮助油藏工作者更轻松顺利地完成很多工作，包括对油藏分布规律的研究、油藏开发方案的研究与制订、开发过程中的跟踪研究与方案调整，辅助优化决策，指导生产管理。数字孪生油藏，真的是让油"藏不住"呀！

九 数字孪生

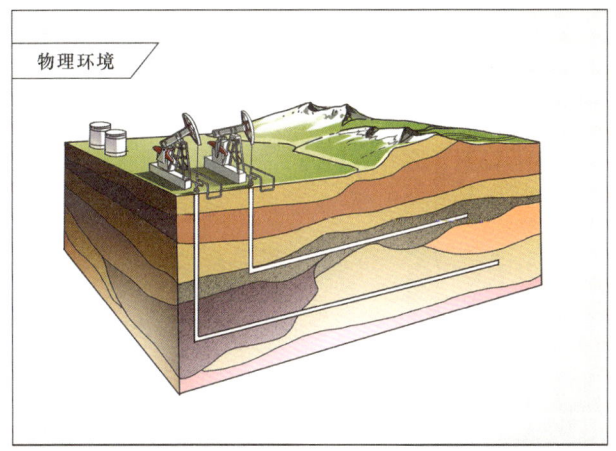

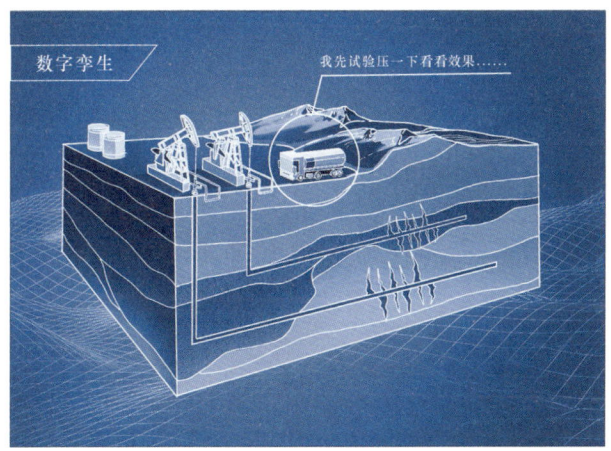

图 9.2 数字孪生油藏示意图

9.3 数字孪生井筒

数字孪生油藏是区域性的,对于井的刻画不够细致,还可以将数字孪生技术专门应用于井筒(图 9.3)。

喝过牛奶吗?带塑料吸管的那种。铅笔粗、巴掌长的吸管插到八九厘米长、五六厘米宽、十几厘米高的纸盒里,用嘴轻轻一嘬,牛奶就被吸进嘴里。

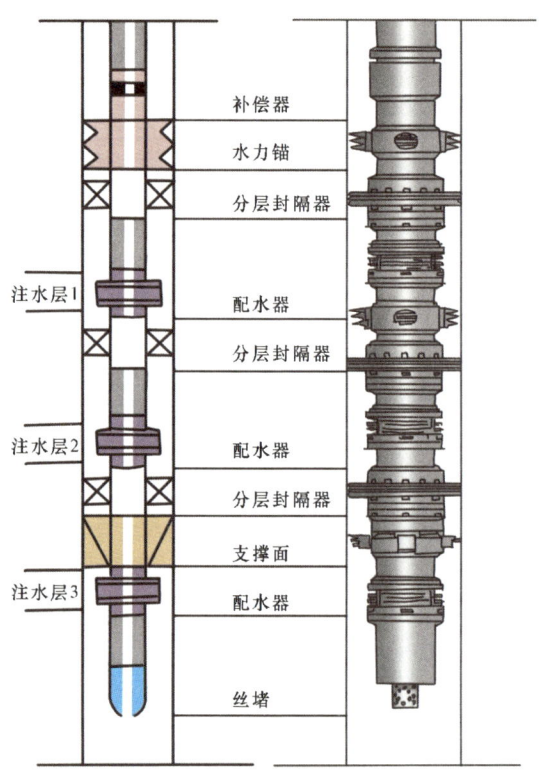

图 9.3　井筒数字孪生示意图

井筒就是油井内一个类似于牛奶盒上的吸管一样的管道。井筒是通过专门的钻完井工艺,用几十根、上百根特制的钢管连到一起,再从外到里套上几层,用水泥把层层的钢管连同附近的地层牢牢"粘"到一块形成的。井筒底下通向储层,上面连着地面管线,是一种能够忍受高温高压以及腐蚀性流体的、可靠的联系地下和地面的油气流动通道。

实际上,动辄几十万、甚至上百万身价的井筒,其实是个秀外慧中的"多面手"。地层能量弱了,原油没法像原先一样汩汩地流到地面了怎么办?没问题,在油井脑门上放个"磕头机",在油井肚子里下个泵,帮地层加点

力。地层太紧实了，油气流不出来怎么办？没关系，可以把高压流体注到地层里，再把地层拉开几条缝就好了（压裂作业）。至于平时下些井下工具，对油井进行除气、除砂或者防蜡防水合物的健康检查工作，自然也不在话下。

想不想知道脚下几千米深的地层里的秘密呢？只要给小井（井筒）全身做个"CT"，再测测温度超声波，小井附近地下什么样子就能看得一清二楚。让小井汇报下它在各种压力下产量的变化，地层里面的压力变化也尽在掌握中。

石油工人把小井的所有资料，像井身结构、井眼轨迹等，都写在小卡片上，上传到网上，随时随地查看；把监视设备，主要是传感器、摄像头，直接安装到小井的附近，或直接植入它的身体里，它日常的一举一动，例如井口的产量与油压套压、抽油机的冲程、冲次、泵深、泵径，乃至电压、电流、示功图等信息尽在石油工人的掌握中。再利用这些信息给小井做一个"双胞胎兄弟"，即孪生井。孪生井上具有与小井完全相同的资料，小井过去的、现在的以及将来的所有的一举一动会通过网络实时传给孪生井，通过孪生井演算出的各种优化方案变成指令，也会经由专门的智能控制设备直接传给小井和小井身上的各种设备上，让小井时刻保持最佳的状态，成为整个油田里全天候360°无死角的监护者（图9.4）！

随着油田信息化、数字化建设的深入，井筒以及井筒附近的抽油设备上的参数都可以通过布置在井口、井下以及各个设备上的各类传感器实时获取，智能控制设备，如终端控制柜则能够根据这个"双胞胎兄弟"所得到的指令对设备参数进行控制、调整。小井的身体是用钢材和水泥造成的，而"双胞胎兄弟"的身体则是使用井筒仿真模型建成的。仿真模型中综合考虑了井底的产能变化规律、井筒中由油套管及井下设备形成的复杂管道内的多相管流、井口的嘴流以及各种设备的工况变化规律等。

井筒的"双胞胎兄弟"不仅仅是真实小井的镜像，它还具有穿越时空的能力：能够根据历史的、当前的数据，推断预测未来可能发生的事情。结合数字孪生油藏模型，孪生井可以预测未来井筒内流体产量的衰减趋势、预测井筒内杆管以及其他井下工具的寿命变化。再结合数字孪生地面模型、经济评价模型，孪生井还可以在小井生产的任意阶段，实现纵贯其一生的演绎，在真正意义上完成井筒生产的最优化设计，为其在真实世界的小井的"井生"做一个完美的规划。

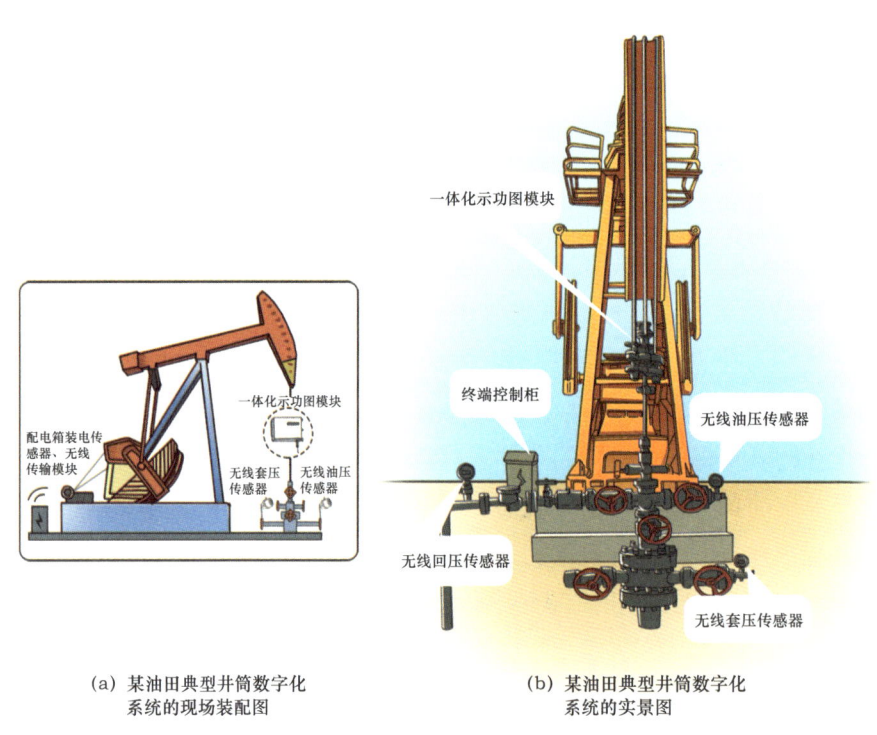

(a) 某油田典型井筒数字化系统的现场装配图

(b) 某油田典型井筒数字化系统的实景图

图9.4 井场设备数字孪生

9.4 智能化采油："全局洞察，局部透视，掌握未来"

如果给你的身体创建一个孪生体，"骨架"就是物理学的机理模型，"血肉"就是物联网设备采集到的数据，包括压力、温度、设备状态等，孪生体

 九 数字孪生

就像人体一样迅速又敏捷，工程师可以测试不同选择对动脉、静脉以及器官的影响，听起来是不是很有趣？这就是数字孪生技术在采油工艺中应用的核心思想。

每天有大量的石油从地下流过数千千米的井筒，流入复杂的管道网络和加工基础设施，工程师每天都需要进行复杂的计算，以确定打开哪个阀门、施加多大压力、注入多少水，从而在确保安全的前提下进行生产优化。决策可能是复杂和漫长的，现在可以利用数字孪生技术快速地进行辅助决策。

油气孪生系统应包括举升、注排、计量等关键工艺系统。模型精确计算出单体到整体的工艺随着时间的动态变化。接下来通过虚拟计量、机采井工况诊断、机采井能耗和智能调控四个场景来解释油气孪生系统在实际生产中的应用。

在油气生产中，物理计量器会同时计量来自许多井的联合，偶尔才测量单井流量。实际中在每口井安装多相流量计是非常昂贵的，实物仪表受到腐蚀、蜡、水合物、出砂影响，维护费用也同样惊人。如果能通过油井孪生模型掌握了单井生产规律，那么就可以准确了解单井的流量。虚拟计量就是使用过程条件来估算流量而不是使用物理仪表的一种模型。核心思路就是通过井筒、油嘴、管柱规格数据，压力温度传感器采集到的数据，通过孪生数据模型，计算出单井流量，从而可以解决联合开采中单井产量标定的难题。

国内有80%的油井都需要依靠泵增压来抽取地下石油，保持抽油泵的最佳工作状态就是一项非常重要的工作。抽油泵都在地下井筒里，如何才能知道泵的工作状态？通过专门的仪器测试，将示功图绘制在图纸上，线条围成的面积表征抽油机驴头上下一次运动中抽油机做的功。通过解析，可以反映出泵的工作状态。工况智能诊断，基于机器学习算法将示功图中工况相关参数从大数据中抽离出来，使用相对坐标系对示功图和相关参数进行无量纲处理，形成归一化示功图和参数曲线。利用不同示功图和曲线覆盖坐标点不相同的特性，将坐标点数据和工况类别进行模拟训练，得到贴合实际的孪生模型，实现抽油机井工况自动智能诊断。

以某油田为例，一年耗电约为 60 亿度，仅仅抽油机耗电量约占油田总用电量的 40%，等于国内中型城市一年的用电量。传统机采井通过人工经验方式调整冲程和冲次来避免"大马拉小车"能量损失，费时费力。依托数字孪生模拟技术（图 9.5），模拟井的供电状况、平衡块重量和位置、电动机功率、悬点负荷等，精确判断出目前抽油机是否空抽和启停时间。当发生半抽或空抽，自动发出指令让抽油机停止工作，只有当井下液体积蓄能量满足再次抽取的条件时才会再次启动。智能动态调整可引入大数据模型，不断自我学习，达到相似度更高的孪生体，从而降低能耗，节省人工成本，同时又保证油井产量。

图 9.5 数字孪生采油模拟技术

油田生产的智能调控是全面感知油田的必然趋势。在油气生产运行过程中,通过全面感知、智能分析、优化决策,提供油气生产单元最优生产方案,配套智能控制系统,实现单井智能调节,形成"制度最优化、启停无人化、远程可视化"的智能生产模式。根据单井智能优化方案,配套油井智能调控系统,实现重点油井及高产井智能调参、智能调频,确保生产指标处于相对最优状态。那么常见智能调控有哪些呢?

智能冲次调节:依据现场实时采集的动液面数据、示功图数据,边缘计算系统根据设定的合理沉没度,自动调节变频器输出频率,从而调整抽油机冲次,使目标井保持恒定液面高度安全生产,在提高泵效的同时达到节能降耗的目的。

自动投球管理:配套定时自动投球装置,它包括装球筒、控制阀和定时自动控制箱,实现不断流自动投球。

注水智能调控:通过对注水系统各组成部分的实时数据采集,一体化智能分析,生成注水系统内的各种调整指令,自动发送并执行指令、对整个注水系统实现自动联合调控,保障整个注水系统的协调、安全、高效运行。

数字化技术的不断深层次应用,让采油变得越来越智能化!

9.5　助力油气工程设备故障检测

石油工程中有大量的仪器仪表和设备。从设备开始投入运营到报废的生命周期中,油气工程设备管理者一直照顾、关心和维护着它们。这些设备就是管理者的一个个"宠物",不是冷冰冰的机器,好像具有生命和温度,有血有肉,能感受到它们的"喜怒哀乐"。管理者既是这些设备的"主人",也是"医生"。在它们运转正常的时候,会陪着它们,关心它们的运行状况,偶尔也给它们做做"体检",防止出现大的问题;当它们"生病"的时候,通过检查和观察找出生病的根源,然后开出"药方"治愈它们,使之继续正常运行。

自数字孪生技术诞生以来,首先被使用的领域就是设备制造和运行。在油气工程设备领域通过数字孪生技术,建立了与真实设备一模一样的数字仿真模型,通过传感器把设备的运行数据传送到后方,使数字模型与真实设备状态完全同步,这两个设备一虚一实就像双胞胎一样,有强烈的心理感应,要哭都哭、要笑都笑,行动一致;也像湖边的垂柳倒映在平静的水面上一样,在湖水里也有一棵一样的垂柳,当微风吹过,湖边真实的垂柳随风飘动,而水里的垂柳也同时摇曳。通过观察水里的垂柳,可以知道湖边的垂柳是否在欢快地舞动。使用智能眼镜,就能够关联到这些设备,与之进行交流。因此,当两个"双胞胎兄弟"不一样时,它就告诉设备管理者:"我出现问题了,可能生病了"。

在数字设备中,采用可视化技术能够看见整个设备并进入孪生兄弟的"体内",观察设备的运转参数、各个零部件的状态。能够对设备进行故障检测,如观察是否存在磨损情况,是否老化,是否缺少润滑油等,从而可以发现设备内部出现的"病症",并及时提示"治疗"。

相对于地面设备来说,地下设备更难以驾驭,它们处于更加复杂、更加恶劣的环境中,无法直观地看到。在设备生命周期内能借助于数字孪生技术,模拟设备可能受到的各种"损害",如拉伸、挤压、高温、旋转、水和沙子冲刷、受外力振动、腐蚀等,为地下设备可能出现的问题提供预案。

一种比较典型的地下设备类似于"贪吃蛇",它是一种钻井的工具,它能够钻出一个到地下几千米深的洞,就跟贪吃蛇游戏一样,随着深度的增加,这条蛇就越长,直至到达预定目标。过去一段时间钻井工人只能凭感觉掌握"贪吃蛇"的情况,当觉得有问题时只能把"蛇头"(钻头)取出来看看是否有问题。数字孪生能为设备管理者了解"贪吃蛇"的健康状况提供大量的帮助。比如,当发现数字孪生兄弟的温度达到了120℃,周围25米每秒的水流带着泥沙不停地冲刷,地上还有每分钟60圈的旋转力让它旋转,锯齿形的振动波形显示地下本体与岩石进行着不规则的碰撞,数字孪生兄弟能

九 数字孪生

模拟出"贪吃蛇"的"头部"有 3 颗牙齿掉了,还有 2 颗牙齿被损坏了。虽然"贪吃蛇"运转良好,正在"啃咬"着地层不断前进,但也要好好给它检查检查,更换合适的钻具组合或更换钻头(图 9.6)。

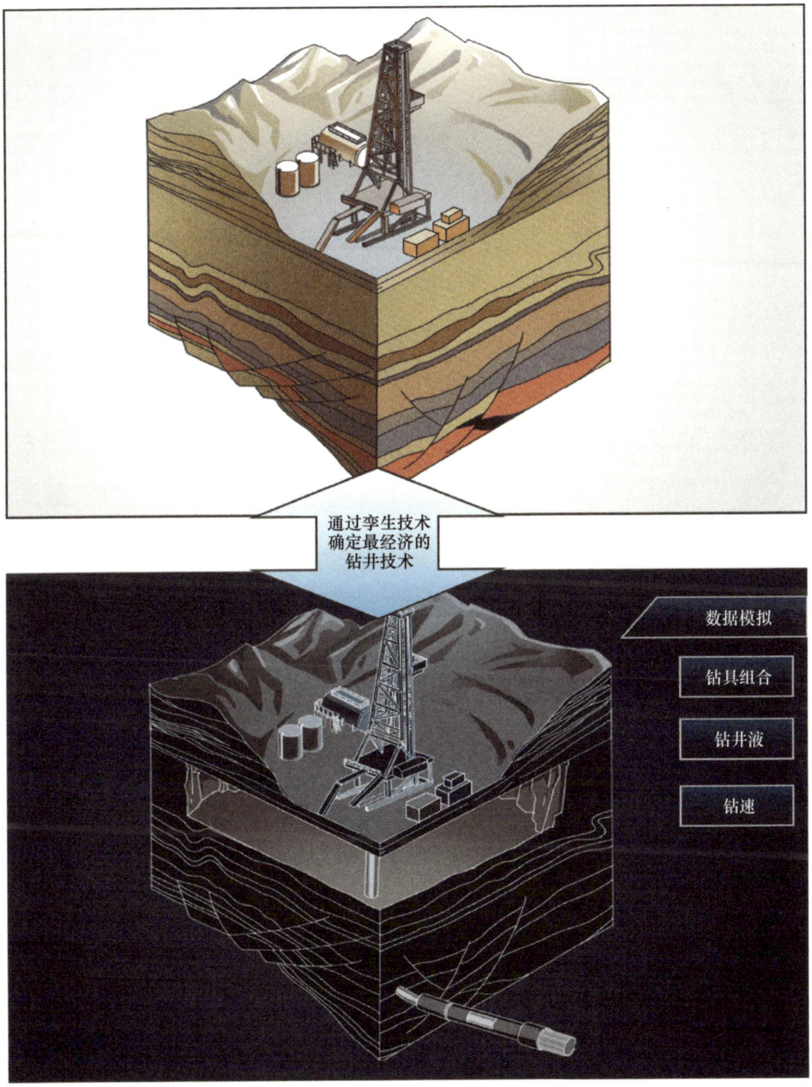

图 9.6 钻井中的数字孪生

设备管理者还能利用数字孪生兄弟基于海量的历史数据和设备运行的实时数据，经过智能算法，预测设备各个部件的寿命并预测可能出现的问题。若数据显示"贪吃蛇"的本体中最短寿命部分还有 210 小时，钻头还能够用 50 小时，其他正常，那么就不用急着更换钻头等设备了。

设备管理者还能在数字孪生兄弟身体上控制眼镜上的方向按钮，进入"贪吃蛇"数字孪生兄弟体内，仔细检查它的本体——"身体"是否被损坏，是否被腐蚀，各个"关节"（接头）位置是否被无规则振动所伤害。通过查看数字孪生兄弟的内部情况，确认体内的各个机构（相当于人体的各个器官）都运转良好，没有磨损，从而判断正在地下运行的"贪吃蛇"一切正常。

设备管理者每天能坐在办公室里检查各类设备的运行状况，这都得益于每个设备的"双胞胎兄弟"，即数字孪生技术产品，让它能够与油气工程设备进行零距离的接触，并进行"沟通交流"；每个设备管理者也能同时管理更多的设备，提高工作效率，降低运行成本，减少石油工程中的事故和复杂，减少环境污染。

9.6 炼油厂的数字孪生模型

炼油厂设备的大检修工作量大，头绪多，容易出问题，是一场大战役。加班加点是小事，主要是会有安全风险。

大检修对于炼油厂的管理者来说，最头疼的是确定检修工作量和大检修培训。确定大检修工作量要查阅大量图纸，边翻边汇总计算。有时候还要去现场踏勘，几个人拉着尺子，一座塔一座塔地爬上爬下，不仅耗费时间，还经常产生误差。虽然做了很多前期准备工作，百密一疏，在实际检修时，还会出现诸如少准备盲板等问题，对工作的组织和协调产生影响。员工培训更让人头痛。炼油厂设备多，管道纵横交错，里面输送着不同的物质，如蒸

九　数字孪生

汽、压缩空气、循环水、新鲜水……每个检修流程都要培训到，不然装置就有可能出安全问题。

利用数字孪生技术能搭建出三维工厂，借助数字孪生模拟物理实体在现实环境中的行为，通过虚拟模型和物理实体的交互反馈，数据融合分析能给物理实体增加或者扩展新的能力。

应用数字孪生技术打造三维工厂，有正向建模、逆向建模和数字化移交三种技术路线。正向建模是依据工厂的文档和图纸资料，进行人工建模，而逆向建模是对现场进行实物工程测量和激光扫描后进行三维建模的方式。逆向建模模型精度高，能最大限度地还原资产原貌，是企业在没有三维设计模型的情况下普遍采用的三维建模技术路线。数字化移交是接收设计单位交付的三维模型、图纸、文档、关联关系等数据之后，在三维平台中进行解析和展示的建模方法。

采用何种技术需要根据现实条件确定，新建工厂可以通过数字化移交来构建，资料齐全的工厂可以正向建模，老工厂且资料不完整的只能通过逆向建模。

无论采用何种手段构建炼油厂的数字孪生体（图9.7），都能够实现全厂装置、管廊和建筑物的三维建模。国内已有炼油厂构建出了地上地下资产一体化全热点三维模型，细度为部件级，每一个部件均与现场一致，且可以拾取和定义属性，精度达到毫米级，能实现全厂所有装置高精度建模。

在数字孪生技术的帮助下，大检修中的工作量测算和员工培训都变得十分便捷。

大检修计划里，要将一条450℃的中压蒸汽线的保温材料，更换成新型的节能保温材料，需计算管线长度和需要的保温材料量。利用数字孪生体模型确定管线的两个端点，数据就自动显示出来了：159.7米，管径200毫米，保温厚度50毫米。利用这些数据很轻松地计算出了工作量，而且几乎没有误差。

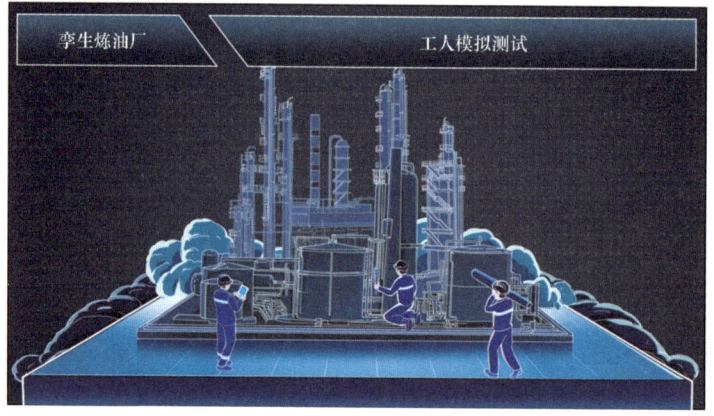

图 9.7　炼油厂数字孪生

大检修作业项目里，要更换 E2209 换热器的管芯；这台换热器管芯泄漏很多次了，影响换热效果和产品质量，必须更换。是从哪边抽管芯呢？更换管芯作业有没有施工障碍呢？数字孪生体能提供友好而又有效的帮助。在电脑画面上，数字孪生体可给出 E2209 周围 5 米的情况，还能直接调出设备综合管理平台（EAM）的数据，查出 E2209 的设备台账、检维修记录、备品备件以及设计资料。不到半天时间，一份高质量的检修方案就编制完成了。

装置停工的一项重要工作是吹扫。吹扫就是用蒸汽、空气、氮气等介质，对充满油气的设备和管道进行置换。为了避免发生事故，吹扫作业前都

需要对员工进行培训,没有数字孪生时吹扫培训需要领着员工爬上爬下、盯着管线、一条一条跑流程,一天能走三五万步,脚上都能磨出血泡。利用数字孪生做培训,给汽点、回收点、放空点、管线走向、盲板加装点……一一在大屏幕画面上展现出来,与现场的误差只有一两毫米。清晰直观的画面,让员工很快就能熟悉吹扫流程。

利用数字孪生技术,让炼油厂的工人能精准地计划和模拟事故情况(图9.8)。在检修工作中,减少出错,有效地组织和协调各项工作,缩短检修时间。

数字孪生还能辅助完成脚手架搭建量的计算、吊装方案的编制、岗位工作说明书和岗位作业指导书的编写和盲板台账的建立……数字孪生体就像一个不知疲倦的帮手,协助管理人员完成各项工作任务。

图9.8 数字孪生模拟事故情况

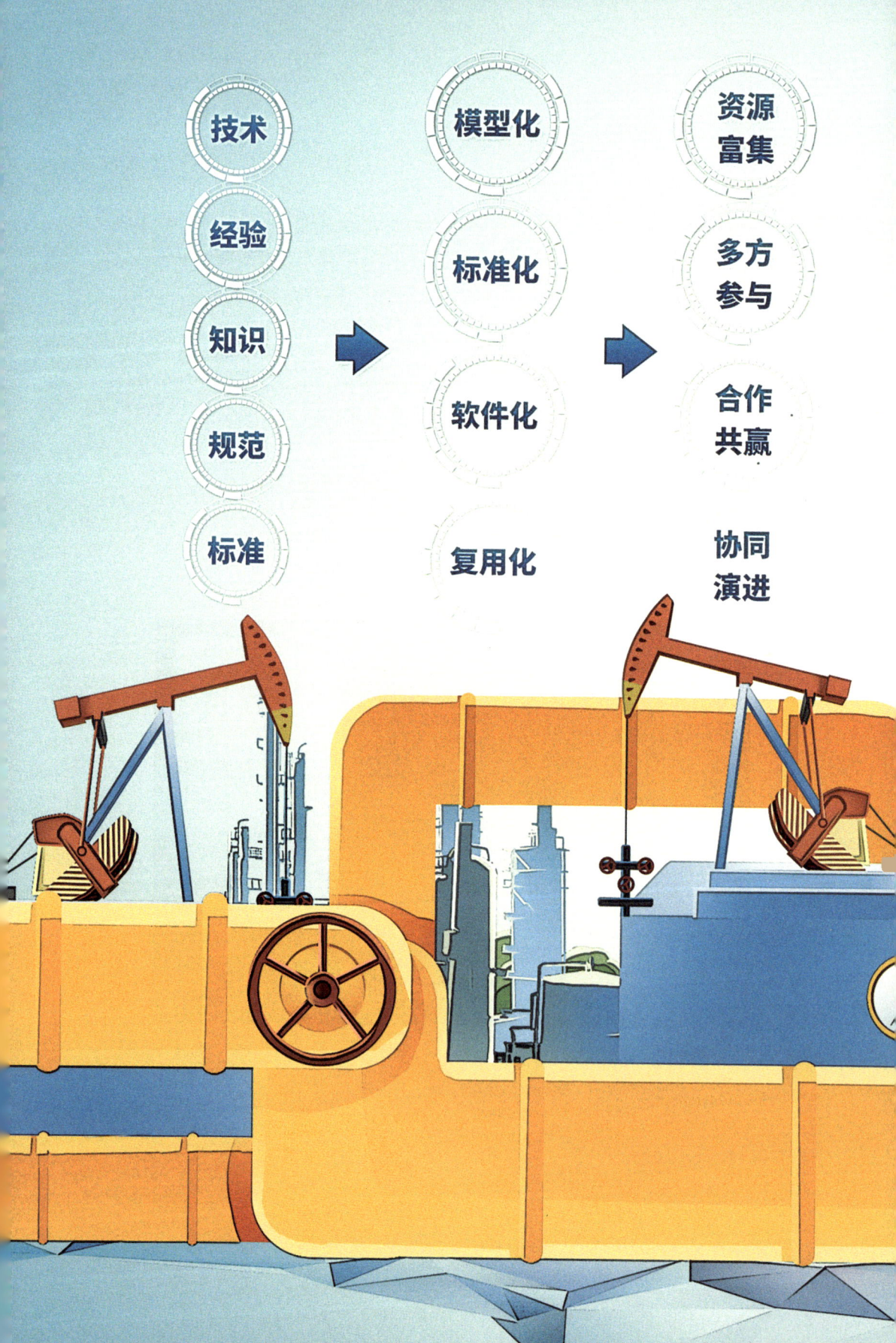

十　工业互联网

工业互联网是新一代信息通信技术与工业经济深度融合的新型基础设施、应用模式和工业生态，通过对人、机、物、系统等的全面连接，构建起覆盖全产业链、全价值链的全新制造和服务体系。它以网络为基础、以平台为中枢、以数据为要素、以安全为保障，既是工业数字化、网络化、智能化转型的基础设施，也是互联网、大数据、人工智能与实体经济深度融合的应用模式。对于面对数字化转型的国内外石油工业企业来说，工业互联网已经构成了现代信息技术应用的骨干，将企业的各个体系和节点连接并盘活起来，使之形成一个充满活力的有机整体。

10.1　网上之网的工业互联网

传统工业的各个生产节点是孤立的，没有数字化没有网络，信息的传递和沟通变得复杂且缓慢。假如一台机器出现问题，可能直到生产出不合格的产品才会被发现。而这时为了找出到底是哪里出了问题，需要去现场一步一步排查寻找，消耗大量的时间和精力。随着社会的发展，传统的工业制造业遇到了种种绊脚石，比如生产成本上升，人力成本上升；不了解客户与市场，生产的产品没人要，别人想要的产品却没有生产，等等。这些问题都阻碍了传统制造业的发展，而工业互联网的出现，可以跨过这些障碍，帮助企业一路飞奔向前。

"工业互联网"这个词最早是 2012 年美国的通用电气（GE）公司提出的，和工业 4.0 是好兄弟，虽然风格不完全一样，但目标都是要对工业进行全面升级改造，以应对未来更多的挑战。我国从 2015 年以来，在"十三五"规划、中国制造 2025、"互联网＋"行动计划、"两化"融合和国家大数据战略中都明确提出，要加快建设和发展我国工业互联网。

> **小贴士**
>
> 工业互联网简单地说是"工业"+"互联"+"网"的组合。"工业"涵盖了"人、财、物、产、供、销"等多种资源，"互联"表示这些资源之间彼此互联互通，"网"则表示这些工业资源在互联互通过程是自组织的、互不隶属的、平等自由的、去中心化的。具体地说，工业互联网就是用各种先进技术将一个企业、一个行业、一个产业、一个区域，甚至一个国家的"人、财、物、产、供、销"资源融为一体。工业互联网是全球工业系统与高级计算、分析、感应技术以及互联网连接融合的一种结果。

工业互联网就像人的躯干一样，将身体内的各个部件串接起来，让各个节点"活"起来。工业机器正在装备越来越多的电子传感器，能让它们可以像人一样"看、听、感受"，获取大量的数据，就像工业互联网的"四肢和各个器官"。这些数据实时传输地"流动"起来，能让人们及时知道生产运行情况，更加高效地去操控机器，就像工业互联网的"神经和血管"。还可以借助云计算、大数据这些技术进行分析，并通过一些分析技术由人工智能提供参考意见，就像工业互联网的"大脑"。企业资源、客户关系等的管理

可以帮助企业更清楚地了解市场，结合过去的经验，更好地分配资源和做决策。例如，面对同样的问题，假如一台机器有可能要出现故障，在发生故障之前就可以通过机器的各个指标提前预测它有可能出现的问题，这些提示和相关信息实时地告诉工作人员，工作人员就可以直接通过系统进行远程操控和维护，减少了沟通的复杂程度，更快地处理了问题，也避免了问题发生之后导致的需要停止生产等严重后果。工业互联网的构成如图10.1所示。

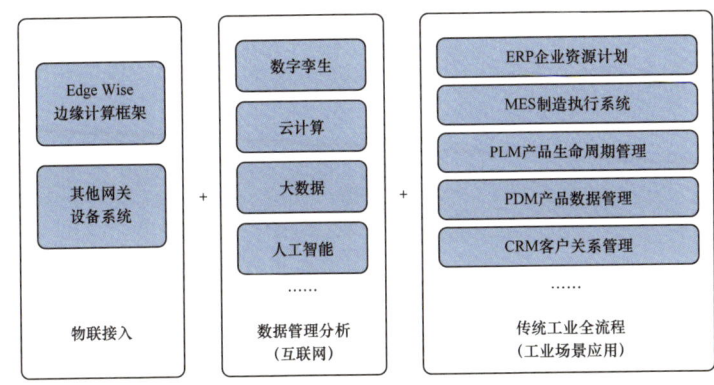

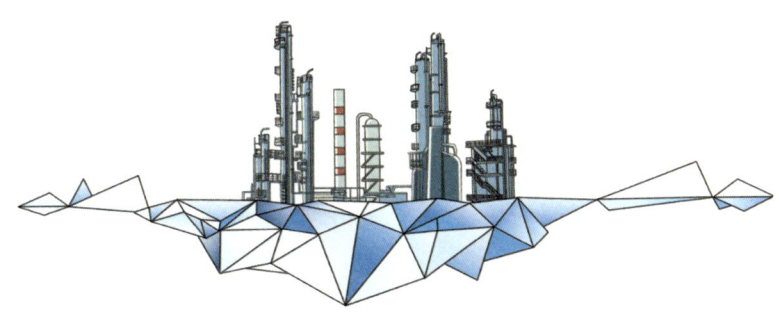

图 10.1　工业互联网的构成

工业互联网不仅有对数据、信息进行管理分析的互联网，运用云计算、人工智能等技术可以更快地进行数据分析并实时进行传输；也有各台设备、机器所在的物联网，各个点的信息可以进行连接和沟通；还有企业资源管理、产品生产制造等工业场景应用的"网"，可以帮助人们更加便捷地了解各个环节信息，更精准快速地做出决策并执行。所以，这个"网上之网"是

217

工业技术和信息通信的结合，汇集了智能机器、高级分析以及人类的创造力和智慧，它可以实现生产率的提高、运营成本的降低和能耗的减少，推动整个产业链与工业经济的发展。

企业是市场主体，也是创新主体，更是数字化转型主体，石油工业企业也不例外。目前，石油行业正处于数字化、智能化转型的关键时期，必须点燃工业互联网发展的"新引擎"，应用工业互联网进行行业智能转型升级，将新一代信息通信技术与石油行业管理模式、业务特点、具体的生产过程等深度融合，从而优化生产过程，提升强势竞争力（图10.2）。

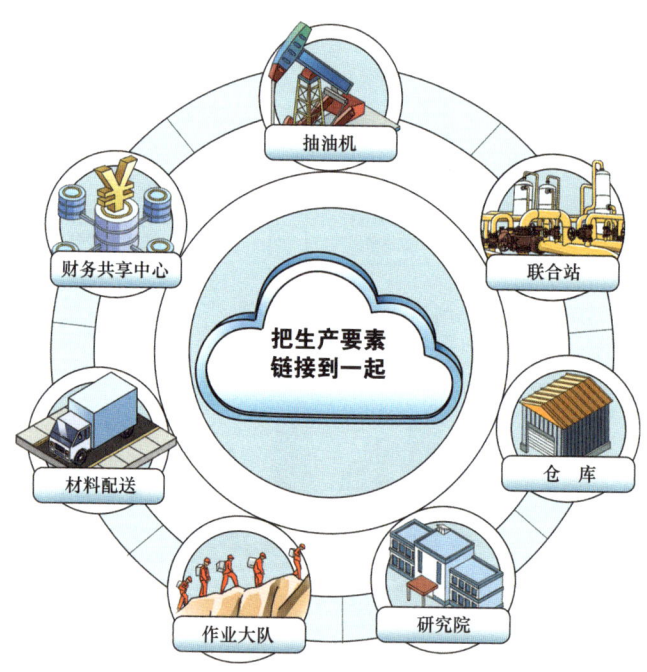

图 10.2　油田开发中的工业互联网示意图

10.2　工业互联网有什么用？

工业互联网作为一项新兴技术正在成为新时代工业驱动力，它可以把传统的工业知识和新技术相结合，从设备、车间等物理实体采集各种数据，并

进行快速处理和深度分析，根据这些分析结果可以形成一些成熟的经验，变成标准和模型进行复用，便于人们更好地操控和决策业务。工业互联网像人的躯干一样将各类生产要素都串接在一起，极大地影响企业生产和运营的方方面面，正在助力企业实现数字化转型。

工业现场的生产过程优化：以前的生产就像"盲人摸象"，各个生产环节互相不知道对方到什么进度，整体的情况更是很难实时统计，各台机器的状况都需要到生产现场才能知道。如果发生问题，可能直到生产出不合格的产品时才去一步一步检查是哪个环节出现故障，无效等待和质量问题引起的返工时常影响生产效率。而现在，工业互联网平台可以实时采集生产过程数据，及时了解生产状态，便于优化制造工艺、生产流程，也可以及时通过数据发现质量问题和进行设备的预测性维护，在发生重大故障前提前处理问题，实现更高效、更节能、更优质的生产。

企业运营的管理决策优化：有了工业互联网平台，生产现场数据、企业管理数据和供应链数据都可以实时连通，就像有一个实时的"传话筒"，能及时互相传递信息。比如，对供应链中现场物料消耗和库存情况一目了然，平时不需要大量囤货，等需要的时候再安排供应商进行配货，既减少了占地面积，也降低了维护库存的人力物力成本。生产现场的数据及时提供给企业的业务管理层，再加上对企业内部信息的综合分析，有助于企业全面地了解生产运行状况，支撑企业进行智能决策，实现更加精准与透明的企业管理。

面向社会化生产的资源优化配置与协同：工业互联网平台打通了企业内部数据信息流动通道，实现企业与外部资源全面对接，推动设计、制造、供应和服务环节的并行组织和协同优化。通过使设计企业、生产企业及供应链企业数据互联互通，可以让部分环节同时进行，大幅缩短产品研发设计与生产周期，实现降本增效。通过与用户的无缝对接，可以更精准高效地了解个性化需求，做出更符合用户要求的产品，留住更多的客户。除此以外，平台汇聚的生产制造信息还可以提供给其他行业和机构，例如为金融行业提供银行放贷、股权投资业务的依据，等等。

面向产品全生命周期的管理与服务优化：对于产品来说，工业互联网平台可以陪伴它的整个生命周期，从设计、生产、运行到后期服务，提供全流程监测及优化支持。就像每个人有自己的档案一样，工业互联网平台可以记录产品的档案，包括生产、物流、服务等各类信息，便于后期溯源查询。作为产品的"虚拟双胞胎"，在设计阶段它可以通过模拟的方式形成数字化的虚拟产品，对产品的可制造性进行测试，能够减少设计优化的成本，提高效率。同时，它也是产品的小管家，通过分析实时运行数据，实现故障的提前预警，帮助设备健康运行；通过产品运行和用户使用行为数据的反馈，可以为产品优化提供方向，帮助产品创新发展。

油气行业是工业互联网的重要应用场景之一，工业互联网在油气行业的发展前景广阔。在石油钻井作业中的钻井液、完井、录井等专业之间需要高度配合才能减少现场无效等待时间。如钻不同的井就需要不同的钻井液配方，需要准备不同的材料，过去采购原材料时，浪费或临时短缺不可避免。有了工业互联网的全要素全产业链连接，钻井液工就能提早知道会打什么样的井、需配什么料，完井公司知道大概什么时候需要作业，就可以合理地安排设备检维修和人员调休了。钻机是复杂的装备，工业互联网让钻机的生产厂商和钻井作业现场连接在一起，能实时查看到钻机在制造过程时所采用的材料和工艺，从而对该钻机所适用的地质条件能更准确地判断。在发生故障时，生产厂商可以远程诊断并指导维修，减少了维修时间；钻机生产厂商可以根据返回的钻机生产数据发现设备缺陷、进行有针对性的科研和攻关，从而提高产品质量、提高工作效率。钻井需要一些价值不菲且有严格保质期限的备件和配件；需要使用时，可以通过工业互联网调剂优先使用快到期的产品。而在钻井中最重要的是通过工业互联网能将地质人员和工程人员串接在一起，随时了解真实的地质情况，调整设计方案，更准确地找到油层；还能将大量采集的数据与历史资料进行比对，提前发现和预判出现事故和复杂的情况。钻一口井的成本动辄几千万甚至上亿元，每一天的无效等待损失都以十万元为单位计算，通过工业互联网可极大地减少这些损失，更大的效益还在于能减少事故和复杂状况的出现。图10.3显示工业互联网支持多方协作。

每口井有一个协同作业指导书,内容包括:时间范围、井深范围、作业内容和技术要求(作业队伍)、HSE要求、预警提示……

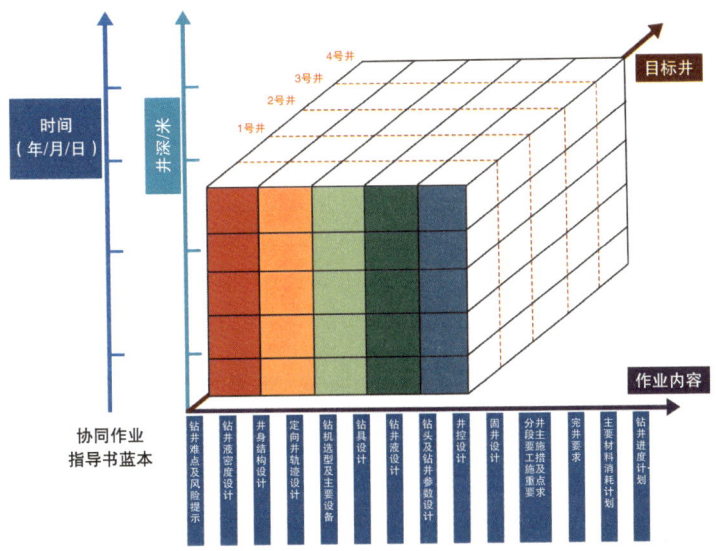

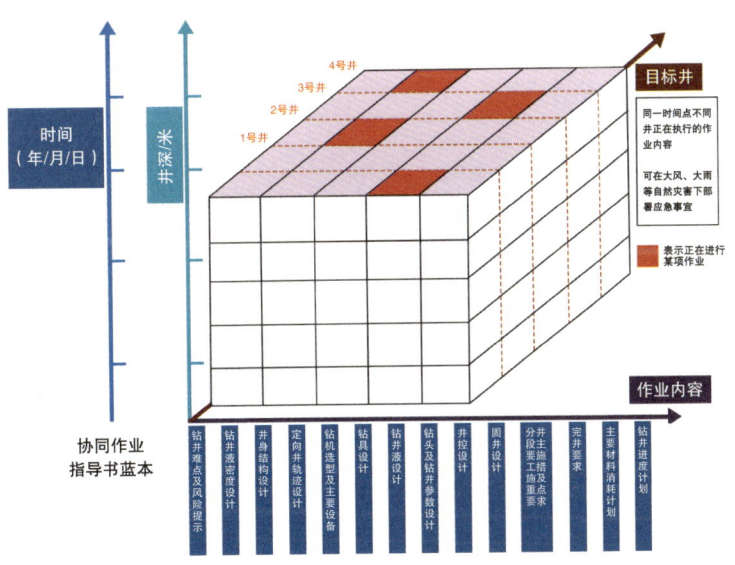

图 10.3 工业互联网支持多方协作

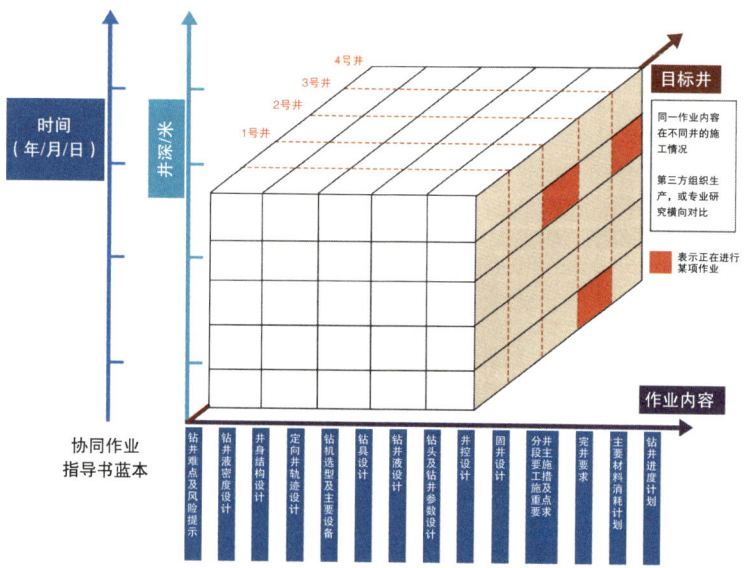

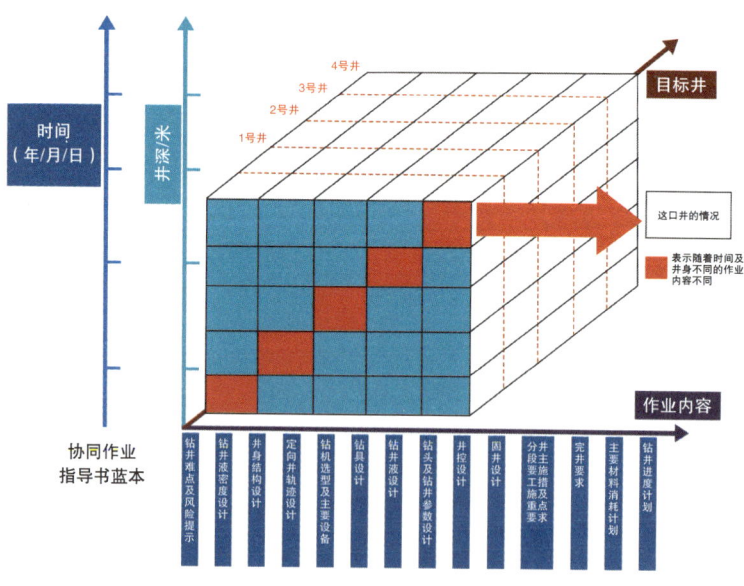

图 10.3　工业互联网支持多方协作（续）

由此可见，工业互联网平台可以带动传统产业实现数字化、智能化转型，提高生产运行效率和经济效益，降低操作成本和维护成本，增强数据共享和分析决策能力，加速知识创新和价值创造，实现全方位的优化。

10.3　物联网、工业互联网与石油工业互联网

物联网好比工人的"感官"，工业互联网好比"躯干"，工业的发展、成长和壮大离不开"躯干"，而"躯干"日常工作离不开他的"腿脚"，而这些"腿脚"就是另一个新兴的信息技术能力——边缘计算。通过边缘计算能操控工业互联网上的各类生产要素。

物联网、工业互联网都是一张"网"，隐藏在工业生产的方方面面，看不见摸不着。物联网好比一个"老当益壮"但依旧在为工业服务的"触角网"。它在1999年由美国麻省理工学院Auto-ID研究中心首先提出，主要是建立在物品编码、射频识别技术和互联网的基础上，被人戏称之为传感网，又叫"万物相连的互联网"，是通过射频识别、红外感应器、全球定位系统、激光扫描器等信息传感设备，按约定的规则（协议），把任何物品与互联网相连接，进行信息交换和通信，以实现对物品的智能化识别、定位、跟踪、监控和管理的一种网络。它更多注重的是前端设备的广泛物联接入。工业互联网好比一个"年轻力壮"既新又大的"网"，这张"网"不仅对原先的"网"进行了必要修补，还对其进行重新编织和扩充，使现在的"网"功能变得越发强大。

工业互联网是网（物联网）上之网，是满足工业智能化发展需求，具有低时延、高可靠、广覆盖特点的关键网络基础设施，是新一代信息通信技术与先进制造业深度融合而形成的新兴业态与应用模式，是制造业数字化的产业生态。网络、平台、安全构成了工业互联网的超级"三驾马车"（图10.4）。

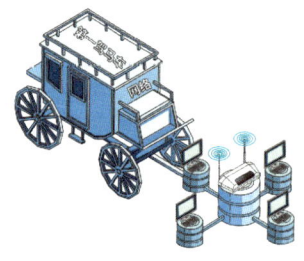

"第一驾马车"（网络体系），是工业互联网的基础。其将连接对象延伸到工业全系统，可实现人、物品、机器、车间、企业以及设计、研发、生产、管理、服务等产业链全要素各环节的泛在深度互联与数据的顺畅流通，形成工业智能化的"血液循环系统"。

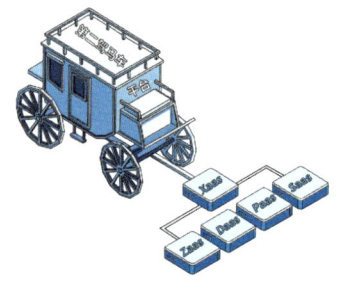

"第二驾马车"（平台体系），是工业互联网的核心。其作为工业智能化发展的核心载体，平台体系为数据汇聚、建模分析、应用开发、资源调度、监测管理等提供支撑，实现生产智能决策、业务模式创新、资源优化配置、产业生态培育，形成工业智能化的"神经中枢系统"。

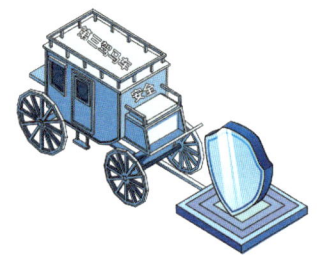

图10.4 "三驾马车"

"第三驾马车"（安全体系），是工业互联网的保障。其建设满足工业需求的安全技术体系和管理体系，增强设备、网络、控制、应用和数据的安全保障能力，识别和抵御安全威胁，化解各种安全风险，构建工业智能化发展的安全可信环境，形成工业智能化的"免疫防护系统"。

石油工业互联网是工业互联网在石油工业（能源领域）的典型具体应用，石油工业互联网是石油工业领域掘油炼"金"的一把好手，它是充分利用石油行业现有的专有云（云计算数据中心）、局域网、广域网、各专业物联网系统、工控安全体系等建设成果，实现石油工业全产业链、价值链、全要素（如机器、原材料、人、软件、产品、企业生产、管理、服务）的泛在深度连接，完成数据在平台的汇聚、存储、分析和管理，通过平台上的工业模型、算法、机器学习和大数据分析，实现石油工业资源泛在连接、弹性供给和高效配置，支撑石油工业技术、专家经验、知识的模型化和软件化，打通石油工业内外部各个产业链，优化石油工业企业研发设计、生产制造和运营管理的效率，最终培育石油工业良好生态圈，支撑石油工业的找油找气、油气生产、炼油化工、油气储运、油气销售和工程服务与支持等业务快速、高效、安全发展，为石油工业安全生产提供保障，降低企业生产运行成本、提高生产效率，真正成为石油工业数字化转型、智能化发展的强力助推器。石油工业互联网联网如图10.5所示。

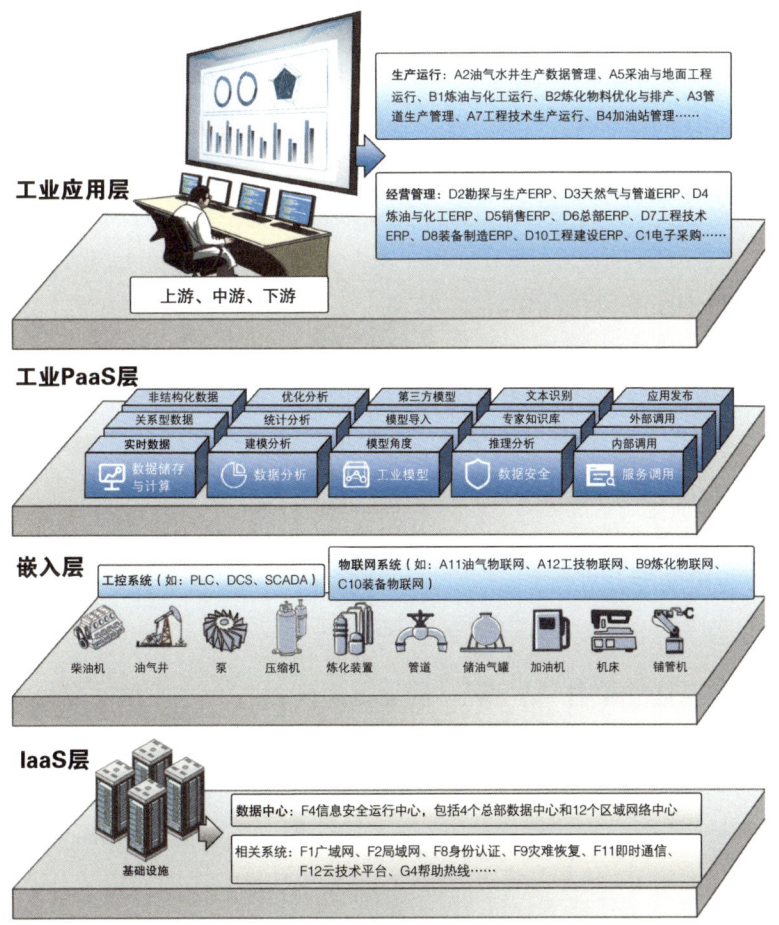

图 10.5　石油工业互联网联网示意图

随着云计算、大数据、数字孪生、人工智能、区块链等技术蓬勃兴起，全球各大石油公司也都积极将先进信息技术与传统产业深度融合，推动石油企业数字化转型、智能化发展，构建设备全面互联、动态感知的工业互联网平台，实现传统制造业生产、制造、运营模式变革，加快实现向以数字化为主导的现代化新模式转变。

10.4 "网住"油气谈何容易——如何让油气生产更便捷？

油气生产是将油气从地层中提取到地表以及在矿区内收集、拉运、处理、储存和管理等活动。工业互联网将油气生产整个过程在网上进行动态呈现，实现油气生产过程在网上控制和管理。工业互联网"网住"油气已成为油气生产企业数字化转型和智能化发展的必要手段，为油气高效安全生产保驾护航。油气生产过程可视化（生产过程网上看得见）、生产管理精细化（管理到细微的可控制单元）、资源配置合理化（用最少资源，办成最大的事）、决策支持科学化（有数据支撑的决策）、生产收益最大化（利润最大化），是世界各国油气生产企业所追求的新目标。随着云计算、物联网、大数据、数字孪生、人工智能等技术的蓬勃发展，石油工业互联网应用逐步深化，已经在抽油机结蜡预测、油气生产分析、井场人员管控和油气生产一体化协同等方面取得不错效果，油气生产效率提高近10%，一线现场巡检效率提高47%，企业用工成本节约近30%，综合能耗下降6%。降本增效效果显著，实现了油气生产作业更安全、更高效、更便捷。

及时知道抽油机井"生病"。抽油机是开采石油的一种重要机器设备。抽油机井是不是"生病"了，原先主要是靠一线油气巡检工人到它身边听一听它干活的"声音"、用眼看一看它的"五官"是否健全、摸一摸它的"身体器官"是否异常、用手持检测仪量一下它的"各项身体指标"是否超标，然后，"头脑一拍"判断是不是生病了。这种方式实在太落伍了，一是占用较多的巡检工人用工，且巡检效率太低；二是看不见摸不着井下状况；三是无法及时发现"生病"的抽油机及抽油机井。例如，抽油机井结蜡，即井壁结上厚厚的原油聚合物，是油井常见故障之一，抽油机和抽油机井带病工作不仅效率不高，还可能导致耗电量增加、产量下降，甚至造成安全事故和环境污染。"生病"后才"看病",缺少创新性技术预测抽油井是否健康,导致每年投入大量人工巡检和不必要的成本支出。

石油工业互联网抽油机井结蜡预测工业应用(图10.6)以抽油机和抽油机井结蜡为业务应用场景,利用大数据技术将专家的知识沉淀为计算机可识别的智能预测模型,预测抽油机及抽油机井是否是"亚健康"或者"生病"了,将人工诊断转变为自动化智能分析诊断,在抽油机故障发生前和油井严重结蜡影响出油产量前即给出有针对性的维护方案,从而优化检泵维护计划,延长检泵周期,提高抽油井正常生产时率,减少作业费用,直接带来可观的经济效益。

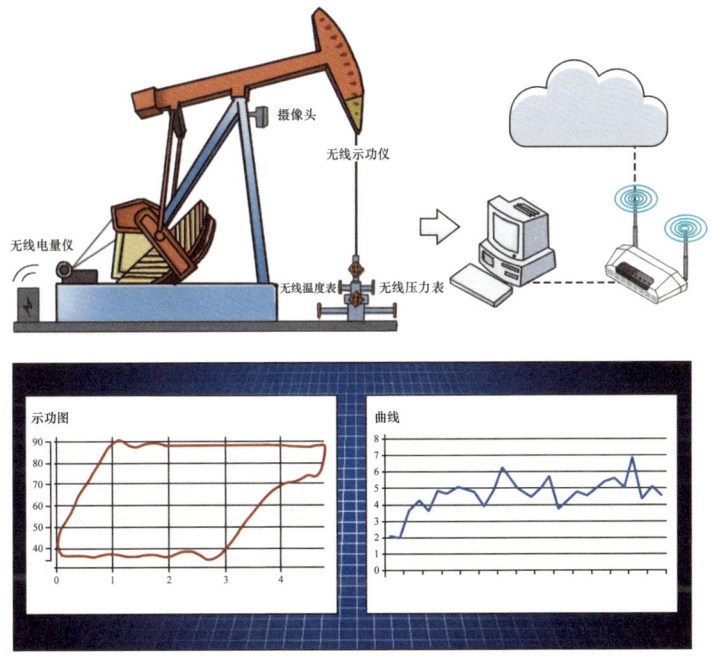

图10.6 抽油机井结蜡故障预测应用

实时计算油气田的生产产量。各地区油气田的地质地貌、油气储量、生产环境工况、原油油品油质千差万别,很难通过单一油气作业区产量来准确预测企业油气生产产能。石油工业互联网的油气生产分析工业应用通过对各油气田油气生产过程实时监测、生产实时分析、报表管理、视频监视、数据管理，实现宏观拓扑监控、单井综合检测、工艺流程实时监测以及视频监视，满足了集团公司总部、油气田公司、采油采气厂等不同管理层级对生产管理的需求，实时掌握各油气田及作业区的油气生产产量数据，为各单位的油气生产计划合理制订和生产调度提供科学辅助支持。

守护井场安全的智能"警察"。井场是钻井采油采气的工作场地，不仅有巨大的钻机设备，还可能释放有害气体和易燃易爆气体，钻井井场面临施工安全、外部人员非法入侵和设备安全等难题。传统人工巡检或者视频监控，不仅费时费力，而且成本还高。石油工业互联网的井场人员管控工业应用软件（图10.7）是井场的智能"警察"。它通过人工智能技术实现安全帽识别、外来人员识别、规范操作检测等图像自动识别，根据综合识别结果实现智能报警，及时通知工人采取安全防护措施，不仅节省大量人力成本，还降低了安全风险。

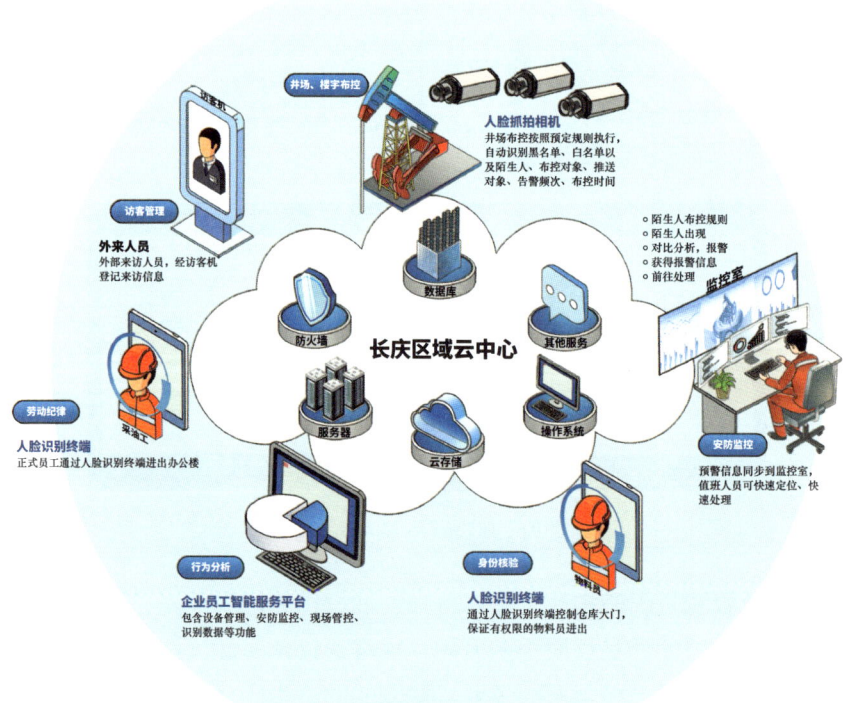

图 10.7　井场人员管控工业应用

本事巨大的油气生产"智能管家"。油气生产包括油气勘探、油气开发、生产运行等多个环节，如何才能让这些油气生产环节更加科学合理地衔接起来呢？石油工业互联网油气生产一体化协同工业应用，即油气生产"智能管家"（图 10.8），通过以勘探开发综合研究业务流程为主线，建立油气预探、油藏评价、油气田开发、提高采收率等 34 个网上研究环境，实现了在不同业务阶段成果的归档、传递、继承与共享，支撑油田公司生产、管理、科研工作。改变了传统研究模式，推动了成果共享应用，提升了研究工作效率和质量，保障油气生产各环节的高效协同。

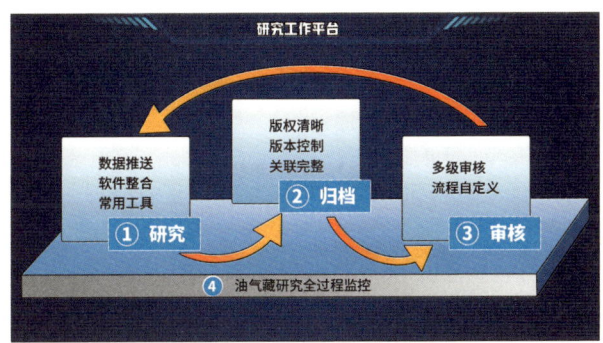

图 10.8　油气生产一体化协同工业应用

10.5　"网上"炼化炼出"真金"
——炼化领域中的工业互联网

工业互联网已成为企业数字化转型和智能发展的必要手段。炼化作为流程制造业，工业互联网将炼油化工整个生产过程在网上进行动态呈现，实现生产过程在网上控制和管理。工业互联网实现"网上"炼化炼出"真金"，为炼化生产企业高效安全生产保驾护

> **小贴士**
>
> 炼化即炼油与化工的简称，是将原油进行蒸馏物理分离和化学反应生产加工的工艺，分馏和提取出对人们有用的煤油、汽油、柴油、重油等燃料以及烯烃、芳烃类等化工产品。

航。随着石油工业互联网应用深化,已经在炼化装置先进控制、加氢装置生产分析、腐蚀泄漏预测、能源精细管控、往复式压缩机健康预测管理等方面取得不错效果。

"网上"炼化"智能管家"之气分装置先进控制与优化工业应用。炼油化工的生产工艺是十分复杂的,涉及的工艺流程多,且环环相扣,彼此之间相互依赖又相互制约,至于哪个阶段什么时候放什么原料、放多少料、需要加压和加温到多少、加压加温多长时间都有十分严格的控制,稍有偏差就会影响各产出相关产品的产量、品质和能耗,甚至有可能引发火灾、爆炸等重大安全事故。由于炼化生产目前主要采用比例积分微分控制(简称 PID 控制),现场操作人员根据装置运行情况调整 PID 定值,不能实时对生产扰动进行及时分析判断,控制策略相对滞后;同时,由于操作人员的能力差异,导致整体控制效果不佳。

> **小贴士**
>
> PID 控制是比例(Proportional)控制、积分(Integral)控制和微分(Derivative)控制三种反馈控制的统称,是最早发展起来的控制策略之一,因其算法简单、稳健性好和可靠性高而被广泛应用于工业过程控制,仍有 90% 左右的控制回路具有 PID 结构。简单地说,根据给定值和实际输出值构成控制偏差,将偏差按比例、积分和微分通过线性组合构成控制量,对被控对象进行控制。常规 PID 控制器作为一种线性控制器。

石油工业互联网"网上"炼化"智能管家"——气分装置先进控制与优化工业应用较大程度上解决了以上问题。气分装置先进控制与优化工业应用可以运用辨识、最优控制、最优估计等控制理论,利用大数据技术实现模型辨识、控制量计算、控制性能监控等功能,以 PID 参数整定为工具,持续提高全厂自动控制水平,解决质量指标或工艺参数的多变量控制问题,更大程度上满足企业的产品调控。以兰州石化公司 40 万吨 / 年气分装置为例,通过工业互联网"网上"炼化"智能管家",提高经济效益约 894.4 万元 / 年。

"网上"炼化"智能管家"之加氢裂化装置生产优化分析工业应用。炼化生产工艺复杂且危险,生产装置原料、负荷多变,要求操作参数及时进行调整;成品油和化工产品销售市场需求量瞬息万变,炼化生产目标需要紧跟市场的需求进行实时调整。那么,如何响应装置工况变化,及时调整操作,保证生产平稳、安全运行呢？如何提取装置最优操作参数，指导炼化企业生产操作，保持生产优化，实现节能降耗，创造经济效益？这些都是直接关乎企业能否可以实现炼化企业利润最大化、保障企业安全生产的命运所在。

石油工业互联网"网上"炼化"智能管家"——加氢裂化装置生产优化分析工业应用为炼化企业带来了福音。"智能管家"利用现代信息化技术，通过聚类分析，将炼化生产过程根据原料特征、产品特征、设备约束等条件划分为多种操作模式，基于模式识别技术寻找每种模式的最佳参数，形成基于大数据的加氢裂化生产多模式优化应用，解决原料变化导致操作调整不及时以及无依据的问题（图10.9）。以长庆石化公司120万吨/年加氢裂化装置为例，通过工业互联网"网上"炼化"智能管家"，每年可以提高经济效益约639.4万元。

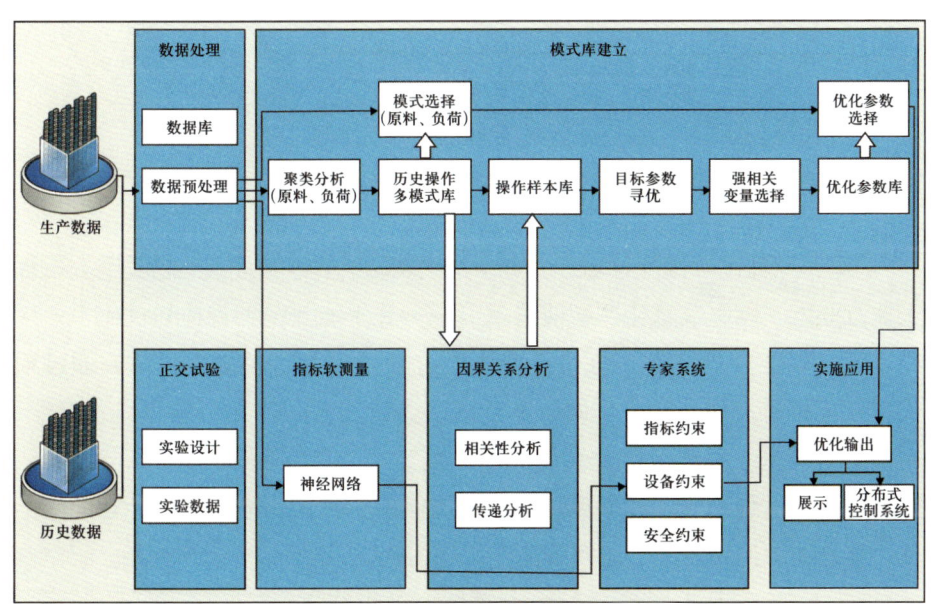

图 10.9　加氢裂化装置生产优化分析应用

"网上"炼化"智能管家"之炼化腐蚀诊断与评价工业应用。石油工业互联网"网上"炼化"智能管家"——炼化腐蚀诊断与评价工业应用通过在线腐蚀监测，获得设备腐蚀过程和操作参数之间相互关联的信息，实现对设备腐蚀特征数据的网上集中展示监控、腐蚀评估与预测（图10.10）。经过腐蚀速率计算，生成腐蚀曲线，对存在问题进行判断分析，改善腐蚀控制，从而达到改善企业生产能力、延长设备寿命、减少企业投资和操作费用的目的。

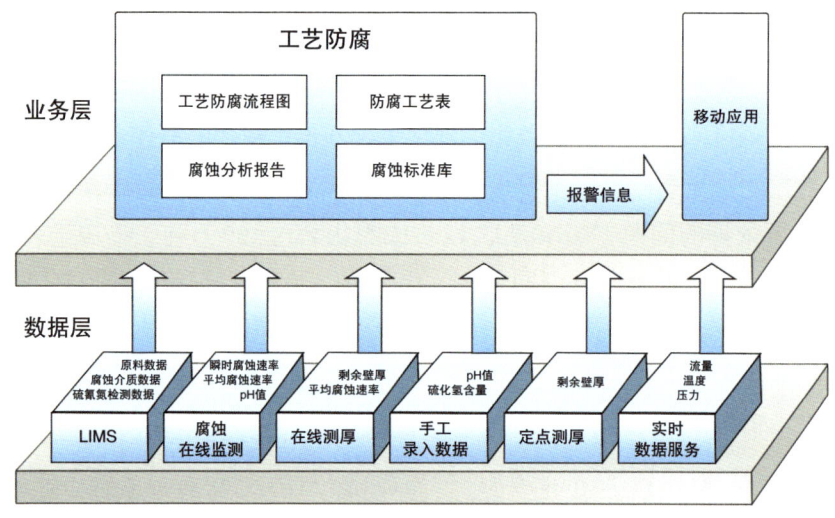

图10.10　炼化腐蚀诊断与评价应用

"网上"炼化"智能管家"之炼化能源精细管控与优化工业应用。石油工业互联网"网上"炼化"智能管家"——炼化能源精细管控与优化工业应用，通过聚类分析技术将炼化企业生产过程划分为多种操作模式，通过模式自动识别寻找最佳参数，同时基于统一能源管理数字工厂模型以及产能、用能计划模型，实现对炼化企业的水、电、气、风等各类介质产、存、转、输、耗的全过程的管理和标准化全业务的能源精细化管理，降低企业能源消耗，提高能源使用效率，达到节能增效的目标。

"网上"炼化"智能管家"之往复式压缩机健康预测管理工业应用。往复式压缩机是炼化生产中的重要的大型动力设备，如发生故障，往往导致产量损失极大。设备维修保养一般由设备厂商直接进行，维护成本非常高。石油工业互联网"网上"炼化"智能管家"——往复式压缩机健康预测管理工业应用结合往复式压缩机设备实际生产工况，利用大数据分析方法，建立具体设备的数字双胞胎模型及故障预测模型,并根据故障概率的分析评估给出设备的故障风险等级,提高故障报警准确度,减轻专家判断工作强度(图10.11)。

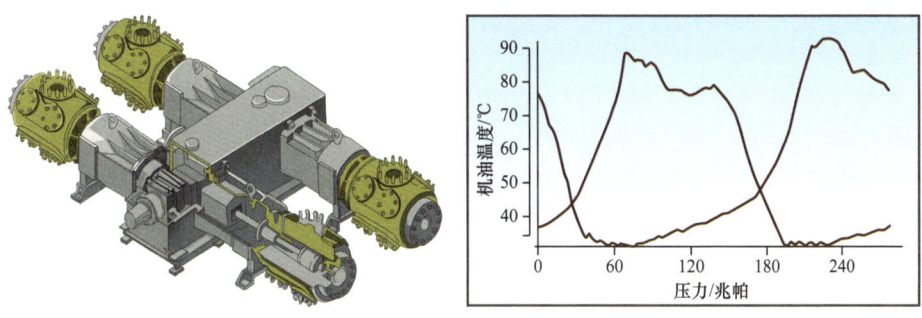

图 10.11　往复式压缩机健康预测管理应用

10.6 "网上"服务足不出户——甘当油气服务的好帮手

工程技术和装备制造作为石油工业服务与支持的"左膀右臂",油气生产、炼油化工和油气储运销等业务的健康有序发展离不开工业互联网的参与。工程技术企业进行物探、钻井、录井、测井、井下等主要工作,实现精准探测地下油气藏分布,分析油气藏储量,使油气井可以源源不断地"吐"出原油和天然气。装备制造企业通过制造工厂为油气田企业和炼化企业提供大量生产设备、配件以及技术服务支持(如抽油机、工业泵、压缩机、加热炉、钢管、设备远程在线监测及设备售后服务)。工程技术和装备制造作为油气生产和炼油化工主营业务的"网上服务管家",保障了石油工业核心业务快速、高质量发展。伴随着云计算、物联网、大数据、数字孪生、人工智能等技术成熟和工业互联网应用模式的不断创新,石油工业互联网——"网上"服务正在发挥越来越大的作用。目前"网上"服务在工程技术的钻井实时工况识别、钻头钻具寿命预测以及装备制造的生产分析、制造工艺质量分析和能源消耗分析等方面取得了较好的应用效果。工程技术方面已完成远程实时在线监测,实现钻井复杂事故智能报警;装备制造方面实现制造企业生产效率得以提升,机组平均无故障运行时间得以延长,钢管焊接一次性通过率得以提升,生产车间能耗得以降低(图10.12)。

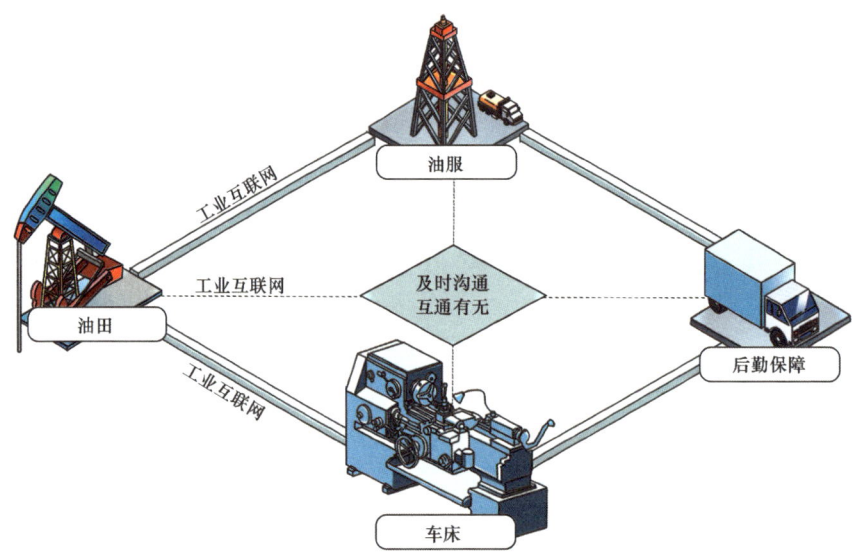

图10.12 工业互联网将相关业务连接在一起

井筒中心视频

（1）网上服务"智能管家"之钻井工况识别工业应用。钻井就是通过钻头高速旋转不断向地下钻入,直至成功到达地下油气层。钻井大部分工作都在地下完成,人眼无法看见,且钻井工作属于高危险工种,搞不好会导致钻机设备烧毁等安全事故,甚至在钻井的报废。钻井工况识别方面长期存在准确性和时效性不高、人员水平参差不齐等问题。主要靠地质预告、现场工程师填报和实时参数组合判断等方法进行工况识别和险情预警。

石油工业互联网"网上"服务"智能管家"——钻井工况识别工业应用可以在电脑上实时查看所钻井身体内部情况（地下钻井工况）。利用大数据技术建立重点设备选型及事故复杂预测模型,实现工况自动识别和险情自动预警,提高设备优选方案的科学性以及事故复杂预警的准确率,促进现场作业从传统钻井向智能钻井转变。同时,结合工程技术业务专家的工程技术理论与实钻经验，采集设备数据和事故复杂台账数据，挖掘钻井事故深层次规律，总结出了钻井不同工况下的异常（图 10.13）。

图 10.13　钻井远程监控中心分析

（2）网上服务"智能管家"之钻头钻具寿命预测工业应用。钻头作为破碎地下岩层的主要工具，在旋转时具有冲击、压碎和剪切破碎地层岩石的作用，充当着地下"攻城略地"的排头兵。钻井时常出现掉钻头牙轮、掉钻头、卡钻等主要事故。长期以来，国内常用的钻井工况采集系统功能较为单一，仅能对简单的钻井参数进行计算，系统数据利用率不高，不能实时查看复杂工况的详细信息，而且需要通过人工经验判断钻井设备故障，无法完全满足现场实时钻井作业的需要。

石油工业互联网网上服务"智能管家"——钻头钻具寿命预测工业应用基于大数据技术，建立钻头及钻具预测模型，实时预测钻头、特殊钻具剩余使用寿命，减少不必要的钻头、钻具更换次数，节约钻井设备及相关配件维护成本（图 10.14）。

（3）网上服务"智能管家"之装备制造工艺质量分析工业应用。如何优化装备制造企业产品工艺设计？如何提高制造产品的出厂优良率？如何保障制造产品的过硬质量?这些是装备制造企业面临的最为头痛的问题。网上服务"智能管家"——装备制造工艺质量分析工业应用可以排忧解难。

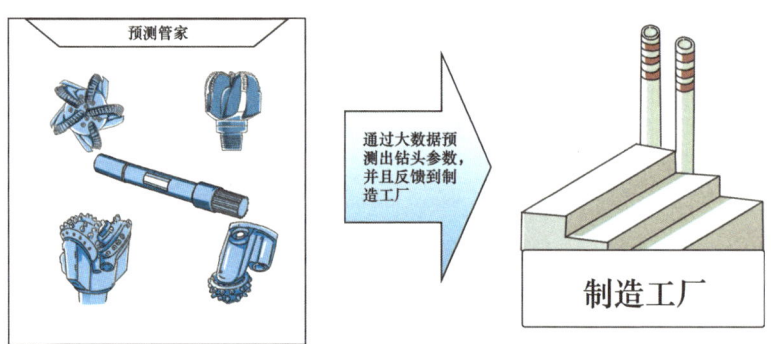

图 10.14　钻具寿命分析过程

"智能管家"通过实时采集的每一个产品(如钢管)的质量检测数据,并按车间、班组、岗位、项目等不同纬度进行统计,为企业、车间各级质量管理部门分析质量完成情况,确保为达到质量控制指标要求提供决策依据。对于不合格产品,结合工艺数据分析质量数据,建立工艺质量优化分析模型,帮助工艺部门优化产品工艺设计,推动产品质量不断提升(图 10.15)。

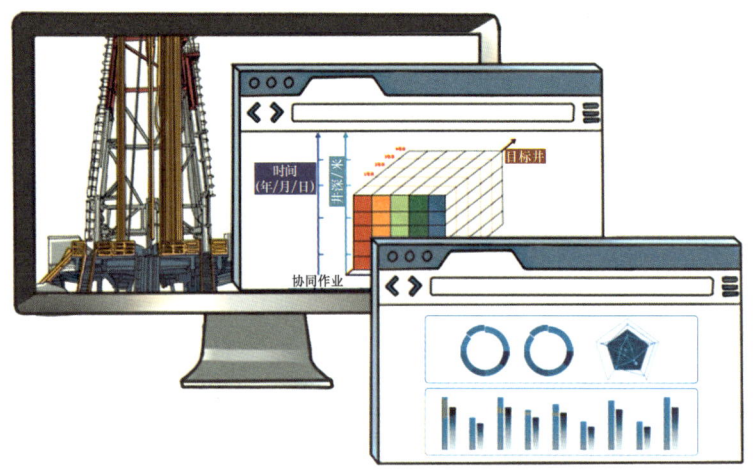

图 10.15　工艺过程分析

（4）网上服务"智能管家"之装备制造能源消耗分析工业应用。装备制造企业是用电耗电大户，如不对装备制造生产线这个"电老虎"进行严格管控，会直接将制造企业辛辛苦苦赚来的利润给吐出来。网上服务"智能管家"——装备制造能源消耗分析工业应用的出现，牢牢地将这只"电老虎"关进笼子里，不让它再"肆意妄为、到处伤人"，乖乖地按照"智能管家"的要求为制造企业服务。

网上服务"智能管家"——装备制造能源消耗分析（图10.16）工业应用提供能耗可视化分析功能，通过实时采集大型能耗设备（如中频加热、热处理）的电量、电流、电压、功率因数等数据，经过综合计算分析，按照不同时间段进行统计，结合产量计算能源吨耗数据和阶梯电价核算用电成本，为制造企业优化生产排产计划、降低用电成本提供科学决策依据。

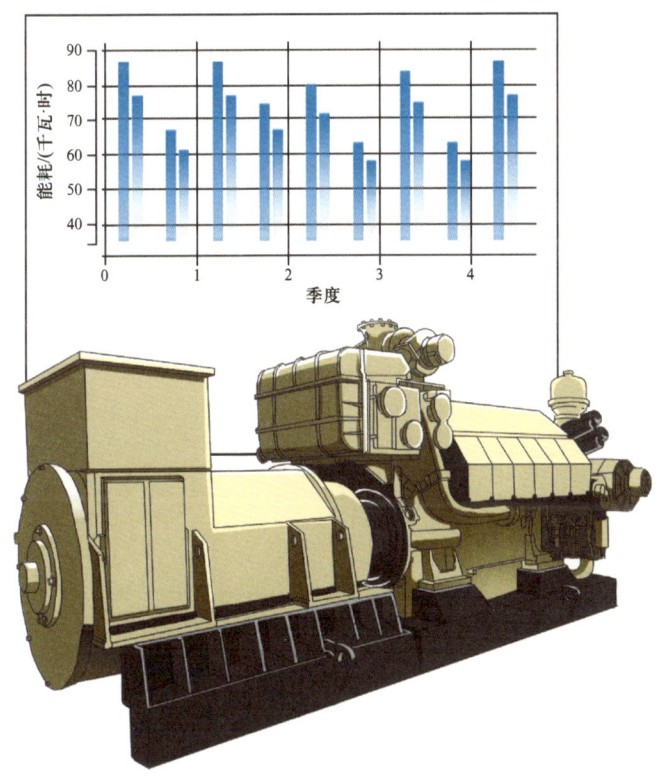

图10.16　能耗分析

十一　未来智慧石油

　　人工智能、大数据分析、卫星传输、5G 和数字孪生等技术的快速迭代，促进了现代信息技术的飞速发展，为石油工业全面实现智慧化的发展目标提供了可能。目前，智慧油田建设已经在国内外开始实践，取得了巨大的成果。智慧化管理正在向石油储运、油品销售、炼油化工领域延伸，卫星定位和自动采样设备让地质工作者减少了跋山涉水的艰难，5G+ 自动设备智能预警系统让炼化工厂时刻处于安全监测之中，无人机巡线使油气管道实现了无人化管理……智慧油田、智慧炼厂、智慧管网、智慧加油站组成的智慧石油正在一步步走进千家万户的生活与工作之中。

11.1 智慧石油的未来

从智慧生命到智慧万物，是科技进步的结果。在现代信息技术飞速发展的同时，"智慧"正在被各行各业重新定义：它建立在健全的身体——云计算、强大的消化系统——大数据、通畅的血管——网络、灵敏的感官——物联网、灵活的躯干——工业互联网和四肢——边缘计算、聪明的大脑——人工智能和能识别病菌的淋巴——区块链上。云计算、大数据、物联网、5G、人工智能、区块链、数字孪生、工业互联网如同现代信息技术的器官和系统，它们成全的"智慧石油"正在绘制一幅波澜壮阔的画卷！

石油是国家的战略物资之一，智慧石油影响着国计民生。油气企业涵盖勘探与生产、炼油与化工、工程技术、工程建设、装备制造、销售、国际贸易、金融等业务。作为数字石油的升级和进阶，智慧石油必将带动油气工业迎来一场全方位革命。智慧地质、智能油田、智能钻井、智能炼化、智慧加油站、智能服务等颠覆式创新场景接踵而来，新材料、新工艺、新工具等同步加码，增储上产、降本增效不在话下，油气工业的美好未来近在咫尺。

我国能源消费结构呈现低增量、低碳化，资源约束严、生态约束严、环境约束严的趋势，能源发展观正从"只关注数量"向"更重视质量"转变，未来的石油会更绿色、更智能、更低成本。云计算、大数据和工业互联网等现代信息技术提升了能源工业在节能减排、多能互补和集成优化等方面的实施水平，从不同领域与不同维度推动智慧石油的技术革新。

未来，智慧石油将进入规模提速增长、结构逐步优化、创新应用场景阶段，将充分发挥云计算、大数据、物联网等现代信息技术的威力，在石油勘探、开采、炼化、销售、工程技术、装备制造等各个领域实现质的变化，创造智慧石油新格局。

信息技术的进步必然给石油行业带来更大的变革，带来不一样的石油工业——智慧石油。

11.2 什么是元宇宙？

信息技术总是给人带来惊喜，互联网将人联系起来，物联网实现万物互联。现在新的技术来了，它是在扩展现实（XR）、区块链、云计算、数字孪生等新技术下的具化，将虚拟和想象与真实世界联系在一起，这就是元宇宙。

元宇宙在石油工业中的应用一角如图11.1所示。

图 11.1　元宇宙在石油工业中的应用一角

元宇宙不是新技术，是整合多种新技术而产生的新型虚实相融的互联网应用和社会形态。它基于扩展现实技术提供沉浸式体验，以及数字孪生技术生成现实世界的镜像，通过区块链技术搭建经济体系，将虚拟世界与现实世界在经济系统、社交系统、身份系统上密切融合，并且允许每个用户进行内容生产和编辑。简单来说，元宇宙可以看成是一种新的互联网技术框架，强调面向虚实融合的沉浸式交互体验。

多种信息能力支撑着元宇宙。

体验

元宇宙分为三种，即 3R：VR（虚拟现实）、AR（增强现实）、MR（融合现实），统称为 XR。通过 XR 能在数字世界内还原真实的世界，让人沉浸其中。当然，XR 设备要达到真正的沉浸感，需要更高的分辨率和帧率，因此需要探索更先进的移动通信技术以及视频压缩算法。在元宇宙中的体验是虚拟与现实联动的沉浸式交互体验，不再区分实体与虚体。人类大多数生产生活活动都可以在元宇宙的世界中毫无障碍地运行，例如可以进行社交、娱乐、交易、办公、生产、创作等。

描述

依托数字孪生技术，在三维世界里还原出真实的物理世界。

模拟

利用人工智能技术来勾画和模拟出真实的世界。

 十一 未来智慧石油

信任

在虚拟的世界里，众人都可以加入行动，就需要建立信任的机制，让虚拟世界有序，这个角色通常可以通过区块链技术去实现；区块链的认证机制：基于去中心化网络的虚拟货币，使得元宇宙中的价值归属、流通、变现和虚拟身份的认证成为可能。元宇宙具有稳定、高效、规则透明、确定的优点。

采集

元宇宙需要各式各样的传感器用来收集现实世界的各类信息，这样就能通过收集上来的数据，实现物与物、物与人、人与人之间的广泛链接。它是未来世界不可或缺的一部分。

连接

要让虚拟世界和现实世界联动，快速的网络是必要条件。元宇宙不仅需要 5G 的高速率、低时延、低能耗、大规模设备连接等特性支持大量应用创新，还会提出更多的网络需求——6G、7G 到 NG 来支撑。

元宇宙赋能能源企业并非只是游戏，它是人类迈向数字化时代的新载体，未来人类能源生活线上线下总体环境的打造，将使我们生活在一个更加高效、诚信、便捷、自由、平等的世界中。

元宇宙是一个不断发展、演变的概念，不同参与者以自己的方式不断丰富着它的含义，相信未来的发展中元宇宙技术可以扩展到人类生活的方方面面，在不远的将来演化成人类的第二世界，我们也可以在元宇宙当中实现现

实中不可能完成的事情，增加人类创造性上限。基于这些新创造，也可以实现很多新业态的发展。

11.3 石油地质工作者"得解放"

传统的地质工作者都需要翻山越岭去采集各类地质标本，辛苦不说，还会遇到各类风险（图 11.2）。信息技术将带来野外工作方式的变化。

图 11.2 传统地质工程师

将辛苦采集的地质样本带回到基地，有时由于资料采集不全需要回现场补录数据。对采集回的样本需要做大量的岩样分析化验（图 11.3），确定岩石性质。

图 11.3 岩样分析

信息技术可以让地质工作者在一定程度上得到解放：有了卫星导航，地质人员再也不会迷路了；无人机和自动采样设备除了能省却人员的劳动外，还能跋山涉水应对危险的地质条件和危险环境；计算机会自动将岩样放大并与存储在系统中的样本进行比较，专家远程判断岩样质量和数量，并根据现场情况及时优化采样方案。

地质工作者除了采岩样外，还需要到实验室分析采回的各类样本（不仅仅是岩石）的化学成分，用各类仪器分析各类物质的结构。有时一个实验需要经过多个环节、加注各类试剂、细心观察各种反应，操作人员稍微一打盹儿就可能错过了重要的反应。有了信息技术手段，可以通过各类自动装置添加试剂和原料，提高实验的精度和准确度，自动高精度拍下全部实验过程，并能多次回放，不遗漏任何异常和发现，事后还能利用预设的各类模板自动形成实验报告。图 11.4 展示了地质工作者新的工作模式。

做地质分析不仅是对采样样本进行分析，还需要了解其他方面的信息。信息技术海量的背景材料能让地质工作者方便地查询到想要的素材。

信息技术给人们带来了不一样的地质手段。对于地质工作者来说，信息技术让危险减少了，辛劳减少了，效率提高了。由于一个专家可以监控多个地质采样点，专家需求也少了，地质调查的质量却更高了。

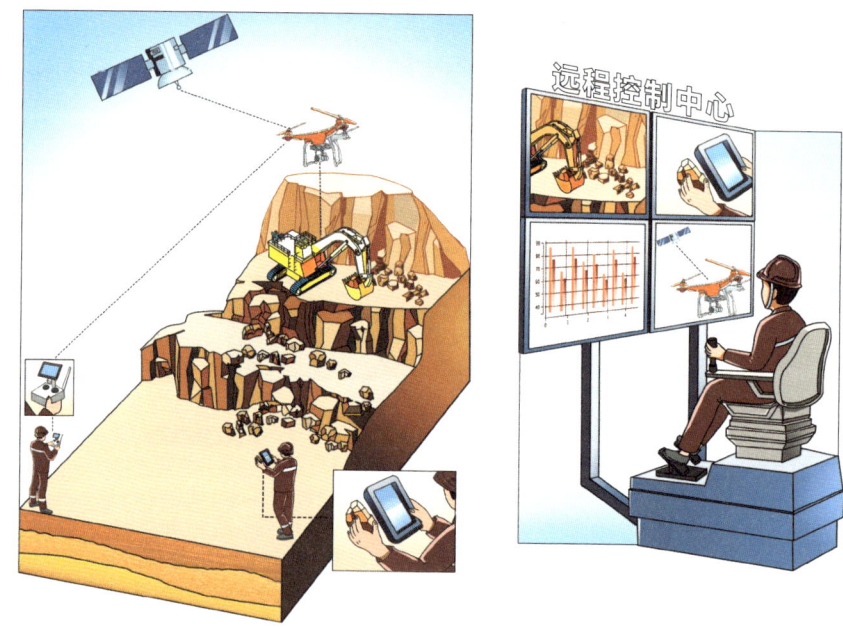

图 11.4　地质工作者新的工作模式

除此之外，所有的过程都可记录在案，后续其他专业的人员也能查看原始记录。

11.4　石油地震工人大大减负

人造地震勘查地质构造是石油工业中常用的手段。地震作业三部曲包括野外作业、资料处理和资料解释。陆地石油地震勘探如图 11.5 所示。

野外作业的工作包括布置测线、人工激发地震波、使用地震仪把地震波记录下来。

过去布置测线需要人工扛着线缆，从地震点按照预定坐标把一个个地震仪布置到预定位置（图 11.6）。看着就很辛苦。

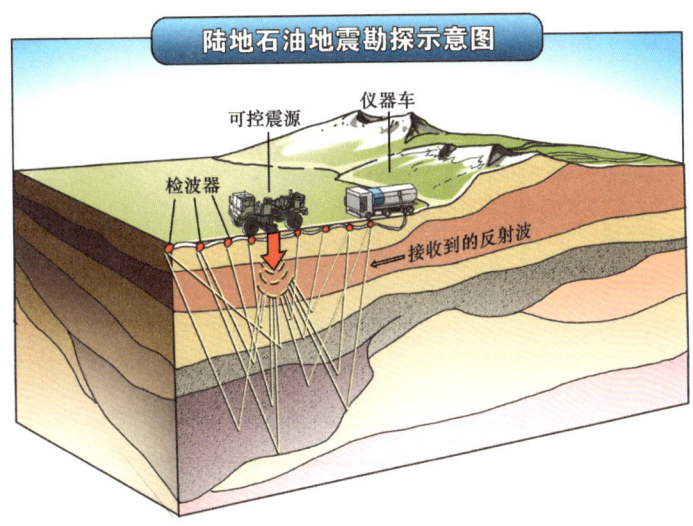

图 11.5　陆地石油地震勘探示意图

图 11.6　20 世纪 70 年代的地震女工

未来可以通过无人机在预定地点预埋地震仪,并用无线网络替换笨重的线缆。未来爆破工作可以让机器人来操作,可以通过视频监控对现场人员进行定位、通过驱赶无关人员来避免人员伤亡。

地震资料处理是利用计算机对野外地震所获得的原始资料进行加工、改造，得到高质量的地震信息，为下一步资料解释提供直观的、可靠的依据和有关的地质信息（图11.7）。地震资料的处理过程涉及若干环节，每个环节都有一定的质量要求，利用工业互联网的理念可以将各个环节中所需要采用的处理工具串联起来自动进行质量管控和监督，通过大量的历史资料学习和比对可以提高处理的质量。当然，高性能计算机一直是地震资料处理的利器。随着处理能力的提高，资料处理人员的工作效率也能大幅提高。

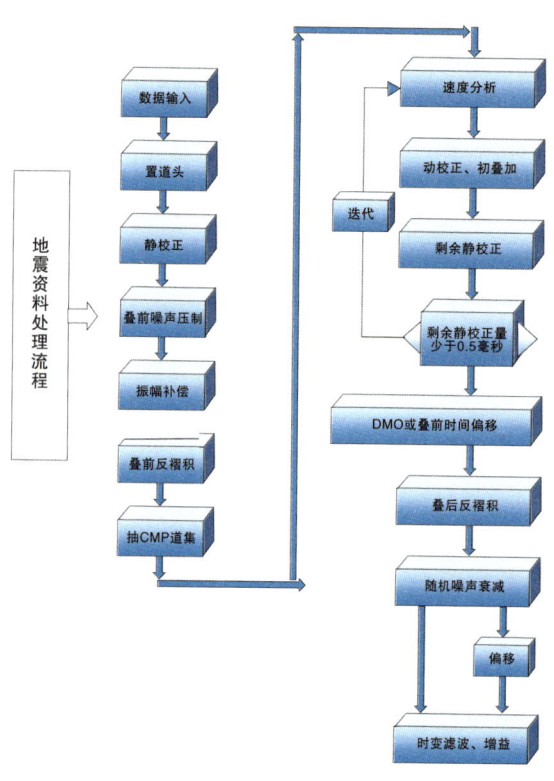

图11.7 地震资料处理流程

地震资料解释（图11.8）是一项艰苦细致的工作，解释之前需要收集资料、熟悉资料，了解该区和邻区的地质、地震、钻井等资料及成果报告。与资料处理一样，资料解释也涉及若干步骤，也能通过工业互联网技术将流程串接起来自动执行管控。利用人工智能和机器学习等工具模拟人的解释过程，减少人工工作量。

智慧石油中资料的收集和整理由大数据来担当，能按照预定流程将地震资料解释人员所需要的资料收集、归类、分析和归集出来。

十一 未来智慧石油

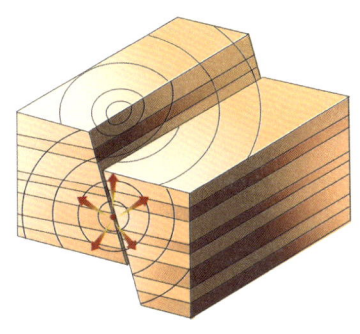
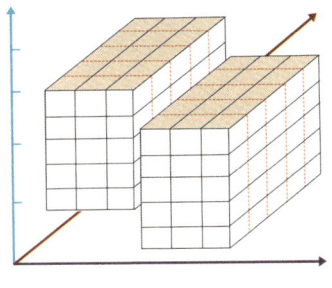

图 11.8 地震资料解释

小贴士

四维地震是采用重复三维地震勘探时间推移地震的子系统,也就是时延三维地震,是近年来发展起来的一项储层开发和管理新技术,用以提高钻井成功率和油气开采率。

除了常见的二维地震和三维地震外,油田开发中还广泛地引入四维地震技术。在四维地震中,边缘计算能代替人工监督和管控现场的人工震源和检波器,节省大量的人力物力。

信息技术定会让地震各环节的工作人员大大减负。

11.5 钻井工人"外挂"多

钻井是石油工业里最烧钱的工种。在塔里木油田钻一口井差不多要 1 亿元。

曾经一时钻井队长是钻井现场的主角(图 11.9)。钻井队长对于打井的成本控制很关键,同样的装备、同样的井类型,不同的钻井队长会产生不同的成本。

图 11.9 钻井现场的主角——钻井队长

为什么会形成这种差异呢？这是因为经验不一样。虽然有地质设计和工程设计，但现场的情况经常发生变化，需要队长根据实时的地质条件选择合适的钻具和钻速。除了要组织现场的人员外，还要协调若干外部施工人员，如录井队什么时候上、测井队什么时候上、完井队什么时候上等。外协队伍来晚了，现场就要等待，自己亏钱；来早了也得付作业费，还是亏钱。压井的材料是否够用？备多了，放过期了，就浪费了；备少了，遇见事故或复杂情况不够用，就更麻烦了。钻井队长想问题真是千头万绪呀。

信息技术能给钻井队长添上"外挂"，帮他们来思考和组织作业（图 11.10）。

图 11.10　随钻分析

远在千里，甚至万里之外的地质人员能实时了解井的状况，并动态更新地质方案和工程方案，信息技术会将更新后的地质方案和工程方案实时推送给现场，想了解情况可提示注意事项播报（从作业方案中获取）。地质人员是钻井工人的军师，算"外挂"之一。

后勤保障人员能实时了解井场的物资储备情况，并根据施工方案测算出未来的需求，优化物资配送方案，不需要现场的人员小心测算和记录。这算"外挂"之二。

各类辅助队伍，如录井队、钻井液公司、测井队能实时了解作业计划，并根据计划及早筹划配合的人力物力，从而会减少钻井现场的组织和协调工作。这是"外挂"之三。

钻井现场有各种各样的仪器和装备，相关生产厂商能提供远程故障诊断和维修，并能根据井场的生产过程优化仪器和装备，提高钻井作业效率。这是"外挂"之四。

钻井现场最大的"外挂"来源于后方的专家中心，就像远程医疗诊断一样，地质专家、钻井液专家、井控专家等多位高手立于云上，现场有需要时随时能提供帮助（图11.11）。

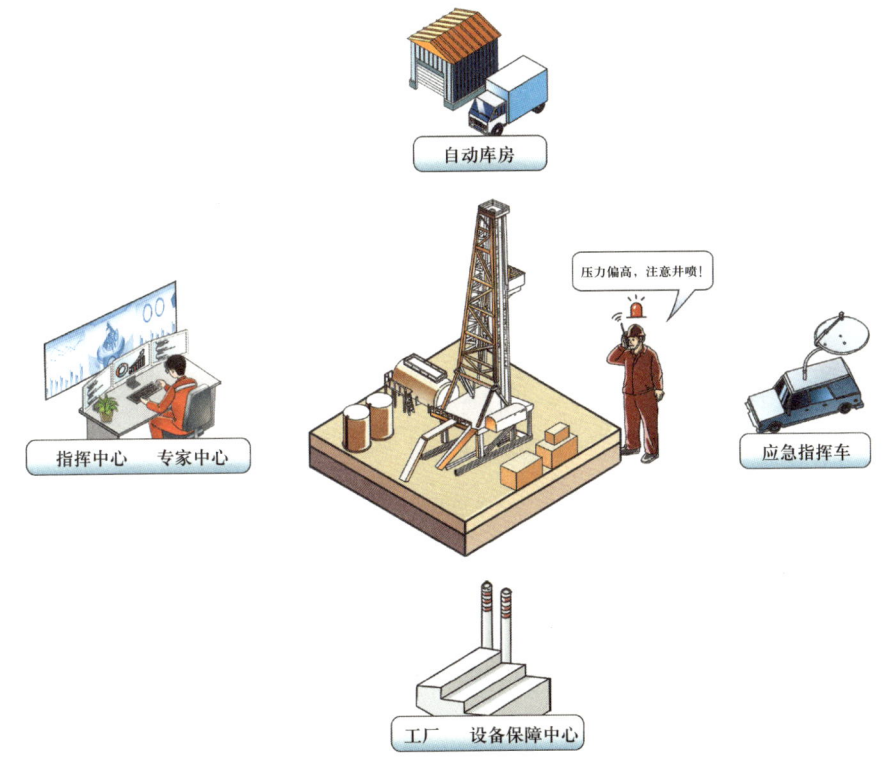

图 11.11　云端多方协作

当然，最给力的"外挂"还有各类自动化手段。若干施工的操作由机器人自动做了，无人钻井时代已经来临。

众多的"外挂"会带来钻井作业成本的大幅度降低。哪怕只降低10%，如在塔里木打一口井也能节省1000万元呢。

11.6 大会战可以天天有

我国石油工业的传统就是大会战,哪里有石油,石油工人就到哪里去。从 1959 年的大庆油田会战、到华北石油会战、江汉石油会战,等等,我国石油的开采历史是由一个个会战指挥部书写的。

现在大的油田发现少了,但协作还是长存的。比如,要想把石油采出来,首先得弄清楚地质构造,也就是油在哪里。石油深埋地下看不见摸不到,要想认识油藏,需要采取不同的手段(图 11.12)。

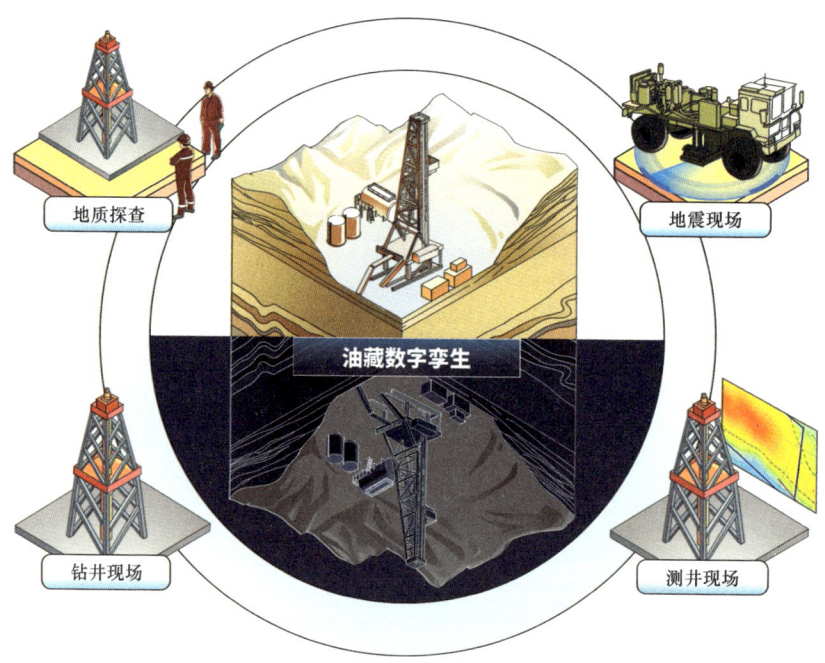

图 11.12 认识油藏

油田开发由多学科多专业协同,共同开展油田地质认识、编制开发方案、实施开发方案。但大家都分属不同组织不同单位,每个环节都形成自认为最好的解释成果。每个专业都从本专业出发给出对地质构造的认识。

将线性的勘探开发流程变成靶向的认识过程,而让跨专业的人都能有共

十一 未来智慧石油

同语言,展开协同研究,就是数字孪生。

除了协作外,未来计算机能力提高后,还能将多种勘探开发技术混合起来模拟,说得专业一点就是多物理场混合模拟。

无时无刻的大会战,让技术人员能对油藏形成整体的认识,各专业都贡献自己的力量形成更好的勘探开发方案。

当然,油田勘探开发的会场可不只是在油藏认识上的会场,还涉及很多方面呢。

时时在采集,常常在比对,总是在分析,一直在优化,时刻控制着。勘探开发一体化、地质工程一体化、前方后勤一体化、研究生产一体化,可以说时时处处都在大会战。

未来的油田是一个结合了现实与虚拟的科技之城,是智慧油田(图11.13)。在采油之前,需要对地质有较深的认识,才能判断地底下的原油情况。同时,也要站在石油勘探开发的角度,了解地质的各项勘探开发业务特征,例如地下的原油储量是否值得开采、是否会有井喷风险等。在开采原油时,地下的情况是实时动态更新的,稍有操作失误就可能引起重大风险。因此,能够在一个绝对安全的虚拟环境里提前模拟出整个油田,成为一种既安全又经济的做法。其实,虚拟模拟技术已经应用在航空航天领域。在美国的阿波罗计划中,飞船的工程师们就已经创建了真实飞船的模型,作为实际空间设备的类比。基于模型飞船的实验和模拟,宇航员们获得了详细的过程参数和飞行计划。经过无数次模拟过程,终于找到了最佳方案,让宇航员们成功地返回到地球。

未来,模拟技术一定也会更广泛地运用在油田领域。由于石油勘探开发业务的复杂性,石油勘探开发的虚拟技术分为两种类型:一是石油装备的虚拟现实,二是石油地质虚拟现实。

石油装备的虚拟就是通过利用物理模型、传感器和装备运行历史等数据,在虚拟的计算机空间里完成对现实油田设备的"孪生"。这个"孪生"体可派大用处呢!首先,有了它,可以了解到油井的实时测量值在哪里偏离

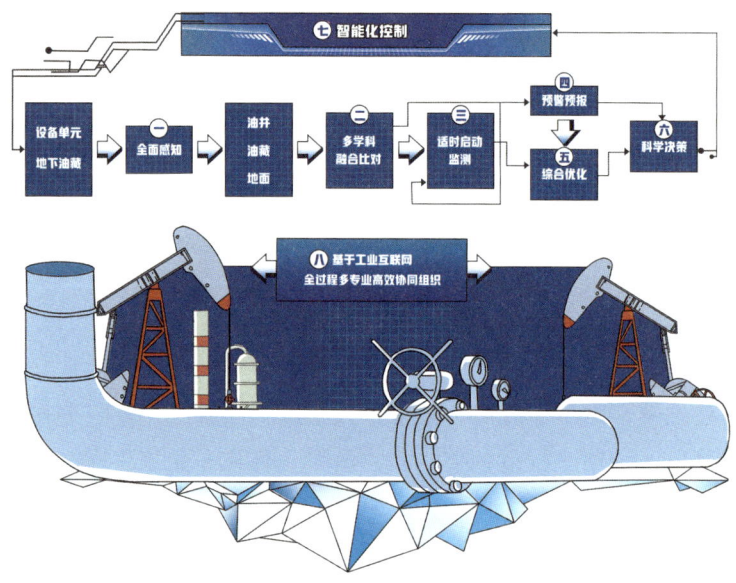

图 11.13 智慧油田的定义

了预设的模型,从而在发生安全事故之前提前识别潜在问题。基于这个发现,就可以针对当前的作业施工或者未来的设计规划做出更明智的决策!

另一种虚拟技术就是对石油地质的模拟。地底下的环境是复杂而多变的,过去往往通过测绘仪器获取数据,利用工程图纸、文本的方式呈现有关数据信息。这类方法让勘查中后期的建筑工程设计改动及材料查询很不方便,而且信息表现方式没有立体式形象化的展示,不利于地质工作人员观察地质环境。利用虚拟现实技术,就能够轻松地对地底下的环境做全息投影,客观地描述地质体各项物理属性、参数,给观测地质信息提供很大的帮助。虚拟化可以贯穿石油勘探开发整个业务过程,包括一个地区从勘探、开发、生产、废弃等全生命周期过程。由于地质情况随时可能发生变化,虚拟地质模拟能够实时建立虚实之间的联系,提早发现安全隐患;虚拟的油田和现实的油田还能双向互动,虚拟的地质世界能够反过来对现实的地质反馈信息。根据反馈后的结果,可以采取进一步的实际行动。石油勘探开发是一个不断认识、不断深化的过程,所有的工作都是基于对地质体的认识做出的,因此,双向互动在勘探开发业务中非常有效。

11.7　精细采油——决胜于千里之外

信息技术没有大量引入之前，采油工人每天都需要拎着小桶到井上去采集油样，获取原油产量数据（图 11.14）。

采油工人常年驻守在荒郊野外，他们日复一日常年奔波在各个油井现场采集数据，当油井生产异常时，还得去现场开关井。

信息技术带来了新的采油方式——自感知、自分析、自调控；井口+井筒的采集装置，时刻将油井、注水井的生产动态发送到千里之外的基地。这可比原来人工每天两次采集第二天才得到数据的速

图 11.14　以前的采油工人奔波去采集油样

度快多了！无处不在的油田传感器实时地传送最新的信息到智慧后端；空中盘旋的无人机能够确保整个现场的安全。原本一线作业的工人们现在能够在远端的智慧中心掌控一线油田发生的一切。依托人工智能等强大的辅助决策机制，一些常规的油田操作可以拜托电脑自动完成，把石油工人从琐碎的、危险的工作中解放出来。生产异常和工具有异常能及时发现，自动采集的数据通过人工智能分析可以自动判断出问题，根据指挥中心指令可以远程控制注水井在指定层位加大注水量，调控油井油嘴，更不用说遇到故障时能远程开关井了。

采油工人再也不用半年轮换了，在基地就能操控千里甚至万里以外的油井进行生产。未来的油田是由无人化的作业前线和智能化的作业后台共同组成的综合场所，可以极大地提高工作效率。

一座无人化、虚实相生的高智能油田将带来前所未有的采油革命！精细采油人员并不仅仅局限于现场，而是决胜于千里之外。

11.8　千里管道明察秋毫防患于未然

油气管道出事故往往是惊天动地的，会有重大的人员伤亡和环境污染（图11.15）。智慧管道的特色首先体现在工艺系统的智慧运行、智慧管理及智慧调控，在很大程度上反映了智慧管道的总体水平，应作为智慧管道建设的重点内容。除流体流动外，油气管道的另一个重要特点是输送的油、气易燃易爆，且由于油气管道点多、线长，发生火灾爆炸事故的社会影响面较大。另外，第三方破坏引发火灾爆炸事故的概率也比较高。因此，以防止管道泄漏、断裂、火灾爆炸为核心的安全管理始终是管道投产试运和运营阶段的重中之重，与之相关的功能也是智慧管道建设的重点。

图 11.15　管道火灾爆炸

为了保障安全,管线工人常年巡视在千里输送管道上,风餐露宿,孤独前行,行进途中还可能会遇到毒蛇猛兽的侵扰,也有可能出现身体突发不适、栽倒在地而无人发现的情况。现在通过卫星导航的无人机巡检代替了人工巡线(图 11.16)。

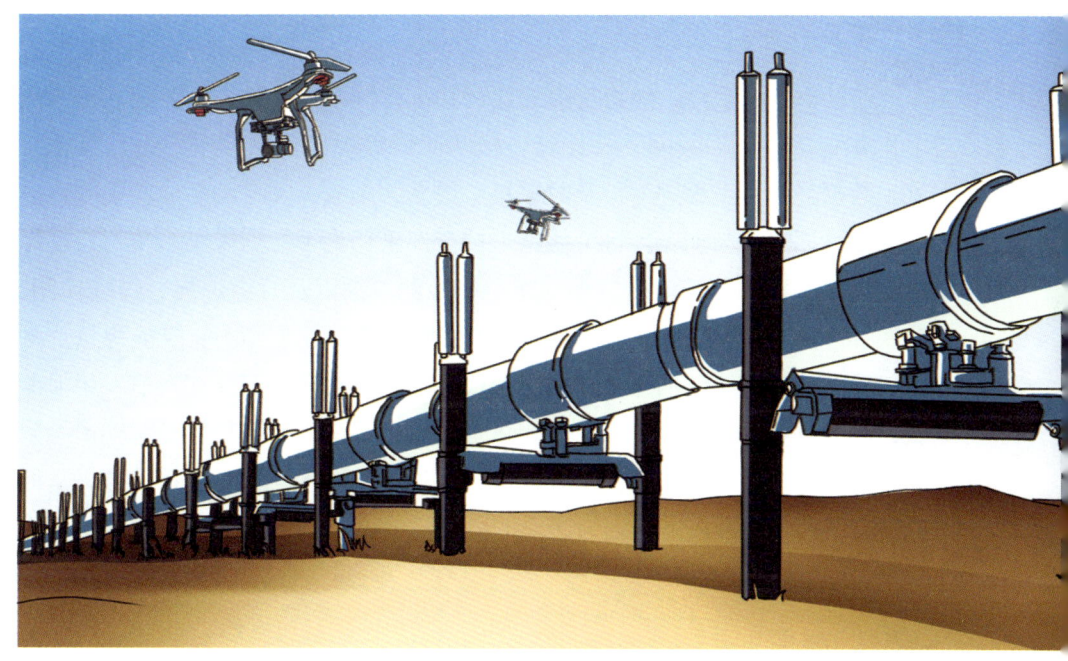

图 11.16　无人机巡检

利用数字化手段,可以对管道上的设备、管线、建构筑物、全站场三维模型进行精细化展示。

数字孪生管道不仅仅是看起来直观,在编制输送方案的时候还能在孪生管道上进行模拟,以寻得最优解。

通过将数字孪生和数据采集与监视控制系统运维平台的数据对接及展示,以数据全面统一、感知交互可视、系统融合互联、供应精准匹配、运行智能高效、预测预警可控为目标,通过"端+云+大数据"的体系架构集成管道全生命周期数据,提供智能分析和决策支持。简单地说,也就是把无人机巡检数据、管道上测量的 SCADA 数据、各个场站的测量数据都汇集到一起，供生产、指挥、预警和抢险使用，明察秋毫，不放过事故的一丝隐患。

当然，对于万里长输管道来说，信息技术能做到的还不止这些。

建设

通过信息化手段，能将管道的建设和运行联系在一起，专业的术语叫数字化移交，依托物联网、云计算、移动通信等现代信息技术，设计数据与施工数据会随着工程进度被及时采集、更新、集成，并自动生成竣工图，再不需要后期的人为加工。管道线路焊接全部采用携带数据采集系统的自动焊机，焊接过程的关键信息、自动超声波检测数据以及管道焊接、焊缝检测、防腐、连头、下沟等主要施工环节的监控视频，均可实时上传至智慧管网内，让相关人员能够随时了解施工过程、历史资料和实况。在管道发生泄漏时，能追溯到泄漏发生的地点是焊接点还是管道壁。若是焊接点，能追溯到建设时期的焊接资料；若是钢管问题，能追溯到同批次钢管分布位置，从而进行预防性探查，以减少因为泄漏造成的环境污染和损失。

维护和运营

信息化手段能将管道的运行和经营衔接起来，通过与上下游客户的无缝衔接规划最优调度计划，减少能耗，增加收入。通过推进压缩机组及其辅助系统一键启停、自动分输和计量交接电子化，让上下游的协作更流畅；推行精简作业区和站场无人值守的运行模式，能显著提高生产效率、降低经营成本、提升管控能力。基于物联网技术和光纤、视频监控、无人机、智能阴极保护桩等智能传感器，构建涵盖空、天、地的全方位立体实时监控技术体系，充分利用现代人工智能和大数据分析技术，实现管道及周边环境远程监测，全面提升管道实时泛在感知能力。

智慧管网能将管道的建设、维护和运营有机衔接起来（图11.17），而其最主要的工具就是信息技术作为其支撑。

十一　未来智慧石油

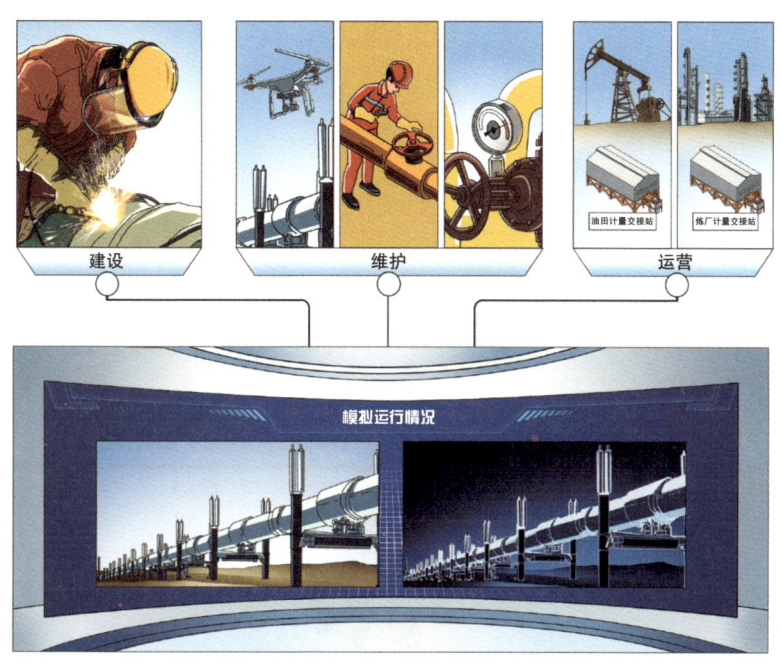

图 11.17　管道运营模拟

11.9　精准"保健"，炼油过程少停机

炼化企业最怕停车检修。检修时不仅投入大量的人力物力，还会浪费昂贵的中间的物料。

在管道中大显身手的数字孪生技术在炼油厂也是大有作为的。

通过持续的技术改造，很多炼油企业正在从数字化技术应用中获得收益。某石化公司部署 5G+ 自动设备智能预警系统，可自动跟踪厂区内数百台动设备的运行状态，进行 24 小时不间断实时计算和精准感知，以状态修替代传统的周期修模式，故障预警准确率达 95％以上，检维修成本下降 10％左右，装置非计划停车次数降为零，有效降低了设备的故障发生率和维修保养成本，保障了炼油生产的安全稳定运行。同时，还利用 5G、数字孪

259

生和视觉识别先进技术，建立了智能辅助巡检路线。巡检人员借助三维数字化平台，可随时随地调取现场高清实景，查询异常参数的相关历史数据并实时报警，有效提高了生产运行的受控管理水平。

传感器和物联网正在把炼油厂的设备与运作管理紧密地联系在一起。如图11.18所示，在炼油厂的远程指挥室里，操作人员利用物联网可以从云端实时监控设备状态；在生产区，带有精密光电和红外传感器的无人机能够进行地面监视、设备检查和视觉分析；在装置上，传感器监测可能发生气体泄漏的危险事件；可穿戴设备时时远程监控现场维修工人的位置和健康状况；在厂外，射频识别技术对危险材料运输车辆的轨迹进行连续追踪。毫不夸张地说，未来的工厂维修经理一定要有丰富的物联网经验。因为在这里，无处

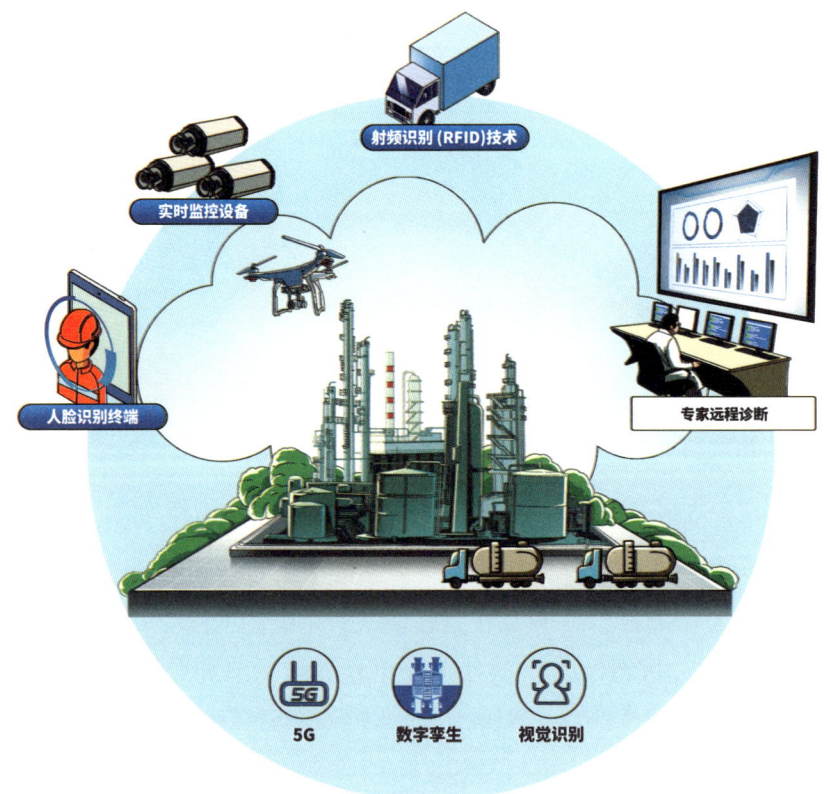

图11.18　数字化智能炼油厂

 十一 未来智慧石油

不在的连接已经通过物联网建立了起来。

通过物联网很容易就能发现故障点。但也不能哪里坏了就修哪里，更不能让装置停下来维修。这时就需要在数字孪生中模拟这个事故能造成的影响，找出一个最佳补救措施。不仅是在出现问题后要补救，正常生产时也可以通过设备运行情况预测故障，做到"有病早治无病早防，不让小病拖成大病"。

通过设备运行历史找出易发生故障的部位，重点监测和检查。此外，数字孪生还能给工人提供演练工具，从而在碰到事故的时候加快处理的进程。

炼油过程是连续作业过程，若停车将导致各类装置上的半成品报废而造成一定损失。通过数字化移交的设备档案做数字孪生，对于各类设备运行健康状况提早预判，并通过改造消除隐患，减少大修停车事件。

数字化、智能化、智慧化给炼油厂带来的是重塑，是脱胎换骨的过程，这涉及对炼油厂运作方式和人、环境、过程的互动方式进行根本性的重新构想，形成这样的生产场景：信息部经理与运营技术人员、操作员、维护人员正在并肩工作，他们一起利用大数据和人工智能对设备进行状态分析和维修周期的修订；视频分析正在通过工厂各个部分的视频场景进行自动监控；生物识别技术和定位技术正在保护工人的安全，以便随时了解他们是否安全或是否处于危险之中……

随着数字化技术的持续发展，我们将看到先进的技术和高技能工人把效率、安全和工厂智能的标准提升到更新的水平。智慧炼油厂通过精准"保健"减少停车维修和检修，从而创造效益。

11.10 "察言观色"确定炼化产品类型

虽然都是石油，但不同油田产生的油在组分上是有差异的。进入炼油厂的原油也有不同的化学成分，采用不同的工艺，会有不同的产出物。过去油

融合现代信息技术——智慧石油

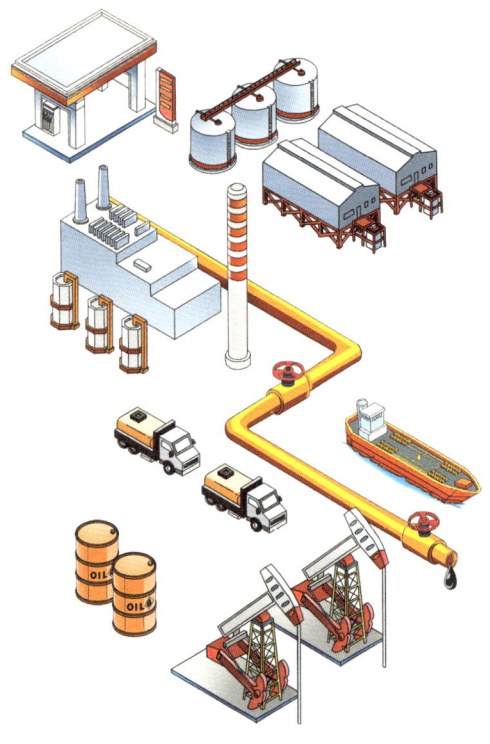

图11.19 成品油（汽油、柴油）配送

田和炼油厂直连，工厂的工艺和设备都与油田的油品匹配。随着进口原油数量增多，炼油厂近来的新油品也在增多。市场对化工产品的需求也在时刻变化，有时这个好卖，有时那个好卖。需要综合考虑的因素很多，利用信息技术形成了一种新手段，叫"供应链优化"。

从市场需求开始，根据装置特性，组织运输，安排生产和贸易（图11.19），形成智慧的炼化企业。如果没有信息手段，人工是无法完成的。

炼化企业正在从混合建模方法中获益。例如，炼油和烯烃利润率与企业实现计划月产量的能力密切相关，而不准确的计划模型是导致差距的原因之一。根据预测，如果能够根据需求对反应器的模型进行修订，那么一个日处理量达到3万立方米的炼油厂每年将创造超过7000万元的额外收益。

> **小贴士**
>
> 混合建模：随着人工智能技术和配套数据系统的快速发展，炼油化工过程建模技术也达到了一个新的高度。综合利用炼油化工过程的第一性原理及过程数据，结合人工智能算法，并以串联、并联或者混联的形式形成的将多个机理模型和数据驱动模型以合理的结构加以组合的智能混合建模方法有着更好的整体性能，从而解决化工过程中的模拟、监测、优化和预测等问题。

在智慧炼化企业中，智慧并不是一天就建成的，有很多关键的数字化应用在长期发挥着作用。很多过去在实验室里完成的工作现在通过计算机就可

十一　未来智慧石油

以解决，例如原油分子信息库。结合人工智能和机器学习，科研人员可以在计算机上模拟各种原油的分子结构及其表现出来的物理学和热力学特性，研究分子转化规律和反应规则，建立产品调和模型。可以依据不同地区原油的分子信息及炼油厂的炼油/化工产品生产能力，优化原油资源配置，实现原油加工效益的最大化。当然还可以和贸易勾联上，需要什么样的原油采购什么样的原油。

> **小贴士**
>
> 原油分子信息库：借助 X 射线方法、光谱法、色谱法、核磁共振法等对组成原油的元素、单体烃、烃族组成及结构族组成等信息进行测定，并加以分析表征；然后采取符合某种特定规则的分类方法及分子骨架结构的信息化编码方法（如结构导向向量法等），结合相应分子的物理学和热力学参数数据，形成原油分子信息库。原油分子信息库是石油分子工程与管理的基础。

11.11　开关一开气就来的背后

天然气已经进入了千家万户。只要一打开燃气灶开关，火就燃了，就能做饭了。但这个气输送到千家万户并不容易。不说如何把气找到、如何把气采出来、如何通过长长的几千千米管道把气送过来，单说城市燃气这个行当就很复杂。

管道的建设、维护、优化运行在城市燃气中是必不可少的事情。仅说其输送到城市边缘、进入城市管网的事情就不少，比如安全、保供、服务。

安全

燃气送到千家万户，危险时时相伴。施工时不小心把管道弄裂了，暴雨引起地基沉降让管道变形了，都可能引起燃气泄漏（图11.20）。

最危险的还是在一些密闭空间，燃气泄漏后积累到一定程度会引起爆炸。这些爆炸若出现在人口密集区，会给人民的生命财产带来巨大损失。

运用信息技术可以让这些危险地带处于严密看守状态下，通过与各类市政的动态接口及时刷新数据，及时发现问题、及早进行处置。

图 11.20 城市管道易发事故

保供

与安全同样重要的就是保供。为了保障冬季有气用，从秋天开始就要把气存起来，气一般会存到一个个储气库中。有时存的气不够用，或者管道送气满足不了要求，还需要通过海运、汽车或火车运输气来补充。实在不行还得停供一些工厂，以保障城市运转。

这些都要精准测算，少了缺了不行，存多了运多了没有地方放，也不好处理。影响因素还有很多，如气田产量、天气、成本、客户关系，等等，要将需要气的场所分类、什么情况下关停或减少哪些供气。必须通过信息技术，接入相关的外部信息、比对历史数据、做出调运方案，在不影响人们的生活保障城市供给的前提下，模拟出最佳的保供方案。

服务

至于服务就更离不开信息技术。启用物联网的燃气表,省却了燃气公司的抄表工作,也免去了市民要到银行去购气的烦琐。

11.12　智慧加油站的未来:人、车、生活服务综合体

随着多元的新能源汽车普及和信息技术的发展,在未来加油站将向更加综合化和智能化两个方向发展。未来的加油站需要提供更加丰富的能源支持,可以称未来加油站为"加能站"。同时,随着如物联网、5G、人工智能等高新技术的运用,汽车加能的过程也将更加智能,帮助车主收获更好的体验(图 11.21)。

如果将未来智慧综合加能站的形态比作一幅画卷,那它一定是由能源蓝、光伏绿、科技黑融合组成的美丽图案,每一种颜色都有其独特的内涵。

蓝色打底,综合能源供给,擦亮洁净底色。未来加能站将不单单提供汽油等传统燃料,还可以提供清洁能源,例如充电、加氢等,满足不同类型汽车车主的需求。在未来,汽车充电慢已经不再是问题。加能设施能够为其提供两种方案:一种是电池超级快充,在几分钟之内完成充电;另一种直接更换电池,省时省力。

绿色提韵,"光伏发电"引领低碳风尚。倡导低碳环保,加能站也不例外。在未来,在加能站站房、培训室、闲置屋面均会安装光伏发电设施,能够有效降低能耗,打造"净零排放"绿色加能站。加油设施实施绿色低碳管理,通过油气回收、加油罐防渗改造、污水净化等措施,最大限度减少排放、保护环境。

黑色加持,"智慧元素"凸显科技实力。在智慧加能站,"黑科技"贯穿了油气氢加注、卸油、非油品服务等全过程。在智慧安防领域,智慧加能站

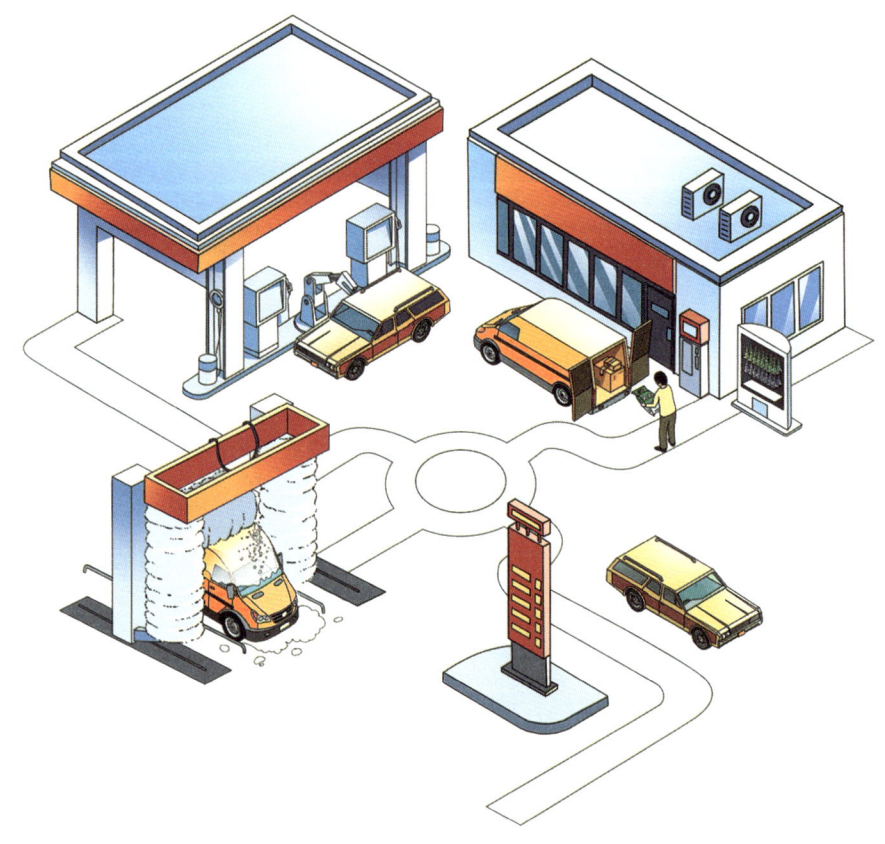

图 11.21　智慧综合加能站

将充分结合大数据、云计算、物联网、移动互联网和人工智能等先进技术,对卸油区、加油区、便利店进行监控,识别客户、员工的安全行为、消费行为。智能视频系统可以监控卸油区卸油作业规范操作、提升加油站安全管理效率。卸油过程中出现不规范情况都会有实时语音提醒,并抓拍记录。对加油区危险行为如抽烟、打电话等进行识别、检测,并进行语音报警提醒,同时进行全站的烟火识别与预警。

在智慧加油领域实现人、车、加油系统、账户的无缝链接,用科技加强管理，为美好生活加油。智慧支付打破传统加油模式，通过智能感知、自动识别、AI 计算等实现全程不下车无感加油。通过多相机联合识别校准，对进站车辆进行全站的识别和追踪。钱包中心的会员状态会以不同的颜色进行区分，绿色代表钱包会员，红色提示余额不足，灰色代表非会员。同时，相应摄像机会捕捉加油枪与车辆的匹配信息，枪车匹配会对员工选择的车牌与实际油枪加注的车牌进行比对，如果不匹配，将无法开枪加油。

不仅仅是加油的过程变得智能了，智慧加油站在服务、管理、营销等方面也会变得更加"聪明"。例如，加能站的系统能够对进站车流情况进行统计，形成一张车辆数据的分布图，预测加油站业务的波峰、波谷时段和排队时间，灵活调整营销策略，让业务压力更为均衡。再比如，人工智能应用在安全、设备等管理上，实现对油罐库存、油气浓度监控、气体泄漏监控、异常行为检测、安全卸油等的安全管理。自动根据库存优化成品油配送方案。

此外，加能站还能够根据用户的购买习惯，在非油业务上提供更多的创新可能。例如，可以利用智能加油机屏幕和车主进行有效的展示交互，有针对性地推送非油业务产品，并在客户进加能站前做好备货，实现精准营销。

在未来，加能站将不是一个个孤立的存在，而是一个联动的整体。所有的加能站将会实时分享数据，获得最新动态。智慧加能站正在打造具备"连接、联动、融合、创新"特性的解决方案，使加能不再是单一的、孤立的场景，而是人、车、生活的有机生态。通过这样的创新转型，加能站能够释放行业的新价值，收获用户更多赞扬。

别看现在加油站是小小的，在未来可是有大大的作为哦！

参 考 文 献

董红军,2020.长输管道网格化管理实现基础与实施设想[J].油气储运,39(6):601-611.

林道远,袁满,程国建,等,2017.从企业架构到智慧油田的理论与实践[M].北京:石油工业出版社.

刘宝和,2008.中国石油勘探开发百科全书:工程卷[M].北京:石油工业出版社.

刘宝和,2016.石油勘探开发科技词典[M].北京:石油工业出版社.

刘胜娃,周雅洁,高翔,等,2021.基于大数据技术的井下异常预警平台的设计与实现[J].物联网技术,10(3):67-69.

刘希俭,等,2016.企业ERP系统建设与应用实务[M].北京:石油工业出版社.

刘希俭,等,2019.企业信息安全管理[M].北京:石油工业出版社.

刘希俭,等,2019.企业信息基础设施管理[M].北京:石油工业出版社.

杨剑锋,杜金虎,杨勇,等,2021.油气行业数字化转型研究与实践[J].石油学报,42(2):248-258.

赵改善,2021.石油物探数字化转型之路:走向实时数据采集与自动化处理智能化解释时代[J].石油物探,60(2):175-189.